Alfred Böge / Walter Schlemmer

W0090002

Aufgabensammlung

zur

Statik, Dynamik, Hydraulik

und

Festigkeitslehre

Unter Mitarbeit von Wolfgang Weißbach

4., durchgesehene Auflage

Mit 510 Bildern

Friedr. Vieweg + Sohn · Braunschweig

Viewegs
Fachbücher
der
Technik

ISBN 3 528 04011 4

2. Nachdruck 1971

Alle Rechte vorbehalten
Copyright © 1960/1965/1966/1969 by Friedr. Vieweg + Sohn GmbH, Verlag, Braunschweig
Druck: C. W. Niemeyer, Hameln
Buchbinder: W. Langelüddecke, Braunschweig
Printed in Germany

Aus den Vorworten
zur ersten, zweiten und dritten Auflage

Diese Aufgabensammlung ist für Technikerschulen und Ingenieur-akademien bestimmt.

Wir haben uns bemüht, praxisnahe Aufgaben aus möglich vielen Indu-striezweigen und Funktionsbereichen der Technik zu stellen. Die Ergeb-nisse stehen am Schluß des Buches. Auf den letzten Seiten sind für einige Aufgaben die Lösungswege angegeben. Damit kommen wir einem häufig geäußerten Wunsch nach.

Jeder Lehrer ist bestrebt, zeitraubende Routinearbeiten während des Unterrichtes zu vermeiden. Er will Verständnis vermitteln und den Studierenden zu selbständigem Denken und Arbeiten anleiten.

In diesem Bestreben unterstützt ihn diese Aufgabensammlung. Sie ist inhaltlich auf unser Lehrbuch „Mechanik und Festigkeitslehre" abge-stimmt. Als Arbeitsunterlage beim Lösen der Aufgaben wird dem Studierenden unsere Sammlung „Formeln und Tabellen zur Statik, Dynamik, Hydraulik und Festigkeitslehre" empfohlen. Auf diese Weise kann er prüfen, ob das im Unterricht erworbene und beim Nachlesen im Lehrbuch gesicherte Verständnis schon ausreicht, um allein mit Hilfe einer „Formelsammlung" auch schwierigere Aufgaben lösen zu können.

Die Zusammenstellung der wichtigsten Formelzeichen steht am Anfang des Buches. Wie im Lehrbuch und in der Formelsammlung stimmen die Zeichen mit den Empfehlungen der neuesten Fassung des Normblattes DIN 1304 überein. Einheit der Masse eines Körpers ist selbstverständ-lich das Kilogramm (kg) (DIN 1305).

Vorwort zur vierten Auflage

Am Aufbau der Aufgabensammlung wurde nichts geändert, so daß neue und alte Auflage ohne Schwierigkeiten nebeneinander verwendet werden können.

Die Anregungen der Kollegen haben wir dankbar begrüßt und soweit wie möglich verarbeitet.

Braunschweig, März 1969

Alfred Böge
Walter Schlemmer
Wolfgang Weißbach

Inhaltsverzeichnis

IV

Teil III: Reibung

Gleitreibung und Haftreibung

Reibung an

Teil IV: Dynamik

Bewegungslehre

Arbeit, Leistung, Wirkungsgrad

Teil V: Festigkeitslehre

Teil VI: Hydraulik

Die wichtigsten Formelzeichen

Statik in der Ebene, Schwerpunktslehre, Reibung

A	cm^2	Fläche, Flächeninhalt
d, D	cm; mm	Durchmesser
e		Eulersche Zahl
e	cm	Schwerpunktsabstände e_1, e_2
F	kp; Mp	Kraft (F_1, F_2 usw.)
F_1	kp	Schraubenlängskraft = Vorspannkraft
F_A, F_B, F_C ...	kp	Stützkraft
F_n	kp	Normalkraft, senkrecht auf einer Fläche stehend
F_r	kp	Reibkraft, Reibung
F_r, F_{res}	kp	resultierende Kraft
F_x	kp	Kraftkomponente in x-Richtung
F_{rx}	kp	Komponente der Resultierenden F_r in x-Richtung
F_y	kp	Kraftkomponente in y-Richtung
F_{ry}	kp	Komponente der Resultierenden F_r in y-Richtung
F_u	kp	Umfangskraft, tangential angreifend
f	cm	Hebelarm der Rollreibung
f	kp/m	Belastung der Längeneinheit, Streckenlast, gleichmäßig verteilte Last
G	kp; Mp	Gewicht, Last
h	m; cm; mm	Höhe
k		Anzahl der Knoten eines Fachwerkes
l	m; cm; mm	Länge
M	kpcm	statisches Moment, Drehmoment
M_g	kpcm	Gewindereibmoment
M_k	kpcm	Kippmoment
M_r	kpcm	Reibmoment
M_s	kpcm	Schlüsselmoment
M_s	kpcm	Standmoment
M_t	kpcm	Drehmoment, Torsionsmoment
n	U/min; min^{-1}	minutliche Drehzahl
P_v	PS; kW	Leistungsverlust durch Reibung
p	kp/cm^2	Lagerdruck, Flächenpressung, Pressung
S	kp	Stabkraft (S_1, S_2 usw.)
S		Standsicherheit
V	cm^3	Volumen, Rauminhalt

x, y	cm; mm	Schwerpunktsabstände der Teilflächen und Teillinien
x_0, y_0	cm; mm	Schwerpunktsabstände des Gesamtgebildes
α, β usw.	°	Winkel zwischen Kräften
α_r	°	spitzer Winkel der Resultierenden mit der x-Achse
β	°	Flankenwinkel bei Gewinde
α	°	spitzer Winkel zwischen einer Kraft und der x-Achse
γ	°	Neigungswinkel einer schiefen Ebene
η		Wirkungsgrad der Schraube
μ		Gleitreibzahl
μ_0		Haftreibzahl
μ'		Keilreibzahl, Gewindereibzahl
μ_1		Zapfenreibzahl
ϱ, ϱ_0	°	Reibwinkel = Öffnungswinkel des halben Reibkegels
ϱ'	°	Reibwinkel im Gewinde

Dynamik

A	kpm; Nm	Arbeit
a	m/s²	Beschleunigung
c	kp/cm; N/m	Federrate
D	m; cm	Trägheitsdurchmesser
d_0	mm	Teilkreisdurchmesser am Zahnrad
F	kp; N	Fliehkraft
F	kp; N; Mp	Kraft
F_r	kp; N	Reibkraft
F_u	kp	Umfangskraft, tangential angreifend
G	kp; N	Gewicht
g	m/s²	Fallbeschleunigung
h	m	Steighöhe, Fallhöhe, Hubhöhe
J	kgm²	Massenträgheitsmoment
i		Übersetzungsverhältnis nach DIN 867
i	m; cm	Trägheitsradius
l	m; cm	Länge
M	kpcm; kpm; Nm	Moment, Drehmoment M_t, Schwungmoment M_s
m	kg	Masse
m	mm	Modul
n	U/min; min⁻¹	minutliche Drehzahl; kritische Drehzahl n_k
P	kpm/s; Nm/s; PS; kW	Leistung
r	cm; m	Radius, Abstand von der Drehachse
s	cm; m	Weg

VIII

t	s; min; h	Zeit
v	m/s; km/h	Geschwindigkeit
W	kpm; Nm	Arbeit, Energie, Arbeitsvermögen
W_k	kpm; Nm	kinetische Energie, Bewegungsenergie, Wucht
W_p	kpm; Nm	potentielle Energie, Lageenergie
W_{rot}	kpm; Nm	Drehenergie, Drehwucht
γ	kp/m³; kp/dm³	Wichte
ε	1/s²	Winkelbeschleunigung
η		Wirkungsgrad
ϱ	kg/m³	Dichte
φ	rad	Drehwinkel
ω	1/s	Winkelgeschwindigkeit

Hydraulik

A	cm²	Kolbenfläche, Rohrquerschnitt
d	cm	Kolbendurchmesser, Rohrdurchmesser
e	m	Abstand des Druckmittelpunktes vom Flächenschwerpunkt
F	kp; N	Kraft, Kolbenkräfte F_1, F_2
F_a	kp; N	Auftrieb
F_b	kp; N	Bodenkraft
F_s	kp; N	Seitenkraft
g	m/s²	Fallbeschleunigung
h	m	Lagehöhe, Ortshöhe
h_d	m	hydraulischer Druck
h_w	m	Widerstandshöhe, Gefälleverlust
I	m⁴	Flächenträgheitsmoment
l	m	Rohrlänge
p	kp/m²; N/m²	Druck
V	m³	Flüssigkeitsmenge, Durchflußmenge, Fördermenge, Volumen
w	m/s	Strömungsgeschwindigkeit, Ausflußgeschwindigkeit
γ	kp/m³; kp/dm³	Wichte
η		Wirkungsgrad
ϱ	kg/m³	Dichte
μ		Reibzahl zwischen Kolben und Dichtung
μ		Ausflußzahl
φ		Geschwindigkeitszahl

Festigkeitslehre

A	kpcm	Formänderungsarbeit
A	cm²	Fläche, Querschnitt
A_0	cm²	Ursprungsfläche (vor der Belastung)

b	cm	Stabbreite
d	cm	Stabdurchmesser, Wellen- oder Achsendurchmesser
d_0	cm	ursprünglicher Stabdurchmesser (vor der Belastung)
E	kp/cm²	Elastizitätsmodul
e_1, e_2	cm	Abstände der neutralen Faser von der Randfaser
F	kp; Mp	Kraft, Belastung
$F_A, F_B \ldots$	kp	Stützkraft
F_K	kp	Knickkraft
F_n	kp	Normalkraft
F_q	kp	Querkraft
f	kp/m	Belastung der Längeneinheit, Streckenlast, gleichmäßig verteilte Last
G	kp	Gewicht
G	kp/cm²	Gleitmodul, Schubmodul
h	cm	Querschnittshöhe
I	cm⁴	axiales Flächen-Trägheitsmoment, auch I_x, I_y (bezogen auf die x- bzw. y-Achse)
I_p	cm⁴	polares Flächen-Trägheitsmoment
i	cm	Trägheitsradius
l	cm	Wirkabstand einer Kraft, Hebelarm
l	cm	Stablänge
l_0	cm	Ursprungslänge (vor der Belastung)
l_r	km	Reißlänge
M_b	kpcm	Biegemoment
M_t	kpcm	Drehmoment, Torsionsmoment
M_v	kpcm	Vergleichsmoment
m		Poissonsche Zahl
n	U/min; min⁻¹	minutliche Drehzahl
P	PS; kW	Leistung
p	kp/cm²	Flächenpressung, Pressung
S		Knicksicherheit
s	cm	Stabdicke, Blechdicke
V	cm³	Volumen
W	cm³	axiales Widerstandsmoment, auch W_x, W_y (bezogen auf die x- bzw. y-Achse)
W_p	cm³	polares Widerstandsmoment
α_k		Kerbformzahl
β_k		Kerbwirkungszahl
γ	kp/dm³	Wichte
Δd	cm	Durchmesserab- bzw. zunahme
Δl	cm	Längenzu- bzw. abnahme, elastische Verlängerung
δ	%	Bruchdehnung

X

Symbol	Einheit	Bezeichnung
ε		Dehnung, Stauchung
ε_q		Querkürzung, Querkontraktion
η_k		Kerbempfindlichkeitszahl
λ		Schlankheitsgrad
λ_0		Grenzschlankheitsgrad
σ	kp/cm²	Normalspannung
		(Zug, Druck, Biegung, Knickung)
σ_a	kp/cm²	Spannungsausschlag,
		Ausschlagspannung
σ_B	kp/cm²	Zugfestigkeit
σ_b	kp/cm²	Biegespannung
σ_D	kp/cm²	Dauerfestigkeit des Werkstoffes
$\sigma_{D\,st}$	kp/cm²	Dauerstandfestigkeit des Werkstoffes
σ_d	kp/cm²	Druckspannung
σ_E	kp/cm²	Spannung an der Elastizitätsgrenze
σ_F	kp/cm²	Spannung an der Fließgrenze
σ_K	kp/cm²	Knickspannung des Bauteiles
σ_l	kp/cm²	Lochleibungsdruck
		(Flächenpressung bei Nieten)
$\sigma_{l\,zul}$	kp/cm²	zulässiger Lochleibungsdruck
		(zulässige Flächenpressung bei Nieten)
σ_m	kp/cm²	Mittelspannung
σ_{max}	kp/cm²	größte rechnerische Nennspannung
σ_n	kp/cm²	rechnerische Nennspannung
σ_o	kp/cm²	oberer Spannungsausschlag
σ_P	kp/cm²	Spannung an der Proportionalitäts-
		grenze
σ_S	kp/cm²	Spannung an der Streckgrenze
σ_{Sch}	kp/cm²	Schwellfestigkeit des Werkstoffes
σ_{schw}	kp/cm²	Schweißnahtspannung
σ_u	kp/cm²	unterer Spannungsausschlag
σ_W	kp/cm²	Wechselfestigkeit des Werkstoffes
σ_z	kp/cm²	Zugspannung
σ_{zul}	kp/cm²	zulässige Normalspannung
		($\sigma_{z\,zul}$, $\sigma_{d\,zul}$, $\sigma_{b\,zul}$)
τ	kp/cm²	Schubspannung
		(Schub, Abscheren, Torsion)
τ_a	kp/cm²	Abscherspannung
τ_D	kp/cm²	Dauerfestigkeit
		gegen Abscheren und Torsion
τ_m	kp/cm²	Mittelspannung
τ_{schw}	kp/cm²	Schweißnahtspannung
τ_t	kp/cm²	Torsionsspannung
		(Schubspannung bei Verdrehung)
τ_{zul}	kp/cm²	zulässige Schubspannung
φ	°	Verdrehwinkel
ω		Knickzahl

Das griechische Alphabet

Alpha	A	α	Ny	N	ν
Beta	B	β	Xi	Ξ	ξ
Gamma	Γ	γ	Omikron	O	o
Delta	Δ	δ	Pi	Π	π
Epsilon	E	ε	Rho	P	ϱ
Zeta	Z	ζ	Sigma	Σ	σ
Eta	H	η	Tau	T	τ
Theta	Θ	ϑ	Ypsilon	Y	υ
Jota	I	ι	Phi	Φ	φ
Kappa	K	$\varkappa$	Chi	X	χ
Lambda	Λ	λ	Psi	Ψ	ψ
My	M	μ	Omega	Ω	ω

Teil I: STATIK IN DER EBENE

Grundlagen

Kräftepaar und Drehmoment

1. An der Handkurbel eines Wellrades wirkt eine Handkraft $F = 20$ kp.

a) Wie groß ist das erzeugte Drehmoment?

b) Wie groß ist die Last F_1, die damit am Seil gehoben werden kann?

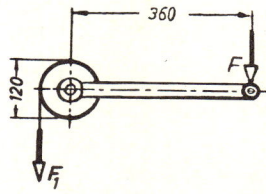

2. Eine Spillanlage mit 200 mm Trommeldurchmesser entwickelt im Seil eine Zugkraft $F = 700$ kp.

Welches Drehmoment ist an der Trommelwelle erforderlich?

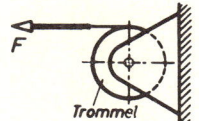

3. Eine Schraube soll mit einem Drehmoment von 6,2 kpm angezogen werden.

Welche Handkraft muß der Arbeiter am Schlüssel in 280 mm Abstand von der Schraubenmitte mindestens aufbringen?

4. Ein Kräftepaar mit den Kräften $F = 120$ kp erzeugt ein Drehmoment $M_t = 39\,600$ kpcm.

Welchen Wirkabstand hat das Kräftepaar?

5. An der Bremsscheibenwelle wirkt ein Drehmoment $M_t = 86$ kpm.

Welche Bremskraft F tangential am Scheibenumfang ist zur Erzeugung eines gleichgroßen Bremsmomentes erforderlich?

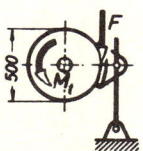

6. In der Pleuelstange eines Verbrennungsmotors wirkt in der gezeichneten Stellung eine Druckkraft von 1100 kp.

Berechne:

a) ihren Wirkabstand von der Kurbelwellenmitte,

b) das auf die Kurbelwelle wirkende Drehmoment!

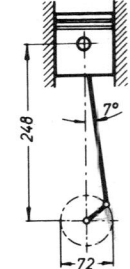

7. An der Exzenterwelle einer Presse wirkt ein Drehmoment $M_t = 28$ kpm.

a) Welchen Wirkabstand von der Exzenterwellenmitte hat die Druckkraft, die in der gezeichneten Stellung in der Kolbenstange erzeugt wird?

b) Wie groß ist diese Druckkraft?

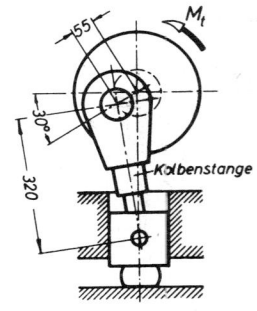

8. Auf das Pedal einer waagerecht stehenden Fahrrad-Tretkurbel wirkt die senkrechte Kraft $F = 22$ kp.

Berechne:

a) das Drehmoment an der Tretkurbelwelle,

b) die Zugkraft in der Kette,

c) das Drehmoment am hinteren Kettenrad,

d) die Kraft, mit der sich das Hinterrad am Boden in waagerechter Richtung abstützt (Vortriebskraft)!

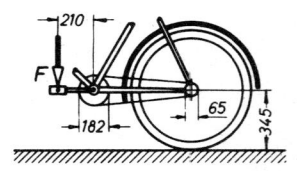

Das Freimachen der Körper

9. bis **28.** Die in den folgenden 20 Bildern dargestellten Körper sollen freigemacht werden. Die Reibung soll dabei unberücksichtigt bleiben.

2

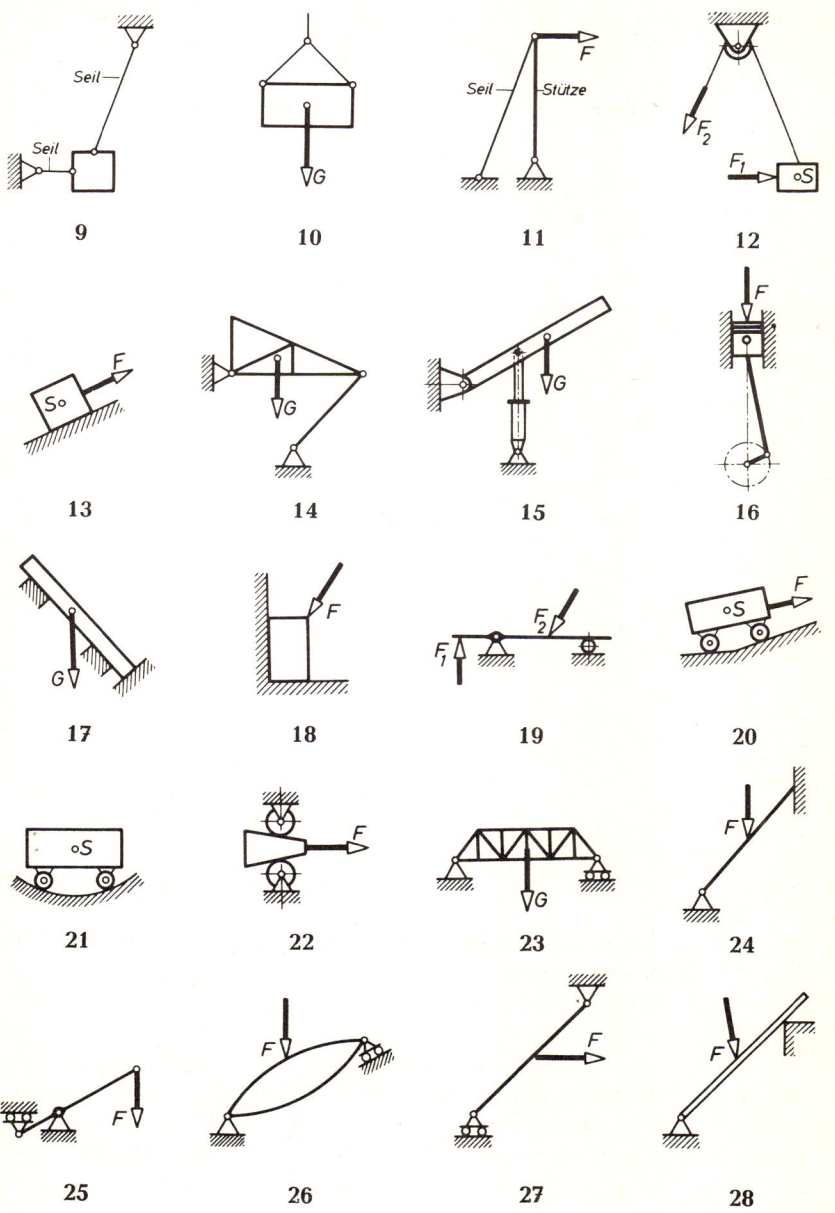

9 10 11 12

13 14 15 16

17 18 19 20

21 22 23 24

25 26 27 28

Die statischen Grundaufgaben
beim zentralen Kräftesystem

1. und 2. Grundaufgabe: Zeichnerische und rechnerische Ermittlung
der Resultierenden.
Zeichnerische und rechnerische Zerlegung
von Kräften in Komponenten.

29. Zwei Kräfte $F_1 = 120$ kp und $F_2 = 90$ kp wirken am gleichen Angriffspunkt im rechten Winkel zueinander.

Wie groß ist:

a) ihre Resultierende,
b) der Winkel, den ihre Wirklinie mit der Kraft F_1 einschließt?

30. Unter einem Winkel von 135° wirken zwei Kräfte $F_1 = 70$ kp und $F_2 = 105$ kp am gleichen Angriffspunkt.

Ermittle:

a) ihre Resultierende,
b) den Winkel zwischen den Wirklinien der Resultierenden und der Kraft F_2!

31. Zwei Kräfte wirken unter einem Winkel von 76°30' zueinander. Ihre Beträge sind $F_1 = 15$ kp und $F_2 = 25$ kp.

Ermittle:

a) ihre Resultierende,
b) den Winkel zwischen den Wirklinien der Resultierenden und der Kraft F_1!

32. Das Zugseil einer Fördereinrichtung läuft unter 40° zur Senkrechten von der Seilscheibe ab. Senkrechtes Seiltrum und Förderkorb wiegen zusammen 5000 kp.

a) Wie groß ist die Resultierende aus den beiden Seilzugkräften, die als Lagerbelastung in den Seilscheibenlagern A auftritt?

b) Unter welchem Winkel zur Senkrechten wirkt sie?

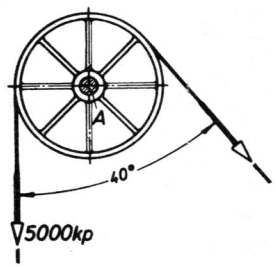

4

33. Zwei Spanndrähte ziehen mit den Kräften $F_1 = 50$ kp und $F_2 = 30$ kp an einem Pfosten A unter einem Winkel $\alpha = 80°$ zueinander.

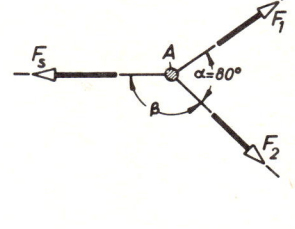

Ermittle:

a) den Betrag der Spannkraft F_s, die den Kräften F_1 und F_2 das Gleichgewicht hält,

b) den Winkel β!

(Die Spannkraft F_s ist die Gegenkraft der Resultierenden, d. h. sie hat gleichen Betrag und Wirklinie, ist aber entgegengesetzt gerichtet!)

34. Vier Männer ziehen einen Wagen an Seilen, die nach Skizze in die Zugöse der Deichsel eingehängt sind. Die Zugkräfte betragen: $F_1 = 40$ kp, $F_2 = 35$ kp, $F_3 = 30$ kp und $F_4 = 50$ kp.

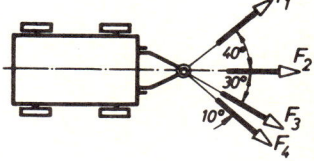

Ermittle:

a) den Betrag der Resultierenden,

b) den Winkel, unter dem sie zur Wagenlängsachse wirkt!

35. Ein Kettenkarussell ist mit vier Personen unsymmetrisch nach Skizze besetzt. Die im Betrieb auftretenden Fliehkräfte $F_1 = 120$ kp, $F_2 = 150$ kp, $F_3 = 100$ kp und $F_4 = 80$ kp wirken dabei als Biegekräfte auf den Zentralmast.

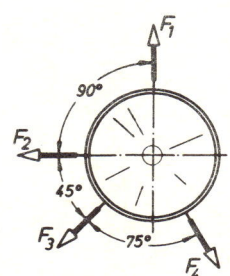

a) Wie groß ist die resultierende Biegekraft?

b) Unter welchem Winkel zur Kraft F_2 wirkt sie?

36. Ein Telegrafenmast wird durch die waagerechten Spannkräfte von vier Drähten belastet. Die Spannkräfte sind $F_1 = 40$ kp, $F_2 = 50$ kp, $F_3 = 35$ kp und $F_4 = 45$ kp.

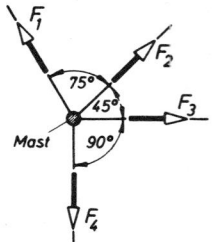

Ermittle:

a) den Betrag der Resultierenden,

b) den Winkel, den ihre Wirklinie mit dem Draht F_3 einschließt!

37. Ein zentrales Kräftesystem besteht aus den Kräften $F_1 = 22$ kp, $F_2 = 15$ kp, $F_3 = 30$ kp und $F_4 = 25$ kp. Die Winkel zwischen den vier Kräften und einer positiven x-Achse als Bezugslinie sind $\beta_1 = 15°$, $\beta_2 = 60°$, $\beta_3 = 145°$, $\beta_4 = 210°$ (siehe Lehrbuch!).

Ermittle:

a) den Betrag der Resultierenden F_r,

b) den spitzen Winkel α_r, den sie mit der x-Achse einschließt,

c) den Quadranten, in dem sie liegt!

38. In einem zentralen Kräftesystem wirken die Kräfte $F_1 = 120$ kp, $F_2 = 200$ kp, $F_3 = 220$ kp, $F_4 = 90$ kp und $F_5 = 150$ kp. Die Angriffswinkel sind $\beta_1 = 80°$, $\beta_2 = 123°$, $\beta_3 = 165°$, $\beta_4 = 290°$, $\beta_5 = 317°$.

Ermittle:

a) den Betrag der Resultierenden F_r,

b) ihren Winkel β_r zur positiven x-Achse,

c) den Quadranten, in dem sie liegt!

39. Sechs Kräfte: $F_1 = 75$ kp, $F_2 = 125$ kp, $F_3 = 95$ kp, $F_4 = 150$ kp, $F_5 = 170$ kp und $F_6 = 115$ kp wirken an einem gemeinsamen Angriffspunkt unter den Winkeln $\beta_1 = 27°$, $\beta_2 = 72°$, $\beta_3 = 127°$, $\beta_4 = 214°$, $\beta_5 = 270°$, $\beta_6 = 331°$.

Ermittle:

a) den Betrag der Resultierenden F_r,

b) den spitzen Winkel α_r zwischen der Resultierenden und der x-Achse,

c) den Quadranten, in dem sie liegt!

40. Eine Kraft $F = 25$ kp soll in zwei senkrecht aufeinander stehende Komponenten F_1 und F_2 zerlegt werden. Die Wirklinien von F und F_1 sollen einen Winkel von $35°$ einschließen.

Ermittle die Beträge von F_1 und F_2!

41. Zerlege eine Kraft $F = 3600$ kp in zwei Komponenten F_1 und F_2, deren Wirklinien unter den Winkeln $\alpha_1 = 90°$ bzw. $\alpha_2 = 45°$ zur Wirklinie von F liegen!

Wie groß sind F_1 und F_2?

42. Eine Stützmauer erhält aus ihrem Eigengewicht und dem auf einer Seite gelagerten Schüttgut eine Gesamtbelastung $F_r = 6800$ kp, die unter $52°$ zur Senkrechten wirkt.

a) Wie groß ist die senkrecht auf die Mauersohle wirkende Kraft F_{ry}?

b) Wie groß ist die waagerecht wirkende Kraft F_{rx}, welche die Mauer umzukippen sucht?

43. Ein Lager erhält nach Skizze eine Gesamtlast $F_A = 2600$ kp.

Welche Radiallast F_{Ax} und welche Axiallast F_{Ay} hat das Lager aufzunehmen?

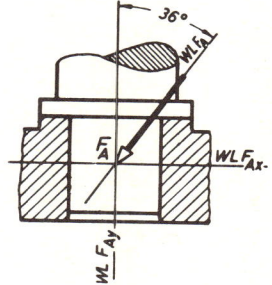

44. Der Sparren (Strebe) eines hölzernen Dachstuhles ist durch einen einfachen Versatz mit dem Streckbalken (Schwelle) verbunden. Die Strebkraft $F = 550$ kp wirkt unter dem Winkel $\alpha = 40°$ auf den Streckbalken. Dort zerlegt sich F in die Komponenten F_1 und F_2, die senkrecht auf ihrer Stützfläche stehen.

Ermittle die Komponenten F_1 und F_2!

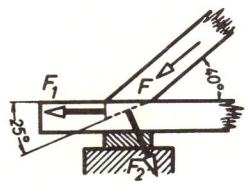

45. Unter einem Winkel von $145°$ zueinander wirken zwei Kräfte F_1 und F_2. Ihre Resultierende ist $F_r = 75$ kp. Sie schließt mit der Kraft F_2 einen Winkel von $60°$ ein.

Wie groß sind F_1 und F_2?

46. Die Wirklinien zweier gleichgroßer Kräfte F schließen einen Winkel von $70°$ ein. Ihre Resultierende ist $F_r = 7300$ kp.

Ermittle die Beträge der beiden Kräfte F!

47. Die zum Ziehen eines Waggons erforderliche Zugkraft $F = 110$ kp wird durch zwei Seile nach Skizze aufgebracht.

Wie groß sind die erforderlichen Seilkräfte F_1 und F_2?

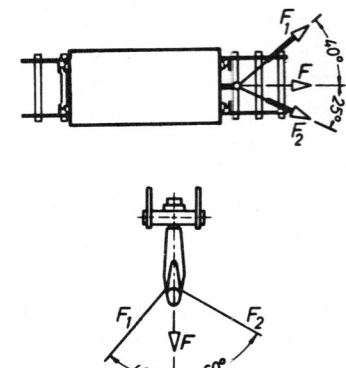

48. Der Lasthaken eines Kranes erhält durch die beiden Seile F_1 und F_2 eine senkrechte Gesamtbelastung $F = 3000$ kp.

Welche Kräfte wirken in den beiden Seilen?

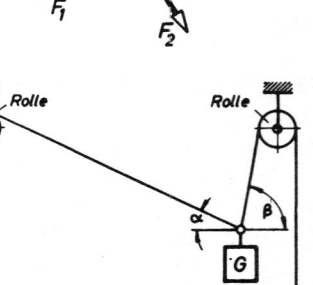

3. und 4. Grundaufgabe: Zeichnerische und rechnerische Ermittlung unbekannter Kräfte.

49. Einer Kraft $F = 1700$ kp soll durch zwei Kräfte F_1 und F_2 das Gleichgewicht gehalten werden. Die Angriffswinkel sind $\alpha_1 = 30°$ und $\alpha_2 = 60°$.

Ermittle die Beträge der beiden Gleichgewichtskräfte!

50. Drei nach Skizze an einem Seil hängende Körper sind im Gleichgewicht, wenn $\alpha = 25°$ und $\beta = 80°$ ist. Das Gewicht G beträgt 30 kp.

a) Entwickle aus dem Ansatz der Gleichgewichtsbedingungen die Gleichungen zur Berechnung von G_1 und G_2!

b) Wie groß sind G_1 und G_2?

51. Ein zentrales Kräftesystem besteht aus den Kräften $F_1 = 320$ kp, $F_2 = 180$ kp, $F_3 = 250$ kp, die unter den Winkeln $\beta_1 = 35°$, $\beta_2 = 55°$, $\beta_3 = 160°$ zur positiven x-Achse wirken. Es soll durch zwei Kräfte F_A und F_B im Gleichgewicht gehalten werden, deren Wirklinien mit der positiven x-Achse die Winkel $\gamma_A = 45°$ und $\gamma_B = 90°$ einschließen.

a) Wie groß sind F_A und F_B?

b) In welchen Quadranten liegen sie?

52. An einem Punkt greifen die Kräfte $F_1 = 110$ kp, $F_2 = 180$ kp, $F_3 = 100$ kp, $F_4 = 230$ kp und $F_5 = 150$ kp an. Sie wirken unter den Winkeln $\beta_1 = 45°$, $\beta_2 = 75°$, $\beta_3 = 170°$, $\beta_4 = 250°$, $\beta_5 = 350°$ zur positiven x-Achse. Zwei am gleichen Punkt angreifende Kräfte F_{g1} und F_{g2} halten ihnen das Gleichgewicht. Ihre Wirklinien schließen mit der positiven x-Achse die Winkel $\gamma_1 = 20°$ und $\gamma_2 = 55°$ ein.

a) Wie groß sind die Gleichgewichtskräfte F_{g1} und F_{g2}?

b) In welchen Quadranten liegen sie?

53. Ein zentrales Kräftesystem besteht aus den Kräften $F_1 = 5$ kp, $F_2 = 8$ kp, $F_3 = 10,5$ kp und F_4 mit den zugehörigen Angriffswinkeln $\beta_1 = 110°$, $\beta_2 = 150°$, $\beta_3 = 215°$ und $\beta_4 = 270°$. Sie werden im Gleichgewicht gehalten durch eine Kraft F_g, deren Wirklinie mit der x-Achse zusammenfällt.

a) Wie groß muß die Kraft F_4 sein?

b) Wie groß ist die Gleichgewichtskraft F_g?

54. Eine Ziehwerks-Schleppzange wird mit einer Seilkraft $F_s = 12\,000$ kp gezogen.

Ermittle die Zugkräfte in den Zugstangen 1 und 2!

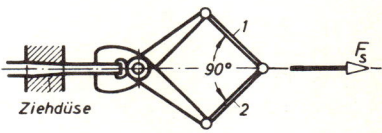

55. Ein Drehkran ist mit 2000 kp belastet.

a) Wie groß sind die Kräfte im Zugstab Z und im Druckstab D?

b) Zerlege die Stabkraft F_z im Punkt A in eine waagerechte und eine senkrechte Komponente F_{zx} und F_{zy}!

c) Zerlege in gleicher Weise im Punkt B die Stabkraft F_d!

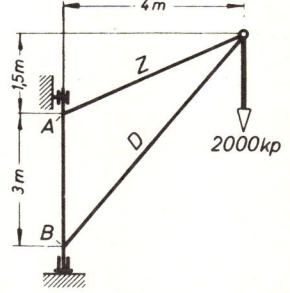

56. Ein zylindrisches Rohteil von 120 kp Gewicht liegt auf der skizzierten Zentriereinrichtung.

Wie groß sind die Stützkräfte in den beiden Auflagepunkten?

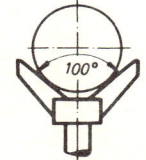

57. Ein 5000 kp schweres Maschinenteil hängt mit einem Seil am Kranhaken.

Wie groß sind die Kräfte in den beiden Seilspreizen?

(Die Zugkraft im Kranhaken ist gleich dem Gewicht der Last!)

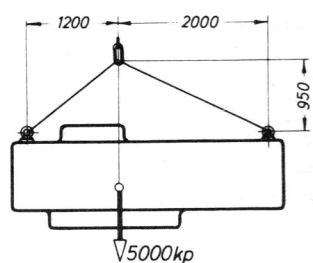

58. Eine an einem Seil hängende Lampe mit dem Gewicht $G = 22$ kp wird vom Wind bewegt, so daß das Seil um $20°$ aus der Senkrechten ausgelenkt wird.

Wie groß ist der Luftwiderstand F_w der Lampe und welche Zugkraft F nimmt das Seil auf?

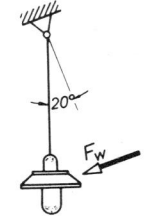

59. Der Laufbahnträger für eine Einschienen-Laufkatze ist an Hängestangen nach Skizze befestigt. Jedes Stangenpaar hat an Trägergewicht und Laufkatzenlast maximal $G = 1200$ kp senkrechte Belastung aufzunehmen.

a) Welche maximalen Zugkräfte treten in jeder Stange auf?

b) Wie groß werden die Zugkräfte in den Stangen, wenn die Lastrichtung durch schrägen Seilzug beim Aufnehmen oder Absetzen der Last unter $15°$ zur Senkrechten liegt?

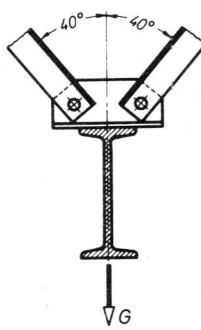

60. Ein prismatischer Körper vom Gewicht $G = 75$ kp liegt auf zwei geneigten ebenen Flächen auf.

Wie groß sind die Stützkräfte an den Flächen A und B?

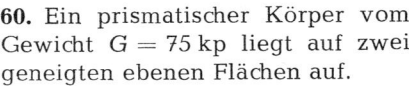

61. Eine 380 kp schwere Walze hängt an einer Pendelstange und drückt auf eine darunter angeordnete zweite Walze.

Ermittle die Zugkraft F_s in der Pendelstange und die Anpreßkraft F zwischen beiden Walzen!

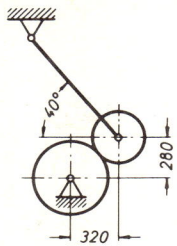

62. Eine Kolbendampfmaschine hat einen Kolbendurchmesser von 200 mm und $p = 10$ kp/cm² Betriebsdruck.

Ermittle für die gezeichnete Stellung der Schubstange:

a) die Kolbenkraft F_k,

b) die Schubstangenkraft F_s und die Normalkraft F_n mit der der Kreuzkopf auf seine Gleitbahn drückt,

c) das Drehmoment, das an der Kurbelwelle erzeugt wird!

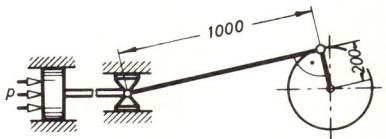

63. Auf den Kolben eines Dieselmotors wirkt eine Kraft $F = 11\,000$ kp.

a) Mit welcher Kraft drückt der Kolben seitlich gegen die Zylinderlaufbahn?

b) Wie groß ist die Kraft, die von der Pleuelstange auf den Kurbelzapfen übertragen wird?

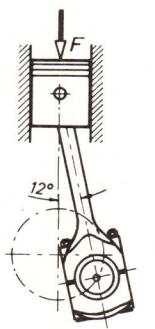

64. Eine am Kranhaken hängende Last $F_q = 200$ kp soll zum Absetzen um 1 m seitlich verschoben werden.

a) Welche waagerechte Verschiebekraft muß aufgewendet werden?

b) Wie groß sind die Zugkräfte in beiden Seilen?

(Die beiden Seilkräfte sind gleichgroß. Ihre Resultierende geht durch den Mittelpunkt der unteren Seilrolle, der damit also Angriffspunkt von drei Kräften ist.)

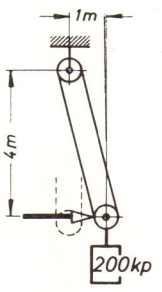

11

65. Die pendelnd aufgehängte Riemenspannrolle S ist mit einem Gewicht G belastet, das im stillstehenden Riemen eine Spannkraft $F = 15$ kp erzeugen soll.

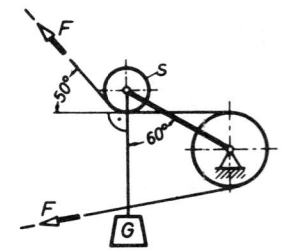

a) Ermittle das erforderliche Gewicht G!

b) Welche Belastung erhält das Lager der Pendelstange?

66. An einem Spreizbalken hängt eine Last $G = 2500$ kp.

Wie groß sind:

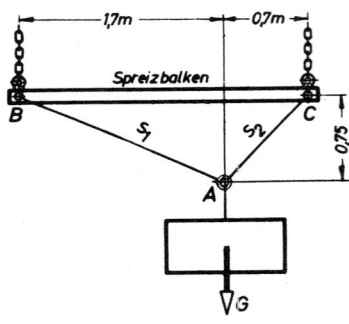

a) die Zugkräfte in den beiden Seilen S_1 und S_2?

b) die Kettenzugkraft F_{k1} und die Balkendruckkraft F_{d1} im Punkte B?

c) die Kettenzugkraft F_{k2} und die Balkendruckkraft F_{d2} im Punkte C?

67. Drei zylindrische Körper mit den Gewichten $G_1 = 3$ kp, $G_2 = 5$ kp und $G_3 = 2$ kp liegen nach Skizze in einem Kasten.

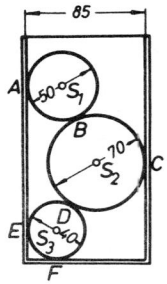

a) Mache die Körper einzeln frei!

b) Ermittle die Kräfte, mit denen die Körper in den Punkten A bis F aufeinander bzw. auf Kastenwand und -boden drücken!

68. Drei Körper sind an einem Seile befestigt, das über zwei Rollen geführt ist. Die Gewichte $G = 20$ kp und $G_1 = 25$ kp sind mit G_2 im Gleichgewicht, wenn das rechte Zugstück des Seiles unter einem Winkel $\alpha = 30°$ zur Waagerechten steht.

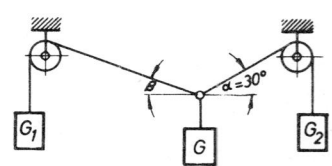

a) Entwickle aus dem Ansatz der Gleichgewichtsbedingungen die Gleichungen zur Berechnung von G_2 und β!

b) Wie groß ist das Gewicht G_2?

c) Unter welchem Winkel β stellt sich das linke Seilstück zur Waagerechten ein?

69. In einem Fachwerk bilden die an einem Knotenpunkt angreifenden Kräfte immer ein zentrales Kräftesystem, das im Gleichgewicht ist.

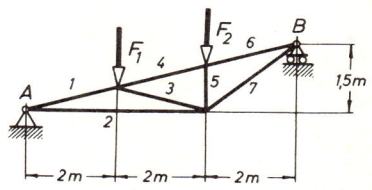

Das skizzierte Fachwerk wird belastet durch die Kräfte $F_1 = 1500$ kp und $F_2 = 2400$ kp; in den Unterstützungspunkten wirken die Stützkräfte $F_A = 1800$ kp und $F_B = 2100$ kp senkrecht nach oben.

Ermittle, beginnend beim Punkt A und von Knoten zu Knoten fortschreitend, die Kräfte in allen Stäben des Fachwerkes! (Bezeichne Zugkräfte mit Pluszeichen, Druckkräfte mit Minuszeichen!)

70. Die Knotenpunktlasten dieses Dachbinders betragen $F = 1000$ kp bzw. $F/2 = 500$ kp. Die Stützkräfte sind senkrecht nach oben gerichtet und betragen $F_A = F_B = 3000$ kp.

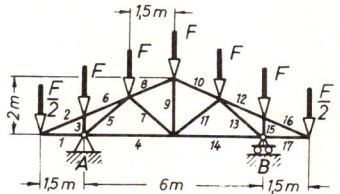

Ermittle die Stabkräfte für alle Stäbe des Fachwerkes! (Zug: $+$, Druck: $-$)

71. Der Tragarm eines Freileitungsmastes nimmt drei Kabellasten von je $F = 1000$ kp auf.

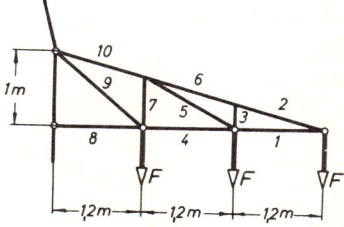

Ermittle die Stabkräfte 1 bis 10! Achte dabei besonders auf Stab 3! (Zug: $+$, Druck: $-$)

13

Die statischen Grundaufgaben beim allgemeinen Kräftesystem

5. und 6. Grundaufgabe: Zeichnerische und rechnerische Ermittlung der Resultierenden (Seileckverfahren und Momentensatz).

72. Zwei parallele, gleichsinnig gerichtete Kräfte $F_1 = 5$ kp und $F_2 = 11{,}5$ kp wirken in einem Abstand $l = 18$ cm voneinander.

Ermittle:

a) den Betrag der Resultierenden F_r,

b) ihren Abstand l_0 von der Wirklinie der Kraft F_2!

73. Zwei parallele Kräfte $F_1 = 180$ kp und $F_2 = 240$ kp haben einen Abstand $l = 780$ mm voneinander. F_1 wirkt senkrecht nach oben, F_2 senkrecht nach unten.

Wie groß sind:

a) die Resultierende F_r,

b) ihr Abstand von der Wirklinie der Kraft F_1?

c) Wie ist ihre Richtung?

74. Die Achslasten eines Lastkraftwagens betragen $F_1 = 5000$ kp und $F_2 = F_3 = 5200$ kp.

Ermittle:

a) den Betrag der Resultierenden F_r (= Gesamtgewicht),

b) ihren Abstand von der Vorderachsmitte (= Schwerpunktsabstand)!

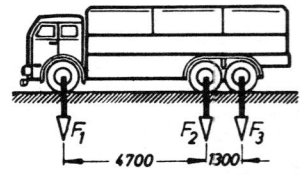

75. Eine Laufplanke ist nach Skizze durch drei parallele Kräfte $F_1 = 80$ kp, $F_2 = 110$ kp und $F_3 = 120$ kp belastet.

Wie groß ist:

a) die Resultierende F_r,

b) ihr Abstand l_0 vom linken Unterstützungspunkt der Planke?

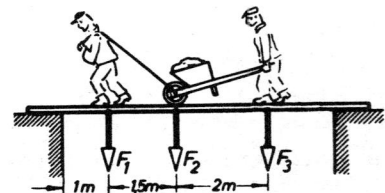

76. Eine Welle wird durch drei parallele Zahn- und Riemenkräfte $F_1 = 50$ kp, $F_2 = 80$ kp und $F_3 = 210$ kp belastet.

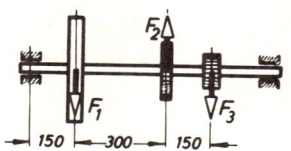

Ermittle:

a) den Betrag der Resultierenden,

b) ihren Abstand von der linken Lagermitte,

c) ihre Richtung!

(Beachte, daß die Kräfte nicht gleich-gerichtet sind!)

77. Ein Drehkran trägt eine Höchst-last $F_q = 1000$ kp. Sein Eigengewicht beträgt $G_e = 900$ kp. Das Gegenge-wicht wiegt $G = 1600$ kp.

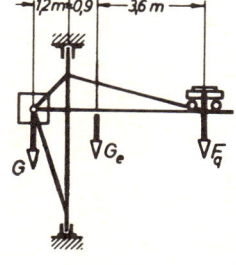

Wie groß ist:

a) die Resultierende der drei Kräfte,

b) ihr Abstand l_0 von der Dreh-achse,

c) die Resultierende aus Eigenge-wicht und Gegengewicht bei un-belastetem Kran,

d) ihr Abstand l_0 von der Dreh-achse?

78. Über eine Riemenscheibe von 480 mm Durchmesser läuft ein Treib-riemen. Das obere, ziehende Trum überträgt eine Kraft $F_1 = 120$ kp. Das untere, gezogene Trum ist belastet mit $F_2 = 35$ kp und läuft unter einem Winkel von 10° zum oberen Trum zurück.

Ermittle:

a) den Betrag der Resultierenden F_r der beiden Riemenkräfte,

b) ihren Winkel α zur Waagerechten,

c) ihren Abstand l_0 vom Scheibenmittelpunkt,

d) das Drehmoment, das sie an der Riemenscheibe erzeugt!

e) Vergleiche das Drehmoment mit der Drehmomentensumme aus den beiden Riemenkräften, bezogen auf den Scheibenmittelpunkt!

15

79. Ein Träger ist mit zwei paralle-
len Kräften $F_1 = 3000$ kp und $F_2 = 2000$ kp belastet und dazwischen
durch ein Seil mit der Zugkraft
$F_s = 2500$ kp schräg nach oben abgefangen.

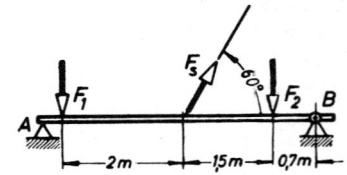

Wie groß ist:

a) die Resultierende aus den drei Kräften,

b) der Winkel, den ihre Wirklinie mit der Senkrechten einschließt,

c) ihr Abstand vom Stützpunkt B?

(Miß den Abstand *rechtwinklig* vom Punkt B auf die Wirklinie von F_r!)

80. An einer Bodenklappe wirken
das Eigengewicht der Klappe
$G = 200$ kp, das Gegengewicht
$G_1 = 150$ kp und über eine Kette
das zusätzliche Ausgleichgewicht
$G_2 = 50$ kp.

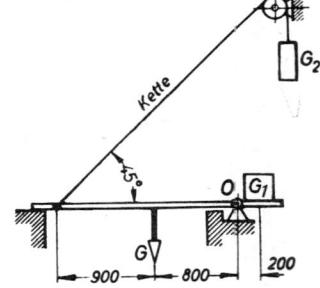

Ermittle:

a) den Betrag der Resultierenden,

b) ihren Winkel zur Waagerechten,

c) ihren Wirkabstand vom Klap-
pendrehpunkt O!

81. Der skizzierte zweiarmige Hebel ist belastet durch die Kräfte $F_1 = 30$ kp, $F_2 = 20$ kp, $F_3 = 50$ kp und $F_4 = 10$ kp. Die Entfernungen der
Kraftangriffspunkte voneinander sind $l_1 = 2$ m, $l_2 = 4$ m und $l_3 = 3,5$ m.

a) Wie groß muß der Abstand l
des Hebellagers A vom Angriffspunkt von F_1 sein, wenn der
Hebel im Gleichgewicht sein
soll?

b) Wie groß ist die Stützkraft im
Lager A?

c) Unter welchem Winkel zum
Hebel wirkt die Stützkraft?

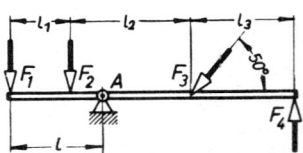

(Die Stützkraft ist die Gegenkraft
der Resultierenden von F_1, F_2, F_3,
F_4!)

82. Eine Sicherheitsklappe mit $G =$
1,1 kp Gewicht verschließt durch die
Druckkraft einer Feder $F = 5$ kp
eine Öffnung von 20 mm lichtem
Durchmesser in einer Druckrohr-
leitung. Der Hebeldrehpunkt A ist
so zu legen, daß sich die Klappe bei
$p = 6$ kp/cm² Überdruck in der Rohrleitung öffnet.

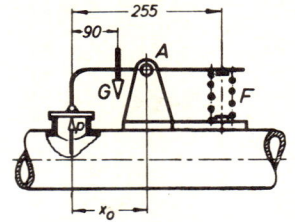

a) Wie groß muß der Abstand l_0 für den Hebeldrehpunkt A gewählt
   werden?

b) Mit welcher Kraft wird der Hebeldrehpunkt A belastet?

7. und 8. Grundaufgabe: Zeichnerische und rechnerische Ermittlung
unbekannter Kräfte
(Gleichgewichtsbedingungen, Dreikräfte-,
Vierkräfte-, Schlußlinienverfahren).

Dreikräfteverfahren

83. Die gleichlangen Arme eines
Winkelhebels schließen einen Winkel von 120° ein. Der waagerechte
Arm trägt eine senkrechte Last
$F_q = 50$ kp.

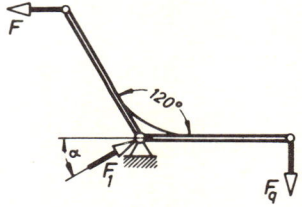

Ermittle:

a) die für Gleichgewicht erforderliche waagerechte Zugkraft F,

b) den Betrag der Stützkraft F_1 im Hebeldrehpunkt,

c) ihren Winkel α zur Waagerechten!

84. Die beiden Stangen AC und BC
sind in den Punkten A und B drehbar gelagert und im Punkte C
gelenkig miteinander verbunden.
In der Mitte der Stange AC greift
eine Kraft $F = 100$ kp unter einem
Winkel $\alpha = 45°$ an.

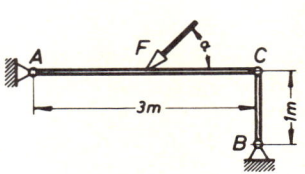

Ermittle:

a) den Betrag der Stützkraft, die die Stange BC übernimmt,

b) die Wirklinie dieser Stützkraft,

c) den Betrag der Stützkraft im Punkt A,

d) den Winkel, den sie mit der Stange AC einschließt!

85. Eine 80 kp schwere Tür hängt in den Angeln A und B derart, daß nur die untere Angel senkrechte Kräfte aufnimmt.

a) Wie liegt die Wirklinie der Stützkraft F_A?

Wie groß ist:

b) die Stützkraft F_A,

c) die Stützkraft F_B,

d) die waagerechte Komponente F_{Bx} und die senkrechte Komponente F_{By} der Stützkraft F_B?

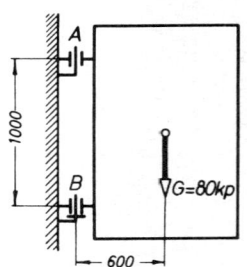

86. Die Umlenksäule einer Fördereinrichtung wird am Kopf A durch eine Kraft $F = 220$ kp nach Skizze belastet. Sie ist um ihren Fußpunkt C schwenkbar und im Punkte B durch ein Seil abgefangen.

Ermittle:

a) die Seilkraft F_B,

b) die Stützkraft F_C,

c) den Winkel zwischen der Wirklinie von C und der Waagerechten!

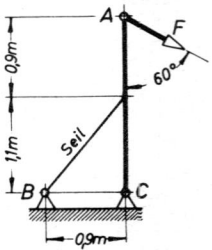

87. Ein 4 m langer Ausleger trägt 1 m von seinem Kopfende entfernt eine Last von 800 kp.

Wie groß ist:

a) die Zugkraft F_k in der Haltekette,

b) die Stützkraft F_A im Auslegerlager,

c) die waagerechte Komponente F_{Ax} und die senkrechte Komponente F_{Ay} der Stützkraft F_A?

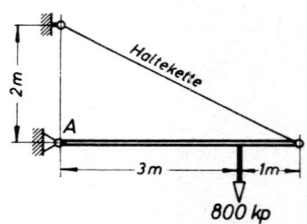

18

88. Auf einer Drehmaschine ist ein Drehkran zum Einheben schwerer Werkstücke aufgebaut, der eine Last $F_q = 750$ kp trägt.

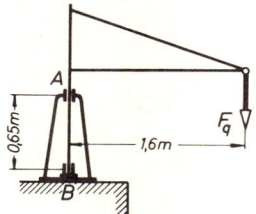

Ermittle:

a) die Lagerkraft F_A,

b) die Lagerkraft F_B,

c) die waagerechte Komponente F_{Bx} und die senkrechte Komponente F_{By} der Kraft F_B!

89. Eine am Fuße schwenkbar gelagerte Säule ist am Kopf zwischen zwei Winkeln geführt. Sie trägt eine Konsole, die mit $F = 630$ kp belastet ist.

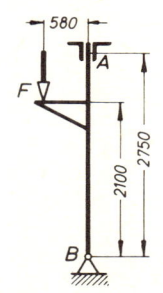

Ermittle:

a) die Stützkraft F_A,

b) die Stützkraft F_B,

c) den Winkel, unter dem die Kraft F_B zur Waagerechten wirkt!

90. Ein Gittermast von 20 m Höhe wiegt $G = 2900$ kp. Zum Aufrichten werden zwei Seile am Kopf einer Pendelstütze befestigt. Das eine davon wird an der Mastspitze, das andere am Zughaken einer Zugmaschine eingehängt, die den Mast dann aufrichtet.

Ermittle für die gezeichnete waagerechte Stellung der Mastachse:

a) die Zugkraft im Seil 1,

b) die Belastung des linken Mastlagers A,

c) die waagerechte Komponente F_{Ax} und die senkrechte Komponente F_{Ay} der Kraft F_A,

d) den Winkel α zwischen Seil 2 und Pendelstütze, wenn im Seil 2 die Zugkraft 1300 kp betragen soll,

e) die dann in der senkrecht stehenden Pendelstütze auftretende Druckkraft!

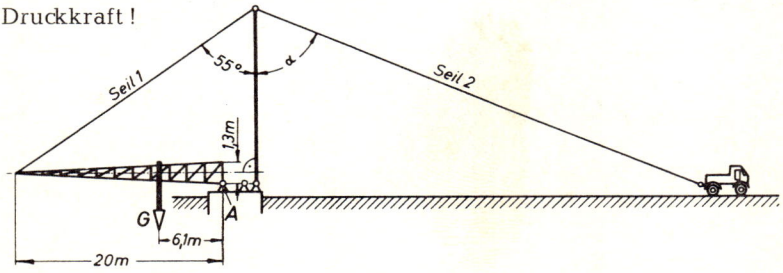

19

91. Der Klapptisch einer Blechbiegepresse wird durch einen Hydraulik-kolben gehoben. Der Tisch wiegt 1200 kp.

Ermittle für die waagerechte Stellung des Tisches:

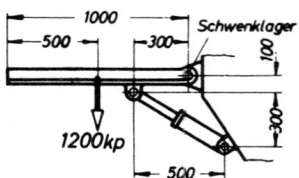

a) die erforderliche Kolbenkraft F_k,

b) den Betrag der Lagerkraft F_s in den Schwenklagern,

c) den Winkel, den die Lagerkraft mit der Waagerechten einschließt!

92. Eine Bogenleuchte hat $G = 60$ kp Gesamtgewicht und ist nach Skizze im Punkt A drehbar montiert und bei B durch ein Seil abgefangen.

Wie groß ist:

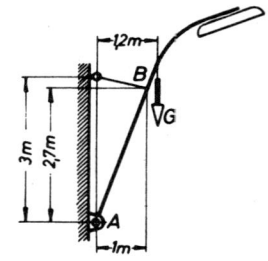

a) die Zugkraft F_B im Seil,

b) die Stützkraft im Lager A,

c) der Winkel, unter dem die Kraft F_A zur Waagerechten wirkt?

93. Das Vorderrad eines Fahrrades drückt mit $F = 50$ kp auf die Fahrbahn.

Ermittle:

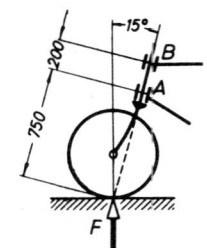

a) die Stützkraft im Spurlager A,

b) die Stützkraft im Halslager B,

c) den Winkel zwischen Kraft F_A und Lenksäule,

d) den Winkel zwischen Kraft F_B und Lenksäule!

94. Ein Bremspedal wird mit einer Kraft $F = 11$ kp betätigt.

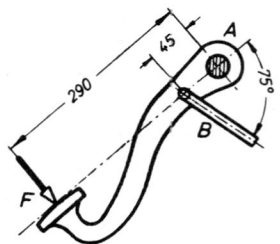

a) Wie groß ist die Lagerkraft F_A?

b) Welche Kraft wirkt im Gestänge B?

95. Mit einem Hubkarren soll eine 125 kp schwere Transportkiste angehoben werden.

Der Schwerpunkt der Kiste liegt senkrecht unter ihrem Tragzapfen.

Ermittle:

a) die erforderliche waagerechte Handkraft F_h,

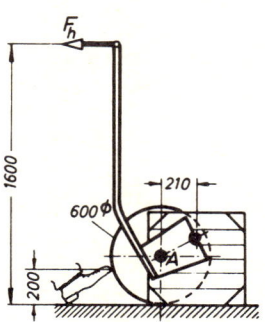

b) die Belastung der Karrenachse A sowie ihre Komponenten in waagerechter und senkrechter Richtung F_{Ax} und F_{Ay},

c) die Kraft F, mit der in 200 mm Höhe gegen jedes der beiden Laufräder gedrückt werden muß, damit der Karren nicht wegrollt.

d) die Komponenten F_x und F_y der Kraft F,

e) die Normalkraft F_n, mit der jedes Rad gegen den Boden drückt!

96. Ein Spannhebel-Kistenverschluß wird in der gezeichneten Stellung mit einer Kraft $F = 6$ kp geschlossen.

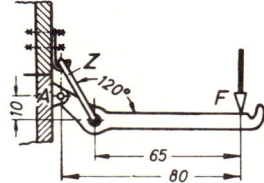

Welche Kräfte treten

a) in der Zugöse Z,

b) im Lager A auf?

97. Zur Herstellung von schrägen Schweißkantenschnitten ist der Tisch einer Blechtafelschere hydraulisch neigbar. Das Tischgewicht beträgt $G = 550$ kp.

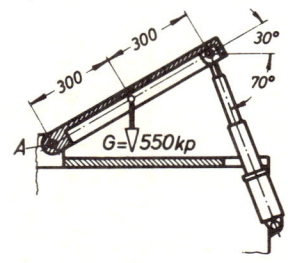

Wie groß sind bei einer Tischneigung von 30° zur Waagerechten:

a) die Kolbenkraft F_k des Hydraulikkolbens,

b) die Stützkraft im Gelenk A,

c) der Winkel zwischen Tischoberfläche und der Wirklinie von F_A?

98. Die Klemmvorrichtung für einen Werkzeugschlitten besteht aus Zugspindel, Spannkeil und Klemmhebel. Die Zugspindel wird mit einer Zugkraft $F = 20$ kp betätigt.

Ermittle für reibungsfreien Betrieb:

a) die Normalkraft F_n zwischen Keil und Gleitbahn,

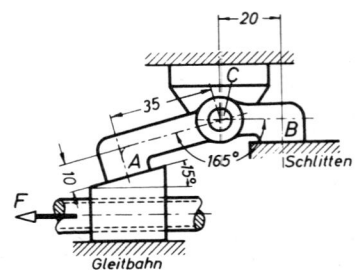

b) die auf die Fläche A des Klemmhebels übertragene Kraft,

c) die Kraft, mit welcher der Schlitten durch die Fläche B festgeklemmt wird,

d) die im Klemmhebellager C auftretende Kraft,

e) die waagerechte und die senkrechte Komponente F_{Cx} und F_{Cy} der Kraft F_C!

99. Der gekrümmte Schwinghebel ist um den Punkt A drehbar. In der waagerechten Zugstange wirkt eine Zugkraft $F_z = 100$ kp.

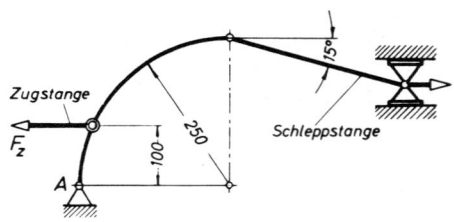

Ermittle:

a) die Zugkraft F_s in der Schleppstange,

b) die Stützkraft im Schwinggelenk A,

c) den Winkel zwischen der Stützkraft F_A und der Waagerechten!

100. Das Schaltgestänge soll durch die Zugfeder so festgehalten werden, daß die Stützrolle C mit einer Kraft von 2 kp gegen ihre senkrechte Anlagefläche drückt.

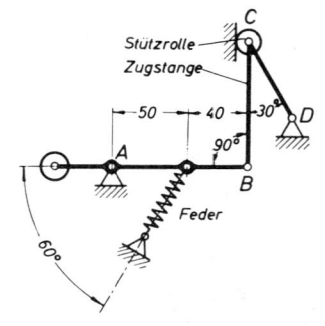

a) Wie groß ist die erforderliche Federkraft F?

b) Welche Belastungen erhalten die Lager A und D?

c) Welche Kraft tritt in der Zugstange auf?

101. Das nebenstehende Bild ist die Schemaskizze der Hubeinrichtung eines Hubtransportkarrens. Für das Heben der Last $F_q = 200$ kp sollen ermittelt werden:

a) die Belastung der Hebelendpunkte A und F,

b) die Kraft in der Stange CD,

c) die Lagerkraft F_B und ihre Komponenten F_{Bx} (waagerecht) und F_{By} (senkrecht),

d) die Zugkraft in der Stange DG,

e) die Lagerkraft F_E und ihre Komponenten F_{Ex} und F_{Ey},

f) die zum Anheben erforderliche Handkraft F_h,

g) die Lagerkraft F_K, ihr Winkel α_K zur Waagerechten und ihre Komponenten F_{Kx} und F_{Ky}.

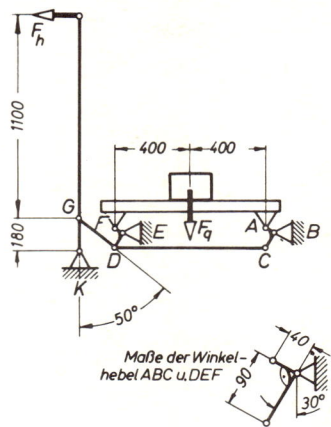

Maße der Winkel-hebel ABC u.DEF

102. Eine Leiter liegt bei A auf einer Mauerkante und ist bei B in einer Vertiefung abgestützt. Die Berührung bei A und B ist reibungsfrei. Auf halber Höhe zwischen A und B steht ein Mann mit $G = 80$ kp Gewicht. Das Leitergewicht bleibt unberücksichtigt.

Ermittle:

a) die Stützkraft F_A und ihre Komponenten F_{Ax} (waagerecht) und F_{Ay} (senkrecht),

b) die Stützkraft F_B und ihre Komponenten F_{Bx} und F_{By}!

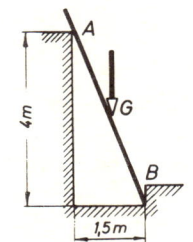

103. Ein unbelasteter Stab mit dem Eigengewicht $G = 10$ kp liegt in den Punkten A und B reibungsfrei auf.

Ermittle:

a) die Stützkraft F_A und ihre Komponenten F_{Ax} und F_{Ay} (waagerecht und senkrecht),

b) die Stützkraft F_B und ihre Komponenten F_{Bx} und F_{By}!

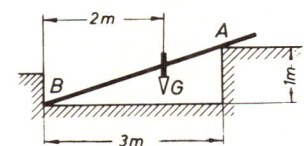

104. Eine Platte von $G = 250$ kp Gewicht ist bei A schwenkbar gelagert und liegt im Punkt B auf einer Rolle frei auf.

Ermittle für die Rollenanordnungen a und b:

die Kräfte in den Punkten A und B, die Winkel α_A und α_B zwischen den Wirklinien von F_A bzw. F_B und der Waagerechten!

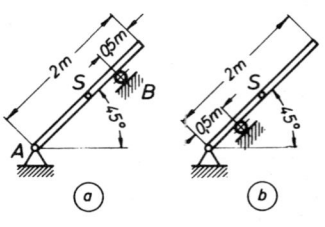

105. Der skizzierte Winkelrollhebel trägt an seinem freien Arm eine Last $F = 35$ kp.

Wie groß sind:

a) die Stützkraft F_A in der Rolle und ihre Komponenten F_{Ax} (waagerecht) und F_{Ay} (senkrecht),

b) die Stützkraft F_B im Hebelschwenkpunkt und ihre Komponenten F_{Bx} und F_{By}?

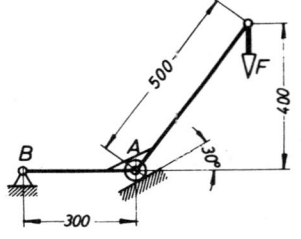

106. Eine Auffahrrampe ist am Fußende schwenkbar, am Kopfende frei verschiebbar gelagert. Sie wird nach Skizze mit $F = 500$ kp belastet.

Ermittle:

a) die Stützkraft im Kopflager A,

b) die Stützkraft im Fußlager B,

c) den Winkel zwischen der Kraft F_B und der Waagerechten!

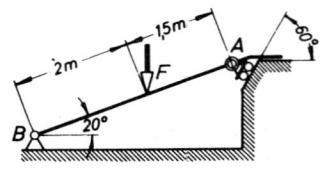

107. Ein Wanddrehkran trägt eine Last $F = 2000$ kp. Sein Eigengewicht G, im Schwerpunkt S angreifend, beträgt 800 kp.

Es sollen ermittelt werden:

a) die Halslagerkraft F_A,

b) die Spurlagerkraft F_B und ihre Komponenten F_{Bx} (waagerecht) und F_{By} (senkrecht),

c) der Winkel, unter dem die Kraft F_B zur Waagerechten wirkt.

(Fasse für die zeichnerische Lösung zuerst F und G zu einer Resultierenden zusammen!)

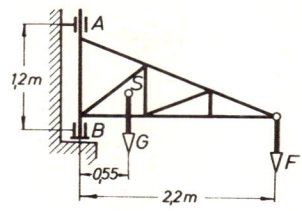

108. Die Skizze zeigt die Spannrolle einer Bandschleifeinrichtung. Die Rollenachse ist um den Punkt A schwenkbar und wird über einen Winkelhebel und die Stützrolle an einer senkrechten Fläche abgestützt. Im Schleifband wirkt eine Spannkraft von 3,5 kp.

Wie groß ist:

a) die Stützkraft F_B an der Rolle,

b) die Kraft, die das Schwenklager A aufnimmt,

c) der Winkel zwischen der Kraft F_A und der waagerechten Spannrollenachse?

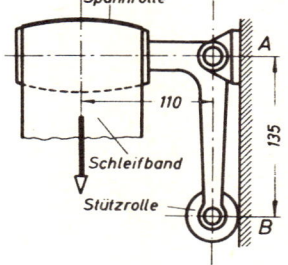

109. Ein Konsolträger wird belastet durch eine Einzelkraft $F = 1500$ kp und eine gleichmäßig verteilte Streckenlast $f = 100$ kp/m.

Ermittle:

a) die Stützkraft F_A,

b) ihren Winkel zur Waagerechten,

c) die Stützkraft in der Strebe B!

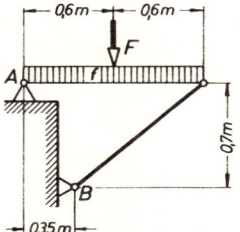

110. An einem Bogenträger greifen zwei Kräfte $F_1 = 2100$ kp und $F_2 = 1800$ kp nach Skizze an.

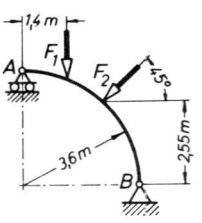

Wie groß sind:

a) die Stützkraft F_A,

b) die Stützkraft F_B,

c) die Komponenten F_{Bx} und F_{By} der Kraft F_B in waagerechter und senkrechter Richtung?

111. Das Lastseil eines Kranauslegers läuft unter 25° von der Seilrolle ab. Die angehängte Last wiegt $F = 3000$ kp; das Eigengewicht des Auslegers $G = 900$ kp hat einen Wirkabstand von 2,4 m vom Lager B.

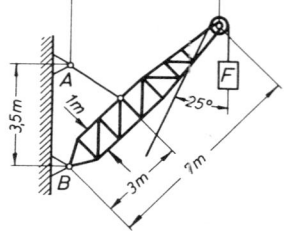

Ermittle:

a) die Resultierende F_r aus Last, Seilzug und Eigengewicht, sowie ihre waagerechte und senkrechte Komponente F_{rx} und F_{ry},

b) die Zugkraft im Halteseil bei A,

c) die Stützkraft im Lager B,

d) den Winkel, den die Wirklinie von F_B mit der Waagerechten einschließt!

112. Die Zugfeder einer Kettenspannvorrichtung soll in der Kette eine Spannkraft $F_1 = 12$ kp erzeugen.

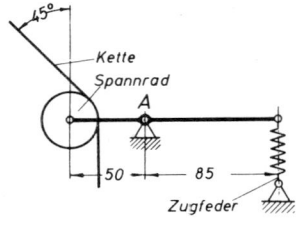

Wie groß sind:

a) die erforderliche Federkraft F_2,

b) die Belastung des Lagers A,

c) die Komponenten F_{Ax} (waagerecht) und F_{Ay} (senkrecht) der Kraft F_A?

113. Die skizzierte Tragkonstruktion für ein Rampendach ist oben an waagerechten Zugstangen A, unten in Schwenklagern B aufgehängt. Die Dachlast ist so verteilt, daß $F_1 = 500$ kp und $F_2 = 250$ kp je Dachträger beträgt. Das Eigengewicht eines Trägers ist $G = 130$ kp.

Ermittle:

a) die Zugkraft in den oberen Zugstangen A,

b) die Stützkraft im Schwenklager B,

c) den erforderlichen Winkel α für
den Mauerabsatz, wenn die
Kraft F_B rechtwinklig auf ihm
abgestützt werden soll!

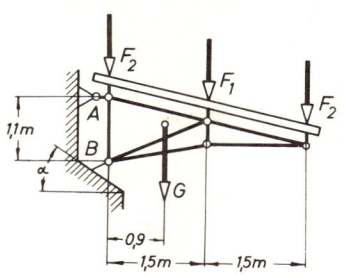

114. Eine Laufbühne ist einseitig
gelagert und steht außerdem auf
senkrechten Pendelstützen. Sie trägt
eine gleichmäßig verteilte Streckenlast $f = 80$ kp/m, eine Einzellast
$F_1 = 250$ kp und wird an einem Ge-
länderpfosten zusätzlich durch den
Seilzug $F_2 = 50$ kp belastet.

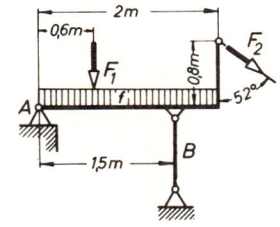

Ermittle:

a) die Stützkraft im Lager A,

b) ihre Komponenten F_{Ax} (waagerecht) und F_{Ay} (senkrecht),

c) die Druckkraft in der Pendelstütze B!

115. Ein Elektromotor mit $G =$
30 kp Eigengewicht ist auf einer
Schwinge befestigt. Die Druckfeder
soll bei waagerechter Schwingen-
stellung im stillstehenden Riemen
eine Spannkraft $F_s = 20$ kp erzeugen.

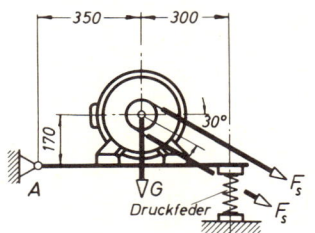

a) Welche Druckkraft F_d ist in der
Feder erforderlich?

b) Wie groß ist die Lagerkraft F_A?

c) Unter welchem Winkel zur
Waagerechten wirkt die
Kraft F_A?

116. Durch die Spannvorrichtung soll eine Rollenkette gleichmäßig mit einer Spannkraft $F_1 = 10$ kp gespannt werden.

Wie groß sind:

a) die zum Spannen erforderliche **Kraft F_2 am Spannhebel,**

b) die auf das Lager A wirkende Belastung,

c) die waagerechte und die senkrechte Komponente F_{Ax} und F_{Ay} der Lagerkraft F_A?

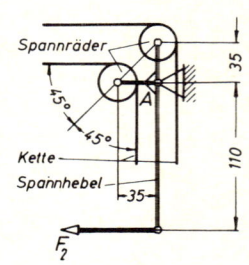

Vierkräfteverfahren

117. Bei der skizzierten Radialbohrmaschine dreht sich der Ausleger mitsamt dem Mantelrohr in zwei Radiallagern R_1 und R_2 und einem Axiallager A um die feste Innensäule. Mantelrohr, Ausleger und Bohrspindelschlitten haben ein Gesamtgewicht $G = 2400$ kp.

Welche Kräfte haben die Lager A, R_1 und R_2 aufzunehmen, wenn sich der Ausleger in

a) seiner obersten (gezeichneten) Stellung,

b) seiner untersten Stellung befindet?

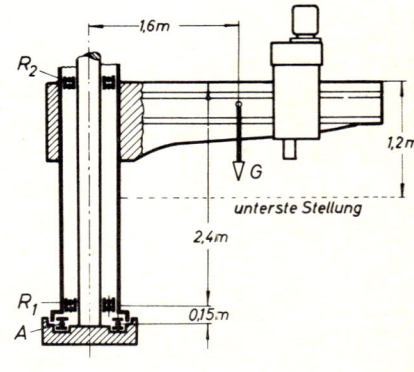

118. Ein Wandlaufkran hat $F = 2500$ kp Tragfähigkeit. Sein Eigengewicht beträgt $G_1 = 3400$ kp, das Gewicht der Laufkatze $G_2 = 700$ kp. Wie groß sind die Stützkräfte in den Fahrbahnträgern A, B und C bei voller Belastung?

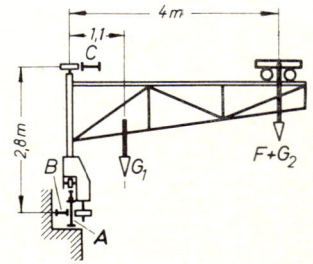

119. Ein Lastzug fährt auf einer Straße mit 20% Gefälle bergab. Der Anhänger hat ein Gewicht $F_q = 10\,000$ kp.

a) Wie groß ist der Neigungswinkel der Fahrbahn zur Waagerechten?

b) Mit welcher Schiebekraft F_B drückt der ungebremste Anhänger auf den Motorwagen?

c) Wie groß sind die beiden Achslasten F_A und F_B?

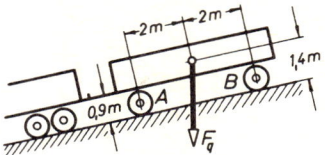

(Für die rechnerische Lösung ist es zweckmäßig, die x-Achse parallel zur geneigten Fahrbahn zu legen.)

120. Ein Wagen mit $F_q = 3800$ kp Gesamtgewicht steht auf einer unter $10°$ zur Waagerechten geneigten Ebene und ist mit der Zugstange gegen den Boden abgestützt.

Ermittle die Achslasten F_{A1} und F_{A2} und die Druckkraft in der Zugstange!

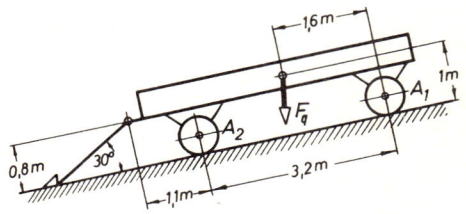

121. Eine Arbeitsbühne mit dem Gewicht $G = 420$ kp wird durch die Hubstange A gehoben. Mit den Rollen B und C wird sie an einer senkrechten Stütze geführt.

Ermittle:

a) die erforderliche Hubkraft F_A,

b) die Rollenstützkräfte F_B und F_C!

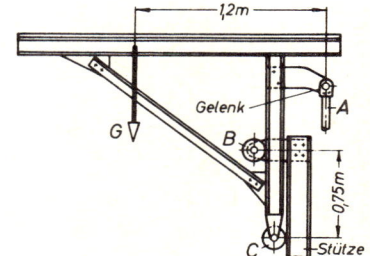

29

122. Der Lastkorb eines Schrägaufzuges wiegt $G = 1800$ kp.
Wie groß sind in der gezeichneten Stellung bei gleichförmiger Aufwärtsfahrt:

a) die Stützkräfte an der unteren Laufrolle U und der oberen Laufrolle O,

b) die erforderliche Zugkraft F im Seil?

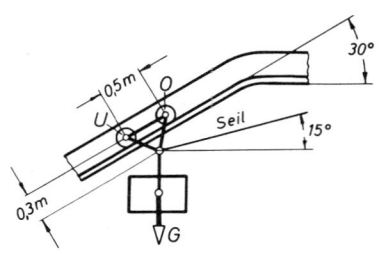

123. In einem Lagergestell stehen 3,6 m lange Stabstahlstangen von $G = 75$ kp Gewicht unter $12°$ nach rückwärts gelehnt. Sie stützen sich an zwei waagerechten Rohren A und B und auf der ebenfalls unter $12°$ geneigten Fußplatte C ab. Welche Stützkräfte verursacht eine Stange in den Punkten A, B und C?

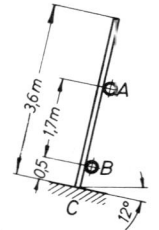

124. Eine Leiter liegt an ihren Endpunkten A und B reibungsfrei auf und wird durch ein Seil am Rutschen gehindert. In der Mitte ist sie mit $F_1 = 80$ kp belastet.

Ermittle die Stützkräfte in den Auflagepunkten A und B und die im Seil vorhandene Zugkraft F_2!

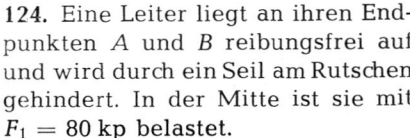

125. Der Aufspanntisch einer Flachschleifmaschine ist auf Wälzkörpern geführt. Die Laufflächen B und C der linken Führungsbahn stehen im rechten Winkel zueinander. Der Tisch wiegt $G = 45$ kp.

Wie groß sind die Stützkräfte in den Führungsflächen A, B und C?

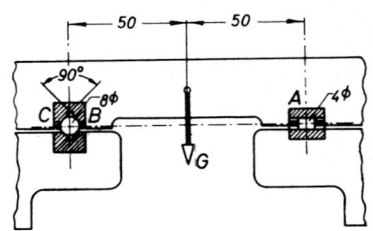

126. Der Werkzeugschlitten einer Drehbank läuft in einer oberen Flachführung und in einer zum Schutz gegen Späne herabgezogenen unteren V-Führung. Sein Gewicht ist $G = 150$ kp.

Ermittle die Stützkräfte an den Führungsflächen F, V_1 und V_2!

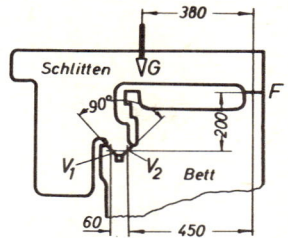

127. Der Bettschlitten einer schweren Hochleistungs-Drehbank läuft in der skizzierten Führung. Er hat ein Gewicht $G = 1800$ kp.

Mit welchen Kräften F_A, F_B und F_C werden die drei Führungsflächen belastet?

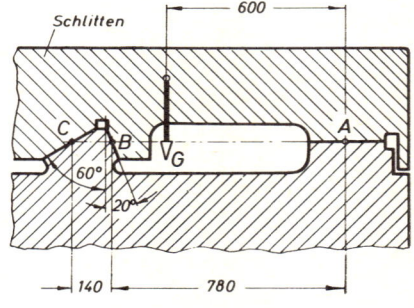

128. Der senkrecht hängende Support einer Kopierdrehmaschine wiegt $G = 180$ kp.

Ermittle die Stützkräfte in den drei Führungsflächen F_1, F_2 und F_3!

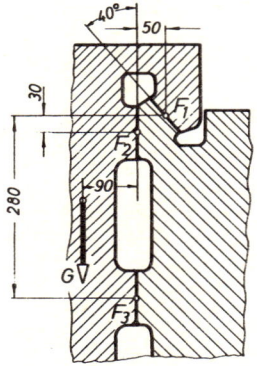

31

129. Der Reitstock einer Gewinde-
schälmaschine wird auf einer Dach-
und einer Flachführung geführt.
Sein Gewicht beträgt 320 kp.

Welche Stützkräfte wirken an den
Führungsflächen D_1, D_2 und F?

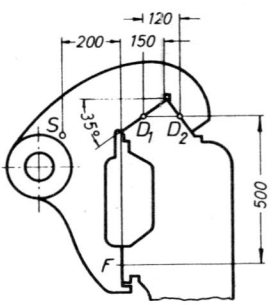

130. Die skizzierte Hubschleifvorrichtung wird durch einen Nocken
gehoben und gesenkt. Das zu
hebende Gesamtgewicht ist $G =$
35 kp. Die zylindrische Hubstange
ist bei A und B geführt.

Ermittle für reibungsfreien Betrieb
die Kraft F, mit welcher der Nocken
gegen die Rolle drückt, und die
Kräfte in den Führungen A und B,
und zwar:

a) wenn die Nockenlauffläche beim
   Aufwärtshub um 60° gegen die
   Senkrechte geneigt ist ($l =$
   160 mm),

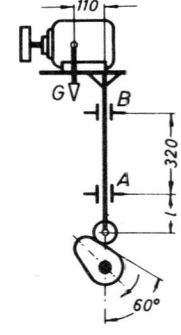

b) wenn sie beim Abwärtshub um
   60° gegen die Senkrechte geneigt ist ($l = 160$ mm),

c) in der höchsten Hublage ($l =$
   140 mm)!

131. Eine 2,5 m hohe Stehleiter wird
in 1,8 m Höhe mit $F = 85$ kp belastet.

Ermittle:

a) die Stützkräfte F_A und F_B an den
   Fußenden der Leiter,

b) die Zugkraft F_k in der Kette,

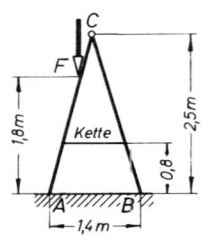

c) die im Gelenk C auftretende
   Kraft und ihre Komponenten F_{Cx}
   (waagerecht) und F_{Cy} (senkrecht)!

132. Wie ändern sich die in der vorhergehenden Aufgabe ermittelten
Werte, wenn die Leiter in 0,8 m Höhe mit $F = 85$ kp belastet wird?

133. Mit Hilfe der skizzierten Hebelanordnung wird durch Betätigung der Zugstange der Tisch mit dem Gewicht G angehoben. Dabei treten die Zugstangenkraft F_h, die Lagerkräfte F_A und F_C, die Führungskräfte F_E und F_F, die Kräfte F_D und F_B in den Rollen und das Gewicht G auf. Reibungskräfte werden vernachlässigt.

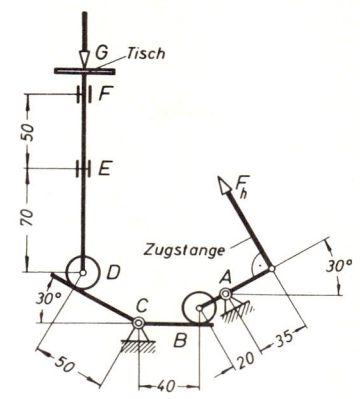

Ermittle alle Kräfte, wenn:

a) das Tischgewicht G = 25 kp beträgt,

b) die Zugstangenkraft F_h = 7,5 kp beträgt!

134. Der Tisch einer Nietmaschine ist in Flachführungen senkrecht geführt und wird durch eine senkrechte Hubspindel gehoben und gesenkt. Sein Eigengewicht beträgt G = 80 kp, die aufzunehmende Nietkraft F_n = 320 kp.

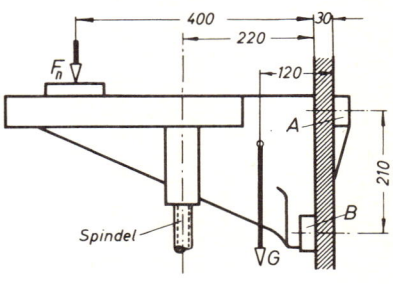

Wie groß sind die Stützkraft F_s in der Spindel und die beiden Führungskräfte F_A und F_B, wenn der Tisch beim Nieten nicht festgeklemmt wird?

135. Bei der skizzierten Schleifband-Spanneinrichtung wird die Bandspannkraft von 5 kp durch eine Druckfeder erzeugt, die das Gestänge mit der Spannrolle nach oben drückt. Dabei stützt sich der im Gelenk A drehbar gelagerte Spannrollenhebel mit einem Stützrad B gegen eine senkrechte Fläche ab.

Ermittle ohne Berücksichtigung der Reibung:

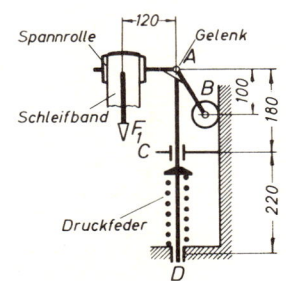

a) die im Gelenk A auftretende Kraft,

b) die erforderliche Federkraft F,

c) die Kräfte in den Führungen C und D!

136. Ein Motor steht auf einer Fußplatte, die mit Hilfe einer Verschiebespindel in den Führungsbahnen
A und *B* nach rechts und links
verschoben werden kann. Dabei öffnet oder schließt sich eine Keilrie-
men-Spreizscheibe und ändert dadurch die Drehzahl der Gegenschei-
be stufenlos. Das Gewicht von Motor und Grundplatte beträgt $G =$
8 kp, die Riemenspannkräfte 10 kp im
ziehenden und 3 kp im gezogenen
Trum.

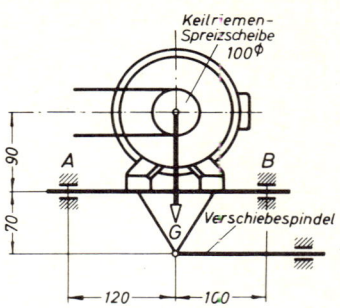

Ermittle für reibungsfreien Betrieb die Spindelkraft F und die Kräfte
F_A und F_B in den Führungen, und zwar:

a) wenn der Motor rechts herum läuft,

b) bei Linkslauf des Motors!

Schlußlinienverfahren

137. Eine Kraft $F = 1250$ kp soll durch zwei Kräfte F_A und F_B im Gleichgewicht gehalten werden. Die Wirklinien der drei Kräfte sind parallel.
Die Wirklinie F_A ist 1,3 m nach links, die Wirklinie F_B ist 3,15 m nach
rechts von der Wirklinie F entfernt.
Wie groß sind die Kräfte F_A und F_B?

138. Eine Kraft $F = 690$ kp ist mit zwei Kräften F_A und F_B im Gleichgewicht, die parallel zu F wirken. Die Wirklinien von F_A und F_B liegen
beide rechts von F, und zwar 0,9 m bzw. 1,35 m von der Wirklinie F
entfernt.

a) Wie groß sind die Kräfte F_A und F_B?

b) Wie ist ihre Richtung, verglichen mit F?

139. Eine Frässpindel wird durch
den Fräser mit einer Kraft $F =$
500 kp belastet.

Ermittle die Stützkräfte in den Lagern A und B!

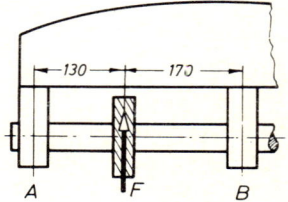

140. Der Support einer Drehbank wiegt $G = 220$ kp und stützt sich auf zwei waagerechten Führungsbahnen ab.

Wie groß sind die Stützkräfte F_A und F_B?

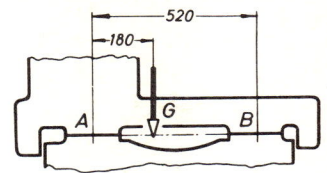

141. In der Zugstange A des Schaltgestänges soll eine Kraft $F = 180$ kp erzeugt werden.

a) Mit welcher waagerechten Handkraft muß der Hebel betätigt werden?

b) Welche Kraft hat das Lager B aufzunehmen?

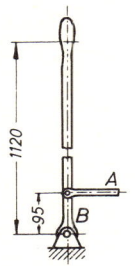

142. Die Laufschiene einer Hängebahn ist nach Skizze an Hängeschuhen befestigt. Ein Hängeschuh hat als senkrechte Höchstlast $F_q = 1400$ kp aufzunehmen.

Ermittle unter der Annahme, daß die linken Befestigungsschrauben infolge zu losen Anziehens überhaupt nicht mittragen:

a) die Zugkraft F_A, welche die rechten Befestigungsschrauben aufzunehmen haben,

b) die Kraft F_B, mit der die linke Fußkante des Hängeschuhes gegen die Stützfläche drückt!

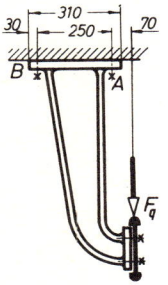

143. Eine zweifach gelagerte Getriebewelle trägt zwei Zahnräder, welche die Welle mit parallelen Kräften $F_1 = 650$ kp und $F_2 = 200$ kp belasten.

Wie groß sind die Lagerkräfte F_A und F_B?

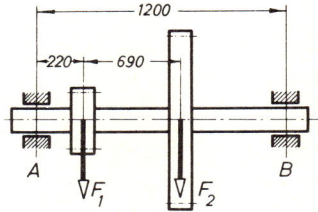

144. Ein Kragträger ist mit den Kräften $F_1 = 3000$ kp und $F_2 = 2000$ kp belastet.

Ermittle die Stützkräfte F_A und F_B!

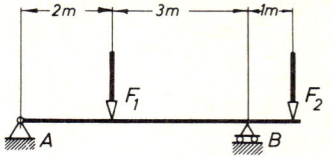

145. Ein Laufdrehkran trägt eine Last $F = 6000$ kp. Sein Fahrgerüst wiegt $G_1 = 9700$ kp, der Drehausleger $G_2 = 4000$ kp, das Gegengewicht $G_3 = 9600$ kp.

Ermittle:

a) die Achslasten F_A und F_B des Drehauslegers bei 2,2 m Radstand,

b) die Stützkräfte F_C und F_D an den Fahrrädern des Fahrgerüstes!

c) wie groß sind die Stützkräfte F_A, F_B, F_C, F_D, wenn der Drehausleger unbelastet und um 180° gedreht ist?

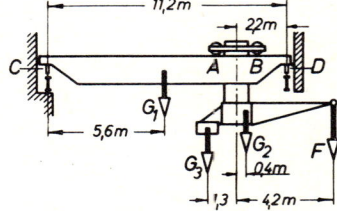

146. Der Kragbalken nimmt die Lasten $F_1 = 1500$ kp, $F_2 = 2000$ kp und $F_3 = 1200$ kp auf.

Wie groß sind die Stützkräfte F_A und F_B?

(Besondere Aufmerksamkeit bei der zeichnerischen Lösung im Kräfteplan! F_A ist nach unten gerichtet!)

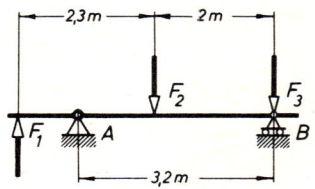

147. Eine Getriebewelle ist mit den Zahnkräften $F_1 = 200$ kp, $F_2 = 500$ kp und $F_3 = 150$ kp belastet.

Ermittle die Lagerkräfte F_A und F_B!

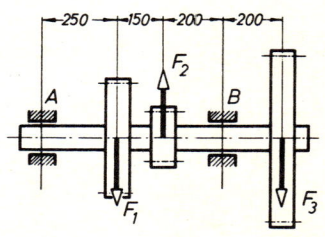

148. Der skizzierte Balken ist unter 10° zur Waagerechten geneigt. Das Loslager *B* stützt sich auf einer zum Balken parallelen Fläche ab. Rechtwinklig zum Balken wirken drei gleichgroße parallele Kräfte $F = 1000$ kp.

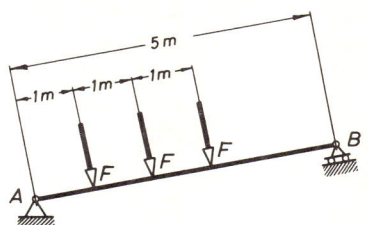

Ermittle die Stützkräfte F_A und F_B!

149. Ein fahrbarer Werkstattkran für eine Höchstlast $F_q = 750$ kp wiegt $G_e = 360$ kp. Das Gegengewicht wiegt $G = 700$ kp.

Welche Stützkräfte haben die Räder *A* und *B* bei Höchstbelastung aufzunehmen?

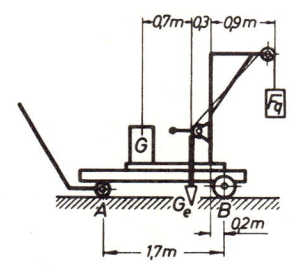

150. Die skizzierte Rolleiter wiegt $G = 15$ kp und ist durch eine Person von $F_q = 75$ kp Gewicht belastet.

Wie groß sind die Stützkräfte F_A an der Einhängestange und F_B an der Stützrolle?

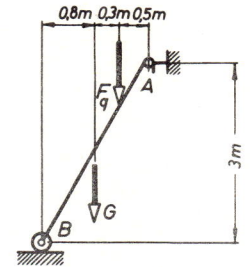

151. Ein Personenkraftwagen wiegt $G = 1390$ kp. Der Radstand beträgt 2800 mm, der Schwerpunkt ist 1310 mm von der Vorderachse entfernt. Bei Höchstgeschwindigkeit wirkt auf den Wagen ein Luftwiderstand $F_w = 120$ kp. Bei Vernachlässigung des Rollwiderstandes muß dann an den Antriebsrädern eine Vortriebskraft $F = F_w$ wirken.

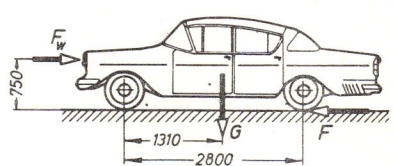

Ermittle:

a) die vordere und hintere Achslast F_v und F_h, wenn der Wagen auf waagerechter Ebene steht,

b) die Achslasten F'_v und F'_h, wenn der Wagen mit Höchstgeschwindigkeit fährt!

152. Zwei Arbeiter heben mit Brechstangen eine Welle von 360 kp Gewicht auf einen Absatz hinauf. Die Brechstangen werden auf einem untergelegten Holzbalken abgestützt. Die Angriffspunkte für die Stangen sind so gewählt, daß beide Stangen gleich belastet werden.

Ermittle für die gezeichnete Stellung:

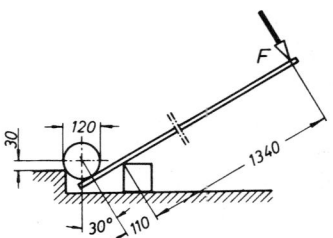

a) die Kraft F_A, mit der sich die Welle an der Absatzkante ab-stützt,

b) die Kraft F_B, mit der die Welle auf jede Brechstange drückt,

c) die Kraft F, die jeder Arbeiter am Ende der Brechstange auf-bringen muß,

d) die Stützkraft F_C an der Auflage-stelle einer Stange auf der Kante des untergelegten Balkens,

e) die Komponenten F_{Cx} (waage-recht) und F_{Cy} (senkrecht) der Kraft F_C!

153. Die skizzierte Transportkarre hat ein Gewicht $G = 500$ kp.
Ermittle für die gezeichnete Stel-lung:

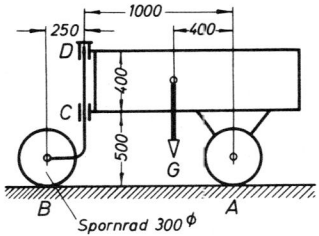

a) die Stützkräfte an den Rädern F_A und F_B,

b) die Stützkräfte in den Lagern F_C und F_D des Schwenkarmes,

c) die waagerechte und die senk-rechte Komponente F_{Dx} und F_{Dy} der Kraft F_D!

154. Der Schwenkarm der Transportkarre aus Aufgabe 153 ist um 360° schwenkbar.

Ermittle die Kräfte $F_A \ldots F_D$ und die Komponenten F_{Dx} und F_{Dy}, wenn das Spornrad bei gleicher Belastung um 180° ganz unter die Karre geschwenkt ist!

155. Das Laufgewicht eines Sicherheitsventiles wiegt $G_1 = 12$ kp und soll so eingestellt werden, daß sich das Ventil bei einem Überdruck von 3 kp/cm² = 3 at öffnet. Der Ventildurchmesser beträgt $d = 60$ mm, das Ventilgewicht $G_2 = 0,8$ kp (in die Skizze nicht mit eingezeichnet). Das Hebelgewicht, im Schwerpunkt S angreifend, ist $G_3 = 1,5$ kp.

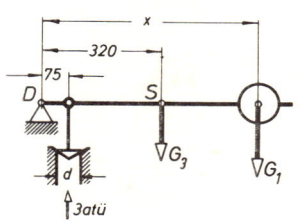

Ermittle:

a) den erforderlichen Abstand x des Laufgewichtes vom Hebeldrehpunkt D,

b) die im Hebellager D beim Abblasen auftretende Stützkraft,

c) die Stützkraft im Hebellager D, wenn kein Überdruck auf den Ventilteller wirkt!

156. Auf einen unter 30° zur Waagerechten geneigten Balken wirken rechtwinklig fünf parallele Kräfte $F_1 = 400$ kp, $F_2 = 200$ kp, $F_3 = 100$ kp, $F_4 = 300$ kp und $F_5 = 100$ kp. Der Abstand l beträgt 1 m.

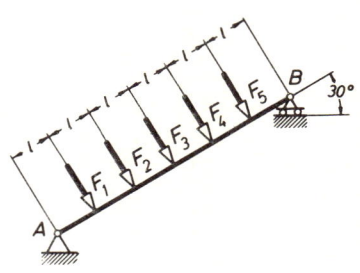

Wie groß sind:

a) die Stützkräfte F_A und F_B,

b) ihre Komponenten F_{Ax} und F_{Bx} parallel zum Balken,

c) ihre Komponenten F_{Ay} und F_{By} rechtwinklig dazu?

157. Ein Sprungbrett wird außer durch sein Eigengewicht $G = 30$ kp beim Absprung durch eine schräge Kraft $F = 90$ kp belastet.

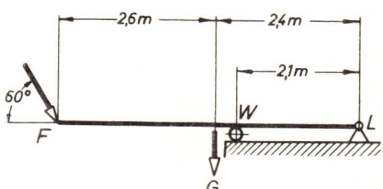

Wie groß ist:

a) die Stützkraft an der Walze W,

b) die Stützkraft im hinteren Lager L,

c) der Winkel, den die Wirklinie F_L mit dem waagerechten Sprungbrett einschließt?

158. Die Querträger einer Lauf- und Arbeitsbühne sind auf einer Seite fest gelagert und ruhen auf der anderen Seite auf schrägen Pendelstützen. Jeder Träger nimmt zwei Einzellasten $F_1 = 900$ kp und $F_2 = 650$ kp und außerdem eine Streckenlast von $f = 600$ kp/m auf.

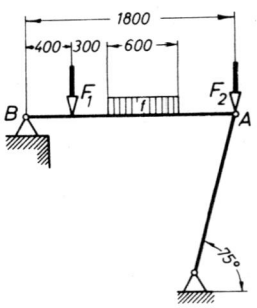

Ermittle:

a) die Druckkraft F_A in der Pendelstütze,

b) die Stützkraft F_B,

c) den Winkel, unter dem die Kraft F_B auf den waagerechten Träger wirkt!

159. Ein Stützträger nimmt zwei senkrechte Kräfte $F_1 = 380$ kp und $F_2 = 300$ kp auf. Er trägt außerdem eine Pendelstütze A, die eine waagerechte Seilzugkraft $F_s = 210$ kp aufnimmt und durch eine Kette K abgefangen ist.

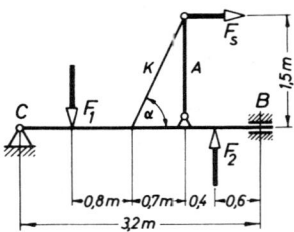

Es sind zu ermitteln:

a) die Druckkraft in der Stütze A,

b) die Kettenkraft F_k,

c) der Winkel α zwischen Kette und Stützträger,

d) die Stützkraft F_B,

e) die Stützkraft F_C,

f) die waagerechte und die senkrechte Komponente F_{Cx} und F_{Cy} der Stützkraft F_C!

Statik der Fachwerke

Cremonaplan, Culmannsches Schnittverfahren, Rittersches Schnittverfahren

160. Der skizzierte Dachbinder hat die Kräfte $F_1 = F_3 = 400$ kp und $F_2 = 800$ kp aufzunehmen.

Ermittle:

a) die Stützkräfte F_A und F_B,

b) die Stabkräfte 1 bis 5! (Kennzeichne Zugkräfte mit Plus- und Druckkräfte mit Minuszeichen!)

c) Prüfe die Stäbe 2, 3, 5 nach Culmann und nach Ritter nach!

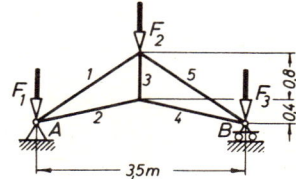

161. Die oberen Knotenpunkte dieses Dachbinders werden mit je $F = 600$ kp belastet, die Endknoten A und B mit der Hälfte.

a) Ermittle die Stützkräfte F_A und F_B!

b) Wie groß sind die Stabkräfte in allen Stäben?

c) Prüfe nach Culmann die Stäbe 2, 3, 4 und nach Ritter die Stäbe 6, 7, 8 nach!

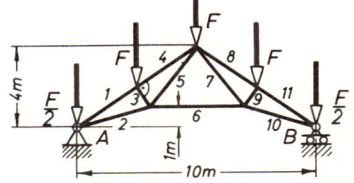

162. Die Knotenpunktslast im Obergurt des Satteldachbinders beträgt $F = 2000$ kp bzw. $F/2 = 1000$ kp.

Ermittle:

a) die Stützkräfte F_A und F_B,

b) die Stabkräfte 1 ... 17!

c) Prüfe nach Culmann die Stäbe 4, 5, 6 und nach Ritter die Stäbe 10, 11, 14 nach!

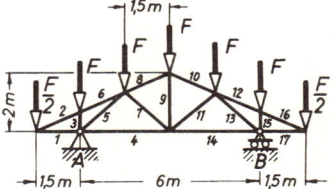

(*Beachte*: Bei symmetrischem Aufbau des Fachwerks *und* (in Bezug auf die gleiche Symmetrieachse) symmetrischer Kräfteverteilung ergeben sich symmetrische Cremonapläne. Zur Ermittlung aller Stabkräfte ist also nur die Aufzeichnung des halben Cremonaplanes erforderlich.)

163. Ein Brückenträger wird an seinen unteren Knotenpunkten mit je $F = 2800$ kp belastet.

a) Ermittle die Stützkräfte F_A und F_B!

b) Wie groß sind die Stabkräfte 1 ... 14?

c) Prüfe nach Culmann oder Ritter beliebige Stäbe des rechten Fachwerkteiles nach und vergleiche die Ergebnisse mit den symmetrischen Stäben des linken Teiles!

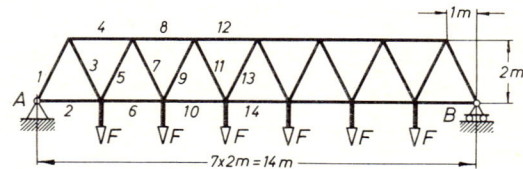

164. Ein Brückenträger in der hier skizzierten Form erhält die gleichen Lasten wie der Träger in Aufgabe 163, diesmal aber in den oberen Knoten.

Wie groß sind:

a) die Stützkräfte F_A und F_B,

b) die Stabkräfte 1 ... 14?

c) Prüfe beliebige Stäbe nach Culmann und Ritter nach!

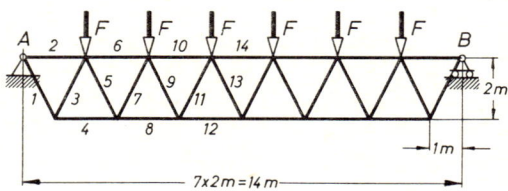

165. Der skizzierte Träger ist mit gleichgroßen Kräften $F = 400$ kp belastet.

Ermittle:

a) die Stützkräfte F_A und F_B,

b) die Stabkräfte 1 ... 17!

c) Prüfe beliebige Stäbe nach!

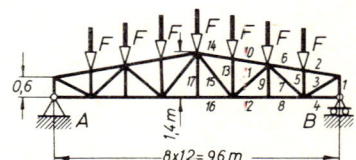

166. Die Tragkonstruktion einer Schrägauffahrt wird mit $F_1 = F_2 = 2000$ kp belastet.

Ermittle:

a) die Stützkräfte F_A und F_B,

b) alle Stabkräfte!

c) Prüfe die Stäbe 2, 3, 4 und 4, 5, 7 rechnerisch nach!

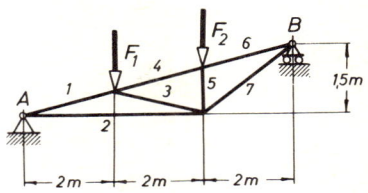

167. Das skizzierte Fachwerk trägt in den oberen Knotenpunkten die Lasten $F_1 = 3000$ kp und $F_2 = 1000$ kp.

Ermittle:

a) die Stützkräfte F_A und F_B,

b) die Stabkräfte 1 . . . 9 !

c) Prüfe die Stäbe 2, 3, 4 sowie 4, 5, 6 und 6, 7, 8 zeichnerisch und rechnerisch nach!

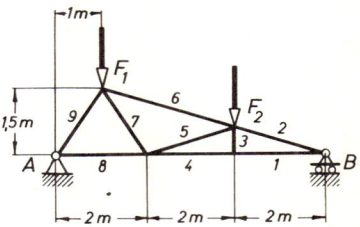

168. Das gleiche Fachwerk wie in Aufgabe 167, diesmal als Kragträger ausgebildet, ist mit den gleichen Kräften $F_1 = 3000$ kp und $F_2 = 1000$ kp, aber an den unteren Knotenpunkten, belastet.

Wie groß sind jetzt die Stützkräfte F_A und F_B und die Stabkräfte 1 . . . 9?

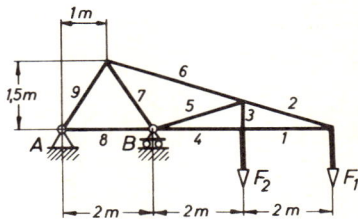

169. Ein Wandkran trägt eine Last $F = 3000$ kp.

Es sollen ermittelt werden:

a) die Stützkräfte F_A und F_B,

b) die Komponenten F_{Bx} (waagerecht) und F_{By} (senkrecht) der Stützkraft F_B,

c) die Stabkräfte 1 . . . 5.

d) Prüfe die Stäbe 1, 3, 4 nach Ritter und 2, 3, 5 nach Culmann nach!

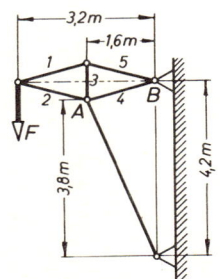

170. Für den Wandauslegerkran, der mit $F = 1500$ kp belastet ist, sollen ermittelt werden:

a) die Resultierende aus Last F und Seilzugkraft,

b) die Stützkräfte F_A und F_B,

c) die Komponenten F_{Bx} (waagerecht) und F_{By} (senkrecht) der Stützkraft F_B,

d) die Stabkräfte 1 ... 5.

e) Prüfe die Stäbe 1, 3, 4 nach Culmann und 2, 3, 5 nach Ritter nach!

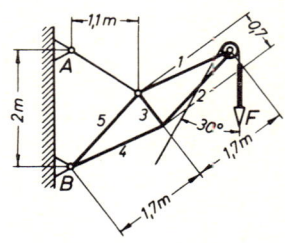

171. Der Konsolträger für eine Bedienungsbühne trägt die Lasten $F_1 = F_3 = 500$ kp und $F_2 = 1000$ kp.

Ermittle:

a) die Stützkräfte im einwertigen Lager A und im zweiwertigen Lager B,

b) alle Stabkräfte!

c) Prüfe die Stäbe 2, 3, 4 rechnerisch und 4, 5, 6 zeichnerisch nach!

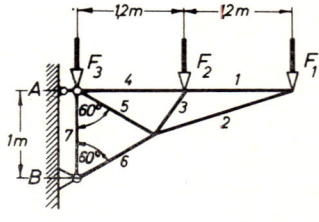

172. Ein Rampendach wird von Trägern der skizzierten Abmessungen getragen. Die Knotenpunktslasten entstehen aus Dachlast und zwei Laufkatzen und betragen $F_1 = 600$ kp, $F_2 = 1200$ kp, $F_3 = 1700$ kp und $F_4 = 500$ kp.

Ermittle:

a) die Stützkräfte F_A und F_B,

b) den Winkel der Stützkraft F_A zur Waagerechten,

c) alle Stabkräfte!

d) Prüfe die Stäbe 2, 3, 4 zeichnerisch und die Stäbe 4, 5, 6 rechnerisch nach!

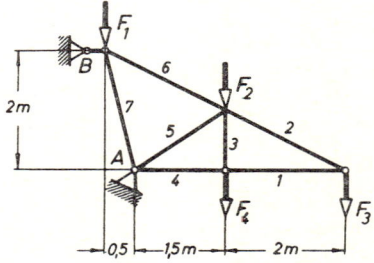

173. Eine Konsole ist an einer Zugstange aufgehängt und bei B
schwenkbar gelagert. Auf die
oberen Knoten wirken die Kräfte
$F_1 = 600$ kp, $F_2 = 1000$ kp, $F_3 =$
900 kp und $F_4 = 1500$ kp.

Wie groß sind:

a) die Zugkraft F_A in der Zugstange,

b) die Stützkraft im Lager B,

c) der Winkel zwischen der Wirklinie F_B und der Waagerechten,

d) die Stabkräfte 1 . . . 11 ?

e) Prüfe beliebige Stäbe nach Culmann und Ritter nach!

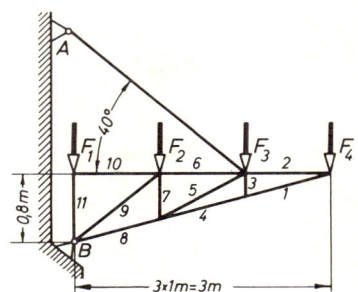

174. Die Tragarme eines Freileitungsmastes haben die skizzierten Abmessungen. Die drei Isola-
toren nehmen ein Kabelgewicht von
je $F = 560$ kp auf.

a) Ermittle die Stabkräfte 1 . . . 10!

b) Prüfe die Stäbe 4, 7, 10 zeichnerisch und rechnerisch nach!

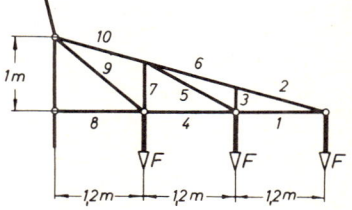

175. Ein Vordach wird von Bindern
der skizzierten Abmessungen getragen. Die Belastung der oberen
Knoten ist $F = 1200$ kp bzw. $F/2 =$
600 kp. Der Untergurt trägt eine
Laufkatze mit $F_q = 2000$ kp.

Ermittle:

a) die Stützkräfte F_A und F_B,

b) die Stabkräfte 1 . . . 15!

c) Prüfe beliebige Stäbe nach Culmann oder Ritter nach!

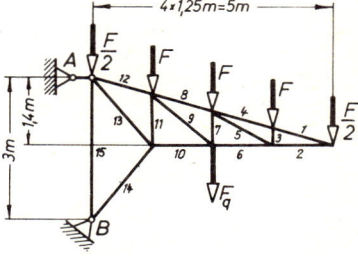

45

Teil II : SCHWERPUNKTSLEHRE

Flächenschwerpunkt

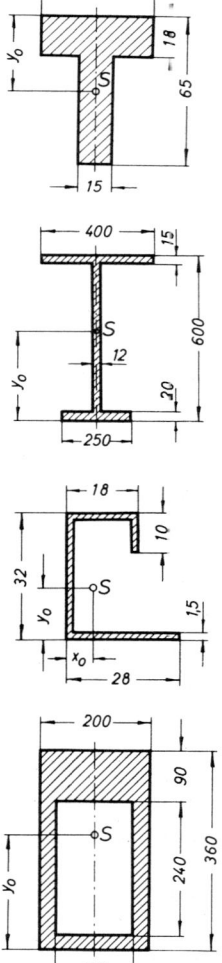

201. Ermittle den Schwerpunktabstand y_0 von der oberen Kante des T-Profils !

202. Wie weit ist der Schwerpunkt des gezeichneten Doppel-T-Profils von der Profilunterkante entfernt ?

203. Ermittle die Lage des Schwerpunktes für das Abkantprofil aus 1,5 mm dickem Blech ! (Abstände von linker Außenkante und Unterkante)

204. Ein biegebeanspruchter Graugußständer hat den nebenstehenden Querschnitt. Zur Berechnung seines Trägheitsmomentes muß man die Lage seines Schwerpunktes kennen.

Ermittle den Schwerpunktabstand y_0 von der Querschnittsunterkante !

46

205. Eine zylindrische Stange hat eine Bohrung, deren Umfang den Stangenmittelpunkt gerade berührt. In welchem Abstand x_0 vom Stangenmittelpunkt liegt der Schwerpunkt der Querschnittsfläche?

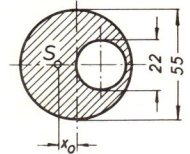

206. Der Fuß einer Tischbohrmaschine hat den skizzierten U-Querschnitt.

Wo liegt der Schwerpunkt der Querschnittsfläche?

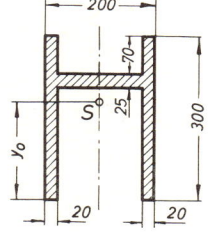

207. Wo liegt der Schwerpunkt der gezeichneten Querschnittsfläche einer Tischkonsole?

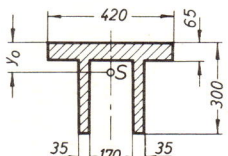

208. Der Tisch einer Reibspindelpresse hat in dem Querschnitt, der am stärksten auf Biegung beansprucht wird, die skizzierten Abmessungen.

In welchem Abstand y_0 von der Tischoberkante liegt der Flächenschwerpunkt?

209. Ermittle die Schwerpunktlage für den skizzierten Querschnitt eines Fräsmaschinenständers!

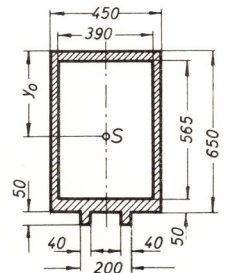

210. Eine Stumpfschweißmaschine hat einen geschweißten Ständer mit dem skizzierten Hohlquerschnitt. Ermittle den Schwerpunktabstand von der Vorderkante des Ständers!

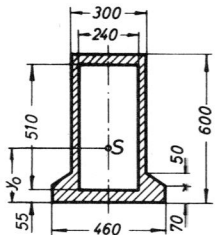

211. Der nebenstehend abgebildete Querschnitt gehört zu einem Bohrmaschinenständer. Wo liegt sein Schwerpunkt?

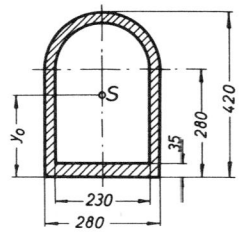

212. Für den gezeichneten Hohlquerschnitt ist der Abstand des Schwerpunktes von der Unterkante zu ermitteln.

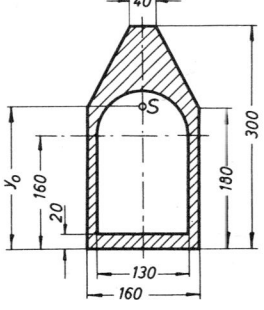

213. Ermittle den Schwerpunktabstand von der Unterkante des Shapingstößel-Querschnittes!

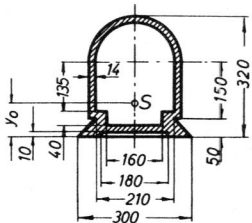

48

214. Eine Vertikal-Fräsmaschine hat einen Ständer, dessen Querschnitt die nebenstehende Abbildung zeigt. Die vier Ecken sind außen mit 22 mm Radius abgerundet.

Ermittle die Schwerpunktlage!

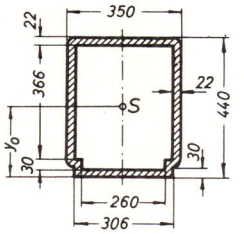

215. Der Werkzeugträger eines Bohrwerkes hat die angegebenen Querschnittsabmessungen. Die Wanddicke beträgt 22 mm.

Wo liegt sein Schwerpunkt?

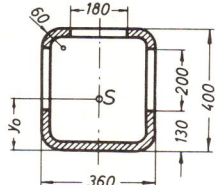

216. Wo liegt der Schwerpunkt des abgebildeten Querschnittes eines Horizontal-Fräsmaschinen-Ständers?

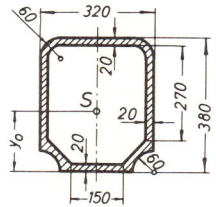

217. Ein Träger ist aus zwei **L** 100 × 50 × 8 und einem **T** 120 zusammengesetzt.

a) Welchen Abstand hat der Gesamtschwerpunkt von der Flanschaußenkante des **T** 120?

b) Liegt der Schwerpunkt im **T**-Profil oder darüber?

218. Für den zusammengesetzten Träger soll die Lage des Gesamtschwerpunktes ermittelt werden.

a) Wie weit ist der Schwerpunkt von der Stegaußenkante des **U** 240 entfernt?

b) Liegt er oberhalb oder unterhalb der Stegaußenkante?

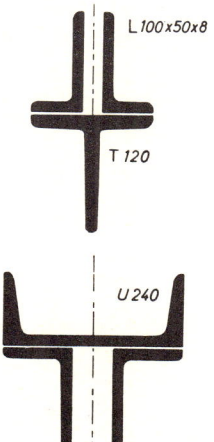

219. Ein Stegblech von 200 mm Höhe und 12 mm Dicke ist mit zwei L 90 × 60 × 8 vernietet.

Ermittle den Abstand des Gesamt-schwerpunktes von der Oberkante des Trägers!

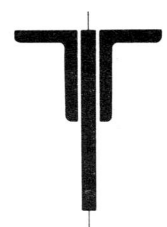

Linienschwerpunkt

220 bis **234.** Nachfolgend ist eine Anzahl von Blechteilen skizziert, die aus Tafeln oder Bändern ausgestanzt werden sollen. Beim Stanzen werden die Teile längs ihrer Außenkante aus der Tafel abgeschert. Die Abscherkraft verteilt sich dabei gleichmäßig auf den gesamten Umfang des Stanzteiles. Die resultierende Schnittkraft wirkt also im Schwer-punkt des *Umfanges* (Linienschwerpunkt). Sollen Biegekräfte auf den Stempel des Stanzwerkzeuges vermieden werden, dann muß die Stempelachse durch den Linienschwerpunkt des Schnittkantenumfanges gehen.

Ermittle die Lage des Umfangsschwerpunktes für jedes der skizzierten Blechteile!

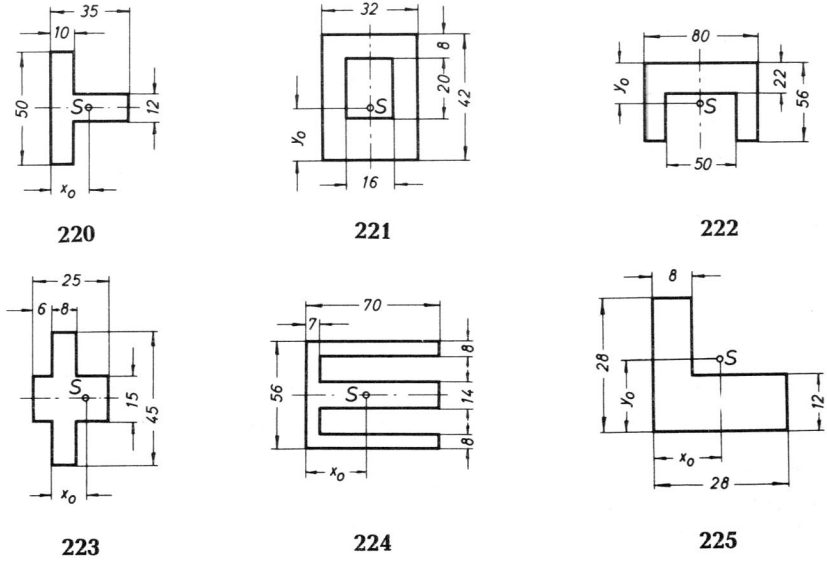

220	221	222
223	224	225

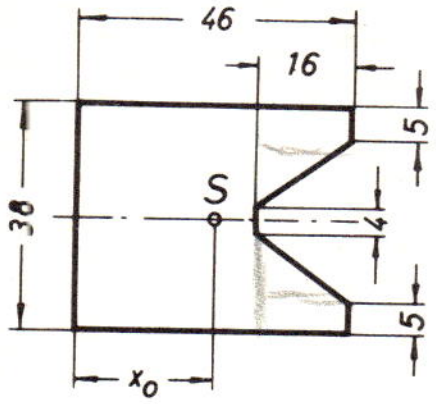

226

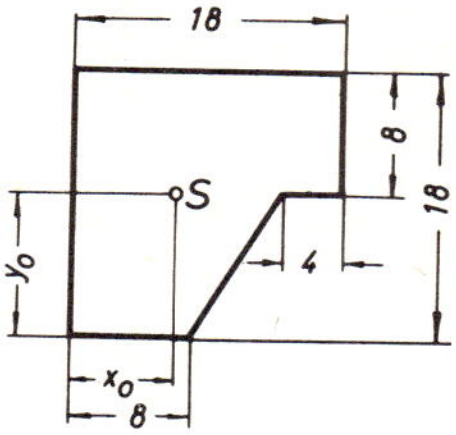

227

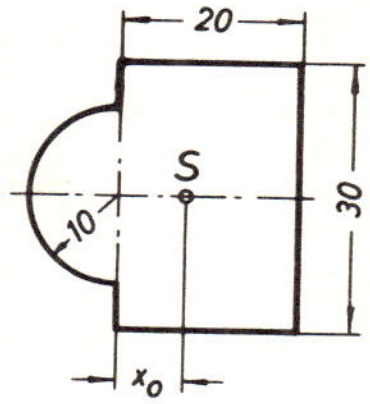

228

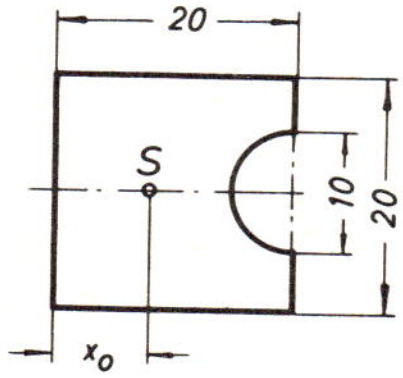

229

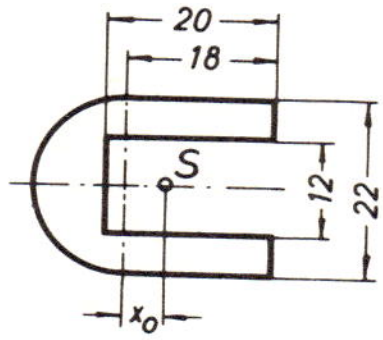

230

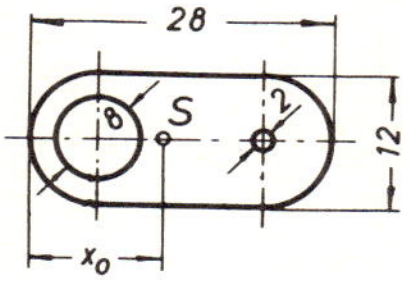

231

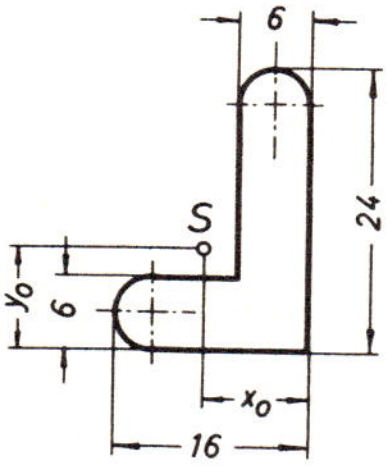

232

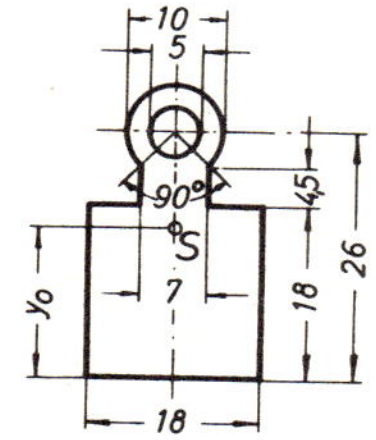

233

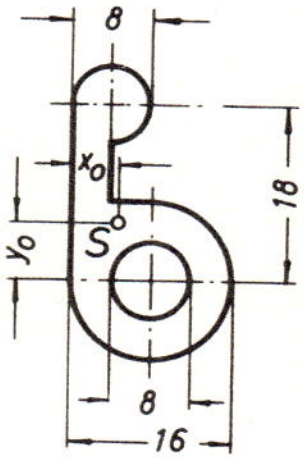

234

235. Die Stäbe des nebenstehenden Fachwerkes bestehen aus gleichen Winkelprofilen.

Ermittle die Lage des Angriffspunktes S für das Gesamtgewicht des Fachwerkes!

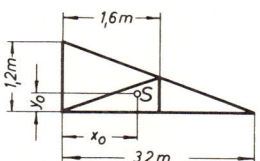

236. In welcher Entfernung x_0 von der senkrechten Drehachse O — O wirkt das Gesamtgewicht der Stäbe 1 ... 4 des Wanddrehkranes, wenn alle Stäbe gleiches Profil haben?

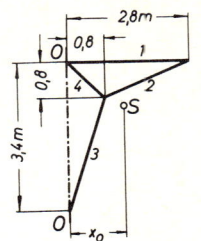

237. Ermittle den Schwerpunktabstand x_0 für das Fachwerk des Konsolkranes (Stäbe 1 ... 9)! Alle Stäbe haben gleiches Profil.

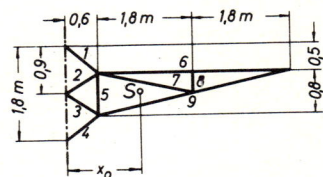

238. Die Trag- und Stützkonstruktion eines freistehenden Schutzdaches besteht aus Rohren gleichen Durchmessers.

In welchem Abstand x_0 von der mittleren Stütze liegt der Schwerpunkt?

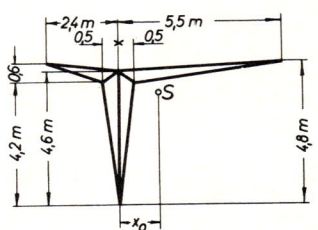

Guldinsche Regel

Berechnung von Mantel- und Oberfläche

239. Ein zylindrisches Gefäß hat 420 mm Durchmesser und eine Höhe von 865 mm.

Wie groß ist die Oberfläche? (Mantel und Boden, ohne Deckel). Führe die Rechnung nach der Guldinschen Regel aus und überprüfe das Ergebnis mit Hilfe der geometrischen Formeln!

240. Berechne nach der Guldinschen Regel die Oberfläche einer Kugel mit 125 mm Durchmesser!

Überprüfe das Ergebnis mit der Oberflächenformel aus der Geometrie!

241. Berechne nach der Guldinschen Regel die Oberfläche eines Kegel-stumpfes von 500 mm oberem und 800 mm unterem Durchmesser und 400 mm Höhe! Vergiß nicht Boden und Deckel!

Überprüfe das Ergebnis mit Hilfe der geometrischen Formeln!

242. Nebenstehend ist ein Schütt-behälter aus Stahlblech abgebildet. Die Durchmesser beziehen sich auf die neutrale Blechfaser.

a) Wieviel Quadratmeter Blech enthält die Mantelfläche?

b) Wieviel wiegt der Mantel, wenn die Blechdicke 3 mm beträgt? (Wichte $\gamma = 7,85$ kp/dm³)

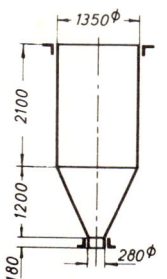

243. Für den skizzierten Topf sollen berechnet werden:

a) die Oberfläche,

b) das Gewicht, wenn 1 m² des Ble-ches, aus dem er hergestellt ist, 2,6 kp wiegt.

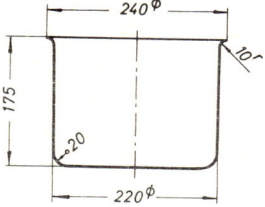

244. Der Zylinder einer Kolbenluft-pumpe hat fünf Kühlrippen. Berechne die Kühlfläche!

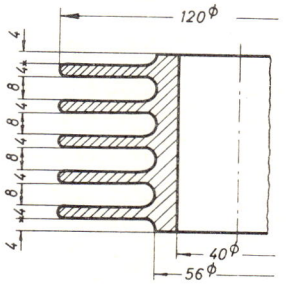

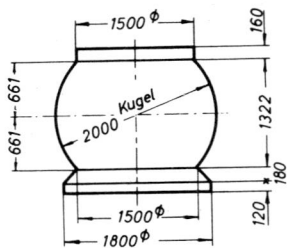

245. Berechne die Oberfläche des Kugelbehälters einschließlich Boden, ohne Deckel!

Berechnung des Körperinhaltes (Volumen)

246. Berechne nach der Guldinschen Regel das Volumen eines Zylinders mit 360 mm Durchmesser und 680 mm Höhe!
Prüfe das Ergebnis mit Hilfe der geometrischen Formel nach!

247. Wie groß ist das Volumen einer Kugel mit 450 mm Durchmesser? Rechne nach der Guldinschen Regel und prüfe mit· der geometrischen Volumenformel nach!

248. Das Volumen eines Kegelstumpfes mit 180 mm unterem und 100 mm oberem Durchmesser und 160 mm Höhe soll nach der Guldinschen Regel berechnet werden.
Mache die Probe mit der Volumenformel aus der Geometrie!

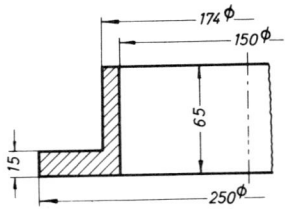

249. Die Skizze zeigt einen runden Flansch aus Stahl ($\gamma = 7{,}85$ kp/dm³).
Berechne:
a) sein Werkstoffvolumen,
b) sein Gewicht!

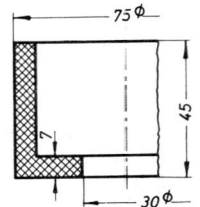

250. Wie groß ist:
a) das Volumen,
b) das Gewicht ($\gamma = 1{,}2$ kp/dm³) der Topfmanschette?

251. Die skizzierte Dichtung ist aus Gummi mit der Wichte $\gamma = 1,15$ kp/dm³.

a) Berechne ihr Volumen!

b) Wieviel wiegen 100 Dichtungen?

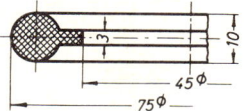

252. Berechne das Volumen der nebenstehenden Kunststoffmembran!

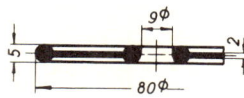

253. Für die Gummidichtung ($\gamma = 1,35$ kp/dm³) sind zu berechnen:

a) das Volumen,

b) das Gewicht.

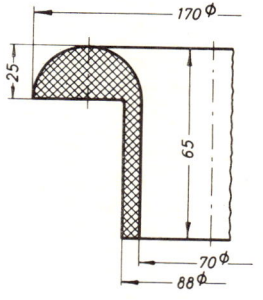

254. Berechne das Volumen der skizzierten ringförmigen Dichtung!

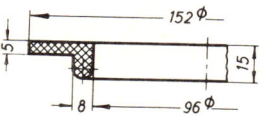

255. Die nebenstehende Manschette ist aus 2 mm dickem Messingblech gefertigt. ($\gamma = 8,4$ kp/dm³)

Berechne:

a) ihr Volumen,

b) ihr Gewicht!

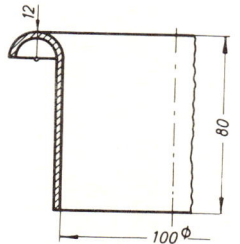

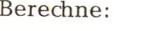

256. Berechne:

a) das Volumen,

b) das Gewicht des Halteringes aus Grauguß mit der Wichte $\gamma = 7,3$ kp/dm³!

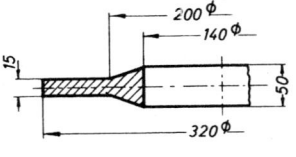

257. Welches Volumen hat der Dichtring?

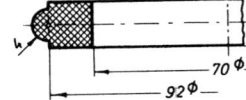

258. Berechne für den abgebildeten Asbestring ($\gamma = 2,5$ kp/dm³):

a) das Volumen,

b) das Gewicht!

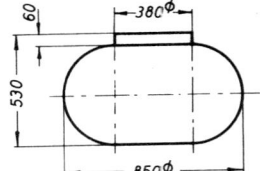

259. In der nebenstehenden Skizze sind die Lichtmaße eines Behälters angegeben. Wieviel Liter Flüssigkeit faßt er, wenn er:

a) randvoll,

b) bis in 235 mm Höhe gefüllt ist?

260. Für den Profilring aus Stahl ($\gamma = 7,85$ kp/dm³) sollen berechnet werden:

a) das Volumen,

b) das Gewicht.

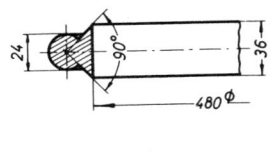

261. Der kegelige Rohrstutzen ist aus Grauguß mit der Wichte $\gamma = 7,2$ kp/dm³.

Berechne:

a) sein Werkstoffvolumen,

b) sein Gewicht,

c) das Kernvolumen (= Volumen des inneren Hohlraumes)!

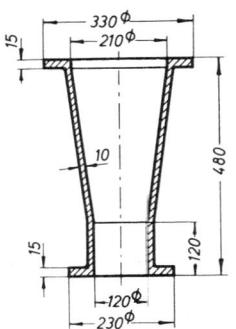

262. Für den nebenstehend abgebildeten Zementsilo sind die Lichtmaße angegeben.

Wieviel Kubikmeter Zement faßt
der Silo?

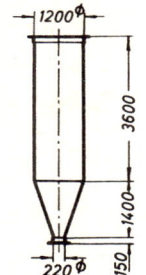

263. Berechne das Volumen des
skizzierten Behälters! (Die Maße
der Zeichnung sind Lichtmaße.)

264. Wieviel Liter Flüssigkeit enthält der Behälter nach Aufgabe 263,
wenn er bis 45 cm unter die Oberkante gefüllt ist?

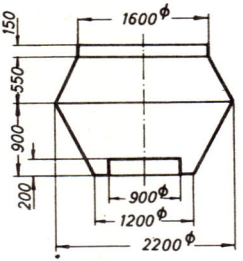

Standsicherheit

(Bei den Aufgaben 265, 267, 273,
274, 276, 277 und 279 können zur
Wiederholung auch noch die Stützkräfte an den Rädern ermittelt
werden!)

265. Ein Gabelstapler mit einer
Tragkraft $F_q = 1000$ kp wiegt 750 kp.
Wie groß ist die Standsicherheit,
wenn sich der Hubmast vollbelastet
in der gezeichneten vorderen Stellung befindet?

266. Ein Schornstein von 200 000 kp Gewicht und 40 m Höhe hat am
Fuße einen Durchmesser von 4 m. Der Angriffspunkt der waagerechten
Windlast $F_w = 16 000$ kp liegt 18 m über dem Erdboden.

Berechne die Standsicherheit S des Schornsteins!

267. Ein Schlepper mit angebautem Kraftheber hat ein Gesamtgewicht G = 1200 kp und soll zum Roden von Baumstümpfen eingesetzt werden.

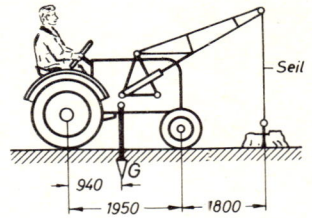

Welche maximale Zugkraft kann am Seil aufgebracht werden, ohne daß der Schlepper kippt?

268. Ein Mauerstück von G = 1600 kp Gewicht soll mit Hilfe eines Seiles umgekippt werden, das unter 30° zur Waagerechten an der Mauerkrone zieht.

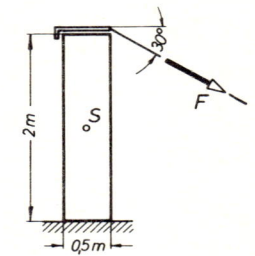

Berechne:

a) die zum Ankippen erforderliche Seilkraft F,

b) die erforderliche Kipparbeit bis zum Selbstkippen!

269. Ein Personenkraftwagen fährt auf ebener Straße in einer Kurve, rutscht dabei mit beiden äußeren Rädern seitlich gegen ein Hindernis und kippt um.

Welche waagerecht im Schwerpunkt angreifende Kippkraft F war erforderlich, wenn das Fahrzeug 1280 kp Gewicht und 1350 mm Spurweite hat und sein Schwerpunkt in Spurmitte 540 mm über der Fahrbahn liegt?

270. Eine Kiste von 200 kp Gewicht hat die Abmessungen 500 × 800 × 1100 mm. Ihr Schwerpunkt liegt in Kistenmitte.

Welche waagerecht wirkende Kraft F ist zum Ankippen der Kiste erforderlich, wenn sie an der oberen Kante der Kiste angreift und die Kiste

a) auf der kleinsten (500 × 800),

b) auf der mittleren (500 × 1100),

c) auf der größten Fläche (800 × 1100) aufliegt?

Beachte, daß Kippen jeweils um zwei Kanten möglich ist, also auch zwei verschiedene Kräfte erforderlich sind!

271. Eine Schwungscheibe aus Grauguß ($\gamma = 7,2$ kp/dm³) soll mit Hilfe einer in die Bohrung gesteckten Stange von 1,5 m Länge hochgekippt werden.

Berechne:

a) nach der Guldinschen Regel das Volumen der Scheibe,

b) ihr Gewicht,

c) den Wirkabstand l der waagerechten Kippkraft F, wenn die Dicke der Stange vernachlässigt wird,

d) die zum Ankippen erforderliche Kippkraft F,

e) die Kipparbeit bis zum Selbstkippen!

f) In Wirklichkeit hat die Stange eine Dicke. Wird die erforderliche Kippkraft bei Berücksichtigung der Stangendicke kleiner oder größer? Warum?

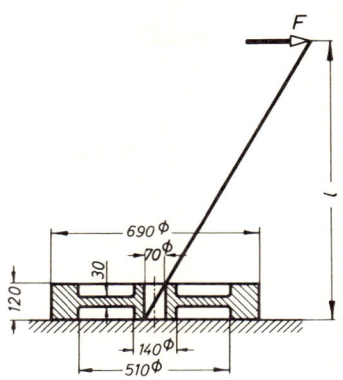

272. Ein Drehkran zum Beladen von Kähnen hat eine Tragfähigkeit F_q = 3000 kp. Das Eigengewicht des Drehteiles, 1,3 m von der Drehachse angreifend, beträgt $G_1 = 2200$ kp. Drehsäule und Grundplatte wiegen zusammen $G_2 = 900$ kp.

a) Wie groß muß das Gewicht G des quadratischen Fundamentklotzes sein, wenn die Standsicherheit bei Höchstbelastung noch $S = 2$ sein soll?

Die Stützkraft des Erdreiches wird vernachlässigt.

b) Welche Höhe h muß der Klotz erhalten, wenn er aus Beton mit der Wichte $\gamma = 2,2$ kp/dm³ hergestellt wird?

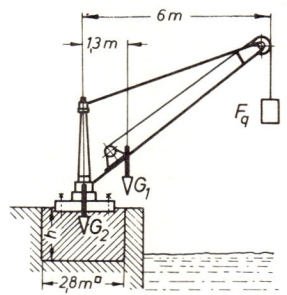

273. Der Schlepper wiegt 1800 kp, der angebaute Hecklader $G_h =$ 420 kp. Welche Last F darf er maximal heben, wenn bei der größten Ausladung von 2,3 m die Standsicherheit $S = 1,3$ nicht unterschritten werden darf?

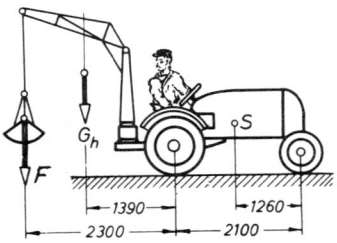

274. Ein fahrbarer Versuchsstand mit einem Schüttgutbehälter hat die skizzierten Abmessungen. Das im Schwerpunkt S angreifende Gewicht des Rohrgerüstes und des Wagens beträgt 750 kp, der gefüllte Behälter wiegt $G_1 = 1600$ kp. Über der Hinterachse ist ein Gegengewicht $G_2 = 500$ kp angebracht.

Wie groß muß der Radstand l für das Fahrgestell sein, wenn die Standsicherheit bei gefülltem Behälter $S = 1,3$ sein soll?

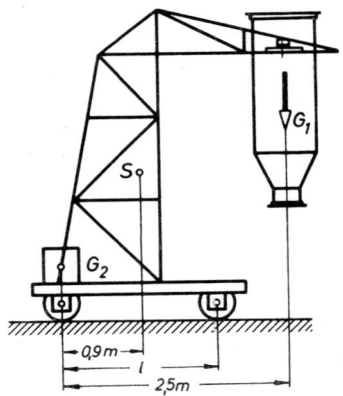

275. Der fahrbare Drehkran hat ein Eigengewicht $G_1 = 9500$ kp. Die Höchstlast beträgt $G_2 = 5000$ kp, die Ausladung 6 m. Das Gegengewicht wiegt $G_3 = 8500$ kp und hat 2,2 m Abstand von der Drehachse.

a) Wie groß muß der Radstand $2l$ mindestens sein, wenn die Standsicherheit $S_r = 1,5$ nach rechts nicht unterschritten werden darf?

b) Wie groß ist dann die Standsicherheit S_l nach links, wenn der Kran unbelastet ist?

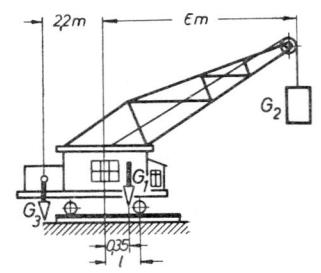

Welche Belastungen erhalten in den Fällen a) und b):

c) die Vorderachse,

d) die Hinterachse?

60

276. Der fahrbare Bandförderer hat das Eigengewicht $G = 350$ kp. Bei einer Neigung von 30° ragt das freie Bandende 5,6 m über den Unterstützungspunkt am Laufrad hinaus. Die vom Fördergut belastete Bandlänge beträgt $l = 9,2$ m.

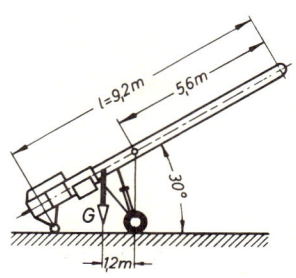

Welche Fördergutlast in kp je Meter Bandlänge darf maximal gefördert werden, wenn die Standsicherheit im Betrieb 1,8 betragen soll?

277. Ein Schlepper mit 1400 kp Gewicht fährt gleichförmig eine steile Böschung hinauf.

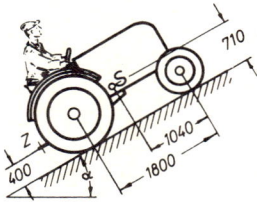

a) Bei welchem Böschungswinkel α kippt er hintenüber?

b) Wie groß darf α höchstens sein, wenn die Standsicherheit noch $S = 2$ sein soll?

c) Stelle anhand der entwickelten Formel fest, welchen Einfluß das Schleppergewicht auf den Winkel α hat!

278. Der gleiche Schlepper wie in Aufgabe 277 hat eine Spurweite von 1250 mm. Sein Schwerpunkt liegt in Spurmitte. Er fährt quer zu einem Hang mit 18° Neigung.

a) Wie groß ist seine Standsicherheit?

b) Bei welchem Neigungswinkel würde er kippen?

(Die Reifenverformung und die damit verbundene Standflächenverbreiterung sollen unberücksichtigt bleiben.)

279. Der Schlepper nach Aufgabe 277 wird zusätzlich am Zughaken Z durch einen Anhänger mit einer zum Boden parallelen Zugkraft von 800 kp belastet.

a) Bei welchem Böschungswinkel kippt er jetzt?

b) Hat das Schleppergewicht jetzt einen Einfluß auf den Kippwinkel? Welchen?

Teil III: REIBUNG

Gleitreibung und Haftreibung

Reibwinkel und Reibzahl

301. Ein prismatischer Stahlklotz von 18 kp Gewicht liegt auf einer gußeisernen Anreißplatte. Er wird mit Hilfe einer an ihm befestigten Federwaage über die Platte gezogen. Die Waage zeigt eine waagerechte Zugkraft von 3,4 kp in dem Augenblick an, als sich der Klotz in Bewegung setzt. Bei gleichförmiger Weiterbewegung sinkt die Anzeige der Waage auf 3,2 kp.

Wie groß sind Haftreibzahl μ_0 und Gleitreibzahl μ für Stahl auf Grauguß?

302. Zwei glatte Holzbalken liegen in waagerechter Stellung aufeinander. Der obere wiegt 50 kp. Um ihn aus der Ruhelage anzuschieben, ist eine parallel zur Auflagefläche wirkende Kraft von 25 kp erforderlich. Beim gleichförmigen Weiterschieben sinkt die Kraft auf 15 kp.

Ermittle die Haftreibzahl μ_0 und die Gleitreibzahl μ für Holz auf Holz!

303. Auf einer schiefen Ebene mit verstellbarem Neigungswinkel beginnt ein ruhender Körper bei einem Neigungswinkel $\gamma = 19°$ zu rutschen. Damit er sich nicht weiter beschleunigt, sondern mit gleichbleibender Geschwindigkeit weitergleitet, muß der Neigungswinkel auf 13° verringert werden.

Ermittle die Haftreibzahl μ_0 und die Gleitreibzahl μ!

304. Auf einer Rutsche aus Stahlblech gleiten Holzkisten bei einer Neigung von 25° gleichförmig abwärts.

a) Wie groß ist die Reibzahl für Holz auf Stahl?

b) Ist der ermittelte Wert μ_0 oder μ?

305. Eine Sackrutsche soll so angelegt werden, daß die Säcke gleichförmig abwärts gleiten. Die Reibzahlen sind $\mu = 0{,}4$ und $\mu_0 = 0{,}49$.

Welchen Neigungswinkel muß die Rutsche erhalten?

62

306. Auf einem schräg nach oben laufenden Gummiförderband sollen Werkstücke aus Stahl gefördert werden. Die Reibzahl beträgt 0,51.

Welchen Neigungswinkel darf das Förderband höchstens haben, wenn die Werkstücke nicht rutschen sollen?

307. Wie groß sind die Reibzahlen μ_0, wenn Rutschen eintritt bei einem Neigungswinkel von:

a) $32°$, b) $28,5°$, c) $17°$, d) $10°$, e) $4,2°$, f) $3°$, g) $1,5°$?

308. Bei welchem Neigungswinkel gleiten zwei Körper gleichförmig aufeinander bei den Gleitreibzahlen:

a) 0,05, b) 0,085, c) 0,12, d) 0,17, e) 0,22, f) 0,35 g) 0,63?

Reibung bei geradliniger Bewegung und bei Drehbewegung

309. Der Kreuzkopf einer Dampfmaschine drückt im Betrieb mit einer mittleren Normalkraft $F_n = 350$ kp auf seine Gleitbahn. Die Drehzahl der Maschine ist 150 U/min, der Kolbenhub 500 mm. Die Reibzahl ist 0,06.

Berechne:

a) die mittlere Geschwindigkeit des Kreuzkopfes,

b) die Reibkraft am Kreuzkopf,

c) den Leistungsverlust infolge der Reibung (Reibleistung)!

310. Ein Schrank von 1 m Breite und 100 kp Gewicht soll durch eine Kraft F seitlich verschoben werden. Die Reibzahlen sind $\mu_0 = 0,3$ und $u = 0,26$.

Ermittle:

a) die erforderliche Verschiebe- kraft F zum Anschieben,

b) die erforderliche Verschiebe- kraft F_1 zum Weiterschieben,

c) die maximale Höhe h, in der die Verschiebekraft angreifen darf, wenn der Schrank beim Anschie- ben rutschen und nicht kippen soll,

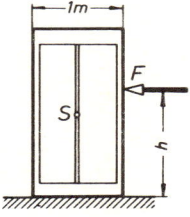

d) die entsprechende Höhe h_1 beim Weiterschieben,

e) die Verschiebearbeit bei 4,2 m Verschiebeweg!

III. Reibung

311. Das Gewicht $G = 165$ kp eines Maschinenschlittens wird auf den Führungsbahnen A und B abgestützt.

Welche waagerechte Kraft ist erforderlich, um den Schlitten auf seiner Führung in Längsrichtung zu verschieben, wenn $\mu = 0,11$ ist?

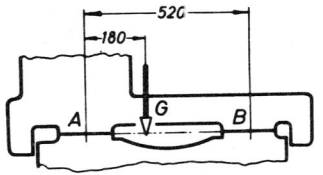

312. Ein Lastwagen wiegt 8000 kp. Die Vorderachslast beträgt 3200 kp, die Hinterachslast 4800 kp. Haft- und Gleitreibzahl zwischen Reifen und Straßenoberfläche sind $\mu_0 = 0,5$ und $\mu = 0,41$.

Welche maximale Bremskraft kann am Boden abgestützt werden, wenn:

a) alle vier Räder mit der Fußbremse gebremst werden und die Räder nicht rutschen,

b) wenn die Räder rutschen,

c) nur die Hinterräder mit der Handbremse gebremst werden und die Räder nicht rutschen,

d) wenn die Räder rutschen?

313. Eine Lokomotive hat drei Treibachsen mit je 16 000 kp Achslast. Der Treibraddurchmesser beträgt 1500 mm. Die Reibzahlen zwischen Rad und Schiene sind $\mu_0 = 0,15$ und $\mu = 0,12$.

Welche Zugkraft kann die Lokomotive höchstens aufbringen, wenn:

a) die Räder nicht rutschen,

b) die Räder rutschen?

c) Wie groß ist das Drehmoment M_{ta} bzw. M_{tb} je Treibachse in den Fällen a) und b)?

314. Die Richtführung einer Werkzeugmaschine wird durch eine schräg angreifende Kraft $F = 410$ kp belastet. Es soll festgestellt werden, welche der beiden Ausführungen I und II den Vorzug größerer Leichtgängigkeit beim Längsverschieben hat. Die Reibzahl ist 0,12.

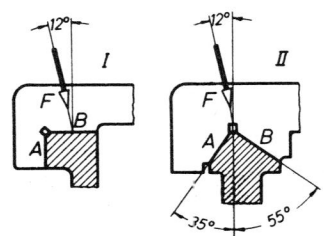

Ermittle hierzu:

a) die Normalkräfte F_{nA} und F_{nB} bei der Ausführung I,

b) die Normalkräfte bei der Ausführung II,

c) die Reibkräfte F_{rA} und F_{rB} beim Längsverschieben für die Ausführung I,

d) die Reibkräfte für die Ausführung II,

e) die erforderlichen Verschiebekräfte F_{vI} und F_{vII} für beide Ausführungen,

315. Ein Stempel wird durch acht Federbacken nach Skizze in seiner Ruhelage gehalten. Jede der Backen wird mit 10 kp angedrückt. Die Reibzahl ist 0,06.

Welche Kraft **F** ist ohne Berücksichtigung des Stempelgewichtes zum gleichförmigen Abwärtsbewegen des Stempels erforderlich?

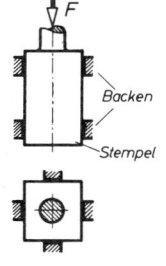

316. Auf den Kolben eines Dieselmotors wirkt in der gezeichneten Stellung ein Druck von 10 kp/cm². Der Kolbendurchmesser beträgt 400 mm. Die Reibzahl zwischen Kolben und Zylinderwand ist 0,1.

Ermittle (siehe Erläuterung S. 254):

a) die Kraft F, die auf den Kolbenboden wirkt,

b) die Normalkraft zwischen Kolben und Zylinderwand,

c) die Reibkraft an der Zylinderwand,

d) die Druckkraft in der Pleuelstange,

e) den prozentualen Anteil der Kolbenkraft F, der für die Reibung verbraucht wird!

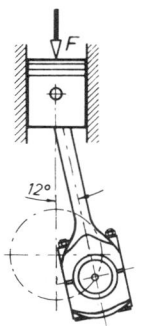

III. Reibung

317. Ein Körper mit 8 kp Gewicht liegt auf einer waagerechten Ebene und soll durch eine schräg von oben angreifende Kraft F aus der Ruhelage angeschoben werden. Die Wirklinie der Verschiebekraft geht durch den Körperschwerpunkt. Der Winkel zwischen der Kraft F und der Waagerechten beträgt 30°, die Reibzahl zwischen Körper und Unterlage ist $\mu_0 = 0,35$.

a) Wie groß ist die zum Anschieben erforderliche Kraft F?

b) Wie groß wird die Kraft F, wenn sie — mit der gleichen Neigung wie bei a) schräg nach oben gerichtet — den Körper nicht schiebt, sondern zieht?

318. Der Aufspanntisch einer Langhobelmaschine wiegt 1500 kp. Aus dem Werkstückgewicht und der Schnittkraft beim Zerspanen erhält er eine senkrechte Belastung von 2200 kp. Die Schnittkraftkomponente in Bewegungsrichtung beträgt 1800 kp. Die Vorschubkomponente kann vernachlässigt werden. Der Tisch läuft in zwei Flachführungen mit einer Schnittgeschwindigkeit von 50 m/min. Die Reibzahl für die Führungen ist 0,1.

Berechne:

a) die Reibkraft in den Führungen,

b) die gesamte Verschiebekraft beim Arbeitshub,

c) den prozentualen Anteil der Reibung an der Verschiebekraft,

d) die Antriebsleistung des Motors beim Arbeitshub unter Berücksichtigung des Getriebewirkungsgrades von 80 %,

e) die Antriebsleistung für den Rückhub bei einem Werkstückgewicht von 1600 kp und einer Rücklaufgeschwindigkeit von 67 m/min!

319. Eine Stabstahlstange steht auf einer waagerechten Fläche und lehnt mit ihrem oberen Ende gegen eine senkrechte Fläche. Die Haftreibzahl an beiden Auflagestellen ist 0,19.

Ermittle den Grenzwinkel α zwischen Stange und Boden, bei dem die Stange zu rutschen beginnt!

320. Eine Leiter steht mit ihrem Fußende auf einer waagerechten Fläche. Der Winkel zwischen Bodenfläche und Leiter beträgt $\alpha = 65°$. Das Kopfende der Leiter lehnt in 4 m Höhe gegen eine senkrechte Fläche. Die Reibzahl an beiden Auflageflächen ist $\mu_0 = 0,28$. Ein Mann mit 75 kp Gewicht besteigt die Leiter.

a) Welche Höhe hat er erreicht, wenn die Leiter rutscht?

b) Stelle anhand der entwickelten Gleichung fest, welchen Einfluß sein Gewicht auf die Höhe hat!

66

c) Wie groß muß der Winkel α mindestens sein, wenn er die Leiter ohne Rutschgefahr ganz besteigen will? Ermittle diese Bedingung ebenfalls aus der entwickelten Gleichung!

321. Eine Schleifscheibe von $d = 300$ mm Durchmesser läuft mit der Drehzahl $n = 1400$ U/min um. Ein flaches Werkstück wird nach Skizze mit der Kraft $F = 20$ kp angedrückt. Die Reibzahl zwischen Werkstück und Tisch ist 0,2, zwischen Werkstück und Schleifscheibe 0,6.

Ermittle:

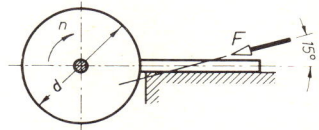

a) Normalkraft F_{n1} und Reibkraft F_{r1} zwischen Werkstück und Tisch,

b) Normalkraft F_{n2} und Reibkraft F_{r2} zwischen Werkstück und Schleifscheibe,

c) die Schnittleistung an der Schleifscheibe!

322. Die Klemmvorrichtung für einen Werkzeugschlitten besteht aus Zugspindel, Spannkeil und Klemmhebel. Die Zugspindel wird mit einer Zugkraft $F = 20$ kp betätigt. Die Reibzahl ist 0,11.

Ermittle:

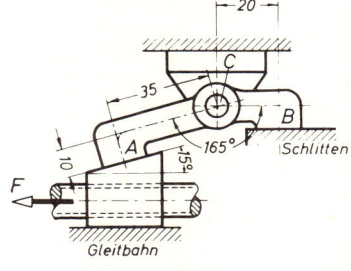

a) Normalkraft F_n und Reibkraft F_r zwischen Keil und Gleitbahn,

b) Normalkraft F_{nA} und Reibkraft F_{rA} zwischen Keil und Klemmhebel,

c) die senkrechte Klemmkraft auf der Fläche B,

d) die Stützkraft im Klemmhebellager C!

323. Eine Rohrhülse soll durch eine Federklemme so festgehalten werden, daß die Hülse herausgezogen wird, wenn die Zugkraft $F_z = 1,75$ kp erreicht. Die Reibzahl ist $\mu_0 = 0,22$.

Wie groß ist:

a) die Reibkraft an der Klemmbacke A beim Herausziehen,

b) die Normalkraft zwischen Klemmbacke A und Hülsenwand,

c) die erforderliche Federkraft F (Zug- oder Druckfeder?),

d) die Lagerkraft im Hebeldrehpunkt B?

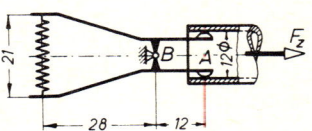

324. Mit Hilfe der Blockzange werden Stahlblöcke von $G = 1200$ kp Gewicht transportiert. Dabei wird das Blockgewicht nur durch die Reibung an den Klemmflächen A gehalten. Die Reibzahl schwankt während der Haltezeit infolge der Verzunderung der Oberfläche zwischen 0,25 und 0,35.

Bestimme (siehe Erläuterung S. 254):

a) die Reibzahl, mit der aus Gründen der Sicherheit zu rechnen ist,

b) die Zugkräfte in den beiden Kettenspreizen K,

c) die Normalkräfte an den Klemmflächen A,

d) die größte Reibkraft $F_{r\,0\,max}$, die an einer Klemmfläche übertragen werden kann,

e) die Tragsicherheit der Zange,

f) die Belastung des Zangenbolzens B!

g) Welchen Einfluß hat das Blockgewicht auf die Tragsicherheit?

h) Bis zu welchem Wert dürfte μ_0 sinken, ohne daß der Block aus der Zange rutscht?

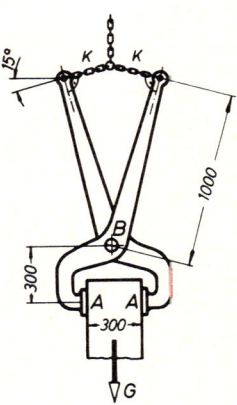

325. Eine Hubschleifvorrichtung wird durch einen Nocken gehoben und gesenkt. Das zu hebende Gesamtgewicht ist $G = 35$ kp. Die zylindrische Hubstange ist bei A und B geführt. Die Reibzahlen der Stahlstange in den leicht gefetteten GG-Führungen sind $\mu_0 = 0,16$ und $\mu = 0,14$.

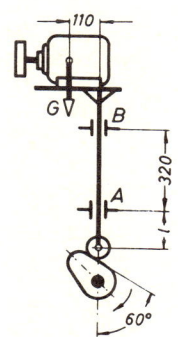

Ermittle die Kraft F, mit welcher der Nocken gegen die Rolle drückt, und die Normalkräfte F_{nA} und F_{nB} sowie die Reibkräfte F_{rA} und F_{rB} in den Führungen A und B, und zwar:

a) wenn die Nockenlauffläche beim Aufwärtshub um 60° gegen die Senkrechte geneigt ist ($l = 160$ mm),

b) wenn sie beim Abwärtshub um 60° gegen die Senkrechte geneigt ist ($l = 160$ mm),

c) in der höchsten Hublage ($l = 140$ mm)!

326. Ein Motor steht auf einer Fußplatte, die mit Hilfe einer Verschiebespindel in den Führungen A und B nach beiden Seiten verschoben werden kann. Motor und Grundplatte wiegen zusammen $G = 15$ kp, die Riemenzugkräfte sind 18 kp im oberen und 6 kp in unteren Trum. Die Reibzahl in den Führungen ist 0,22.

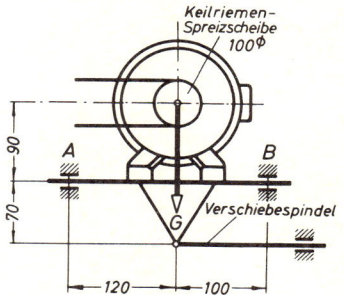

Ermittle für den Fall, daß der Motor nach rechts verschoben wird:

a) Normalkraft F_{nA} und Reibkraft F_{rA} in der Führung A,

b) Normalkraft F_{nB} und Reibkraft F_{rB} in der Führung B,

c) die erforderliche Verschiebekraft F_v in der Spindel!

327. Die Spanneinrichtung soll durch die Druckfeder eine Spannkraft von 5 kp in einem stillstehenden Schleifband erzeugen. Der Spannrollenhebel ist bei A drehbar gelagert und stützt sich mit dem Stützrad B an einer senkrechten Fläche ab. Die Reibzahl in den Führungen ist 0,19.

Ermittle:

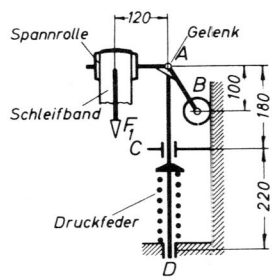

a) die Kräfte im Gelenk A und am Stützrad B,

b) die Normalkraft $F_{n\,C}$ und die Reibkraft $F_{r\,C}$ in der Führung C,

c) die Normalkraft $F_{n\,D}$ und die Reibkraft $F_{r\,D}$ in der Führung D,

d) die erforderliche Federkraft F_2!

(Vergleiche die Ergebnisse mit denen der Aufgabe 135!)

328. Der Tisch einer Säulenbohrmaschine wiegt $G_1 = 40$ kp und ist durch ein Werkstück mit dem Gewicht $G_2 = 35$ kp belastet. Die Reibzahl in der Säulenführung ist 0,15.

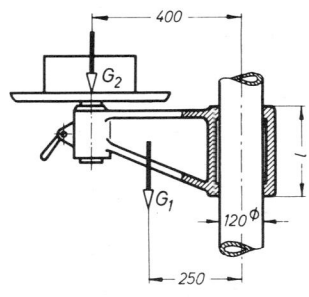

a) Welche Länge l darf die Führungsbuchse höchstens haben, wenn der Tisch sich allein durch die Reibung in der Ruhestellung halten soll?

b) Rutscht der Tisch in der Führung, wenn das Werkstück vom Tisch genommen wird?

c) Wie beeinflußt die Führungslänge l das Gleiten der Führungsbuchse auf der Säule?

329. Die Reibbacken der Sicherheits-Reibkupplung werden durch eine Feder nach außen gegen die Kupplungshülse gedrückt. Die Reibzahl ist für Stahl auf Stahl 0,15. Die Feder soll so bemessen werden, daß das übertragbare Drehmoment auf 100 kpcm begrenzt wird. Die Reibkräfte an den seitlichen Führungsflächen der Backen und die Fliehkräfte sollen vernachlässigt werden.

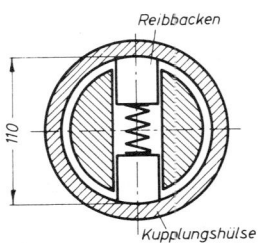

a) Welche Reibkraft muß jede Backe übertragen?

b) Wie groß ist die erforderliche Federkraft?

330. Die Zentraldruckfeder F einer Mehrscheibenkupplung drückt die Anpreßplatte A mit einer Kraft von 40 kp auf die Kupplungsscheiben. Der mittlere Durchmesser der Reibflächen beträgt $d_m = 116$ mm. Die Reibzahl für die in Öl laufenden Stahlkupplungsscheiben ist 0,09. Die Zwischenscheiben B werden an ihrem Umfang durch Nuten im umlaufenden Gehäuse mitgenommen. Die Mitnehmerscheiben C sind in gleicher Weise in Nuten auf der Kupplungswelle geführt. Beim Zusammenpressen erfolgt ihre Mitnahme durch Reibung.

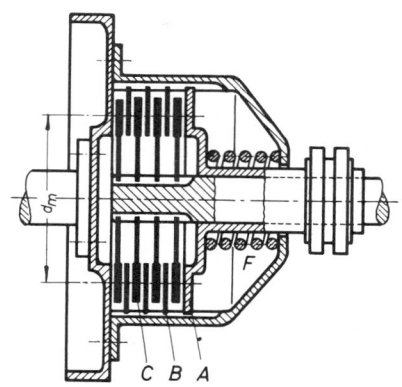

Berechne:

a) die gesamte Reibkraft am mittleren Radius aller Mitnehmerscheiben,

b) das übertragbare Drehmoment!

331. Der Reibbelag einer Einscheiben-Trockenkupplung hat einen mittleren Durchmesser von 240 mm und soll ein Drehmoment von 12 kpm übertragen. Die Mitnahme erfolgt auf beiden Seiten der Mitnehmerscheibe. Die Reibzahl für trockenen Kupplungsbelag auf GG ist 0,42.

a) Wie groß ist die erforderliche Reibkraft am Radius einer Reibfläche?

b) Welche Normalkraft müssen die Andrückfedern aufbringen?

332. Eine Welle mit 80 mm Durchmesser überträgt bei 120 U/min eine Leistung von 20 PS. Sie soll mit einer Schalenkupplung versehen werden, die auf jeder Seite vier Schrauben hat. Die Reibzahl zwischen Welle und Kupplung ist 0,2.

Ermittle:

a) das von der Kupplung zu übertragende Drehmoment,

b) die Längskraft, mit der jede Schraube gespannt sein muß, um eine sichere Mitnahme zu erreichen!

333. Die beiden Hälften einer Schei-
benkupplung werden durch sechs
Schrauben auf einem Lochkreis-
Durchmesser von 140 mm zusam-
mengepreßt. Sie sollen eine Leistung von 25 PS bei einer Drehzahl
von 220 U/min so übertragen, daß
die Mitnahme allein durch die Reibung bewirkt wird, die Schrauben
also nicht auf Abscheren beansprucht werden. Die Reibzahl ist
0,22.

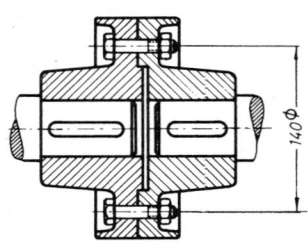

Berechne:

a) das zu übertragende Drehmoment,

b) die erforderliche Gesamttreibkraft am Lochkreisradius,

c) die Längskraft, mit der jede Schraube gespannt sein muß!

334. Die geteilte Antriebs-Riemenscheibe einer Transmissionswelle hat
630 mm Durchmesser. Sie soll bei 250 U/min eine Leistung von 11 kW
auf die Welle übertragen, deren Durchmesser 60 mm beträgt. Die
beiden Scheibenhälften sollen durch Schrauben so fest auf die Welle
gepreßt werden, daß die Kraftübertragung nur durch die Reibung erfolgt. Die Reibzahl ist 0,15.

Mit welcher Kraft müssen die Scheibenhälften auf die Welle gepreßt
werden?

335. Ein stufenlos regelbarer Reib-
radantrieb überträgt in der skizzierten Stellung an der Reibfläche
2 PS bei einer Drehzahl $n =$
630 U/min. Die Reibzahl ist 0,33.

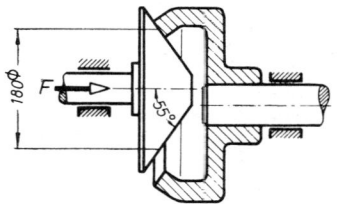

Berechne:

a) das erforderliche Reibmoment,

b) die Normalkraft zwischen Kegel
und Scheibe,

c) die erforderliche Anpreßkraft F
für den Kegel!

336. Mit einer Spannzange wird auf einer Nachdrehbank ein Werkstück mit 12 mm Durchmesser gespannt. Die Schnittkraft erzeugt am Werkstück ein Drehmoment von 33 kpcm. Das Werkstück muß so fest gespannt werden, daß es beim Bearbeiten nicht in der Zange rutscht. Die Reibzahl beträgt an allen Reibflächen 0,15.

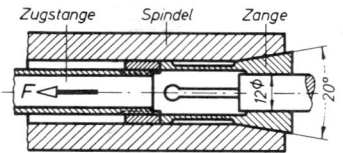

Ermittle:

a) die erforderliche Reibkraft am Werkstückumfang,

b) die erforderliche Normalkraft am Werkstückumfang,

c) die Normalkräfte auf der Kegelober- und -unterseite, die zur Erzeugung der Normalkraft am Werkstück erforderlich sind,

d) die beim Spannvorgang auftretenden Reibkräfte an Kegelober- und -unterseite,

e) die zum sicheren Spannen des Werkstückes erforderliche Zugstangenkraft F!

Reibung auf der schiefen Ebene

337. Eine 800 kp schwere Maschine soll beim Verladen durch eine Seilwinde auf einer unter 22° zur Waagerechten geneigten Ebene heraufgezogen werden. Das Seil zieht parallel zur Rutschebene. Die Reibzahlen sind $\mu_0 = 0{,}2$ und $\mu = 0{,}1$.

Ermittle:

a) die zum Anziehen aus der Ruhe erforderliche Seilzugkraft beim Hinaufziehen,

b) die erforderliche Zugkraft während des Hinaufgleitens,

c) die beim Abladen erforderliche Haltekraft, wenn die Maschine gleichförmig abwärts gleitet!

338. Ein Schiff von 7500 Mp Gewicht liegt auf der Ablaufbahn, die um 4° 10′ zur Waagerechten geneigt ist. Beim Stapellauf wird es durch eine hydraulische Presse in Bewegung gesetzt, deren Druckkraft parallel zur Ablaufbahn wirkt. Nach dem Anschieben gleitet das Schiff gleichmäßig beschleunigt weiter. Die Reibzahlen sind $\mu_0 = 0{,}13$ und $\mu = 0{,}06$.

a) Welche Kraft muß die Presse zum Anschieben aufbringen?

b) Wie groß ist die Kraft, die das Schiff nach dem Anschieben gleichmäßig beschleunigt?

c) Wie groß ist die Beschleunigung, mit der das Schiff nach dem Anschieben weitergleitet?

III. Reibung

339. Ein Bajonettverschluß wird durch Drehen der oberen Stange geschlossen. Dabei gleiten die beiden einander gegenüberliegenden Stangenzapfen bis zum Einrasten in die Taschen die Anlaufschrägen hinauf, die als Schraubenlinien mit 15° Steigungswinkel ausgebildet sind. Die Stange wird durch eine Feder mit maximal $F = 18$ kp belastet. Die Reibzahl ist 0,12.

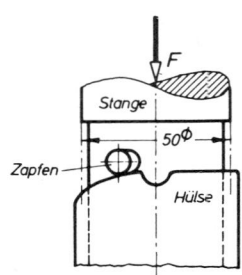

Welche maximale Handkraft muß beim Schließen am Stangenumfang aufgebracht werden?

340. Eine Last $F_1 = 100$ kp liegt auf einer schiefen Ebene, die unter 7° zur Waagerechten geneigt ist. Die Last soll durch eine waagerechte Kraft F_2

a) gleichförmig aufwärts gezogen,

b) gleichförmig abwärts geschoben,

c) in der Ruhestellung gehalten werden.

Wie groß muß in den drei Fällen die Kraft F_2 sein, wenn $\mu_0 = 0,19$ und $\mu = 0,165$ ist?

341. Auf einer unter 19° geneigten Ebene liegt eine Last $F = 690$ kp. Sie wird durch ein Seil gehalten, das unter dem Winkel $\alpha = 14°$ zur schiefen Ebene angreift. Die Reibzahlen sind $\mu_0 = 0,29$ und $\mu = 0,21$.

Ermittle:

a) die Seilkraft F_1 zum Halten der Last in der Ruhelage,

b) die Anzugkraft F_2 im Seil, wenn die Last nach oben in Bewegung gesetzt werden soll,

c) die Kraft F_3 zum gleichförmigen Aufwärtsziehen,

d) die Seilkraft F_4 beim gleichförmigen Abwärtsgleiten der Last!

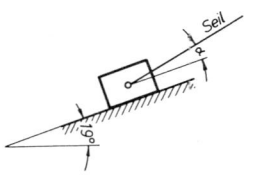

342. Ein Körper mit dem Gewicht G liegt auf einer unter 5° zur Waagerechten geneigten Ebene. Die Reibzahl ist $\mu_0 = 0,23$. Auf die Last wirkt von oben eine Kraft F.

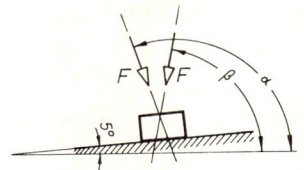

a) Ermittle die Grenzwinkel α und β, unter denen die Kraft F gerade noch angreifen darf, wenn die Last nicht rutschen soll!

b) Welchen Einfluß hat das Gewicht G auf die Größe der Grenzwinkel?

c) Welchen Einfluß hat die Kraft F auf die Größe der Grenzwinkel?

Zapfenreibung

343. Die Kurbelwelle einer Brikettpresse wiegt 2400 kp. Ihre Lagerzapfen haben 410 mm Durchmesser. Die Welle trägt ein Schwungrad von 10 200 kp Gewicht; am Kurbelzapfen nimmt sie 700 kp vom Schubstangengewicht auf. Die Zapfenreibzahl beim Anfahren beträgt 0,08.

a) Wie groß ist die gesamte Reibkraft am Lagerzapfenumfang beim Anfahren?

b) Welches Drehmoment ist beim Anfahren zur Überwindung der Lagerreibung erforderlich?

344. Die vierfach gelagerte Kurbelwelle eines Verbrennungsmotors erhält eine mittlere Belastung von 150 kp je Lagerzapfen. Der Zapfendurchmesser beträgt 72 mm, die Drehzahl ist 3200 U/min, die Zapfenreibzahl 0,009.

Ermittle:

a) das Reibmoment der Kurbelwelle infolge der Lagerreibung,

b) die Reibleistung (Reibungsverlust) in PS,

c) die Reibungswärme in kcal, die in einer Minute in jedem der vier Lager entsteht, unter der Annahme, daß sich die Gesamtbelastung der Kurbelwelle gleichmäßig auf die vier Lager verteilt!

345. Eine Getriebewelle wird von einer Riemenscheibe mit $P_z =$ 150 kW und einer Drehzahl von 355 U/min angetrieben. Die Riemenscheibe belastet die Welle mit $F_1 = 1020$ kp, das Zahnrad mit $F_2 =$ 2500 kp. Beide Kräfte wirken parallel in gleicher Richtung. Der Leistungsverlust infolge der Lagerreibung beträgt 1,1 %.

Berechne:

a) die abgegebene Leistung P_a an der Welle und den Leistungsverlust P_v,

b) das Gesamttreibmoment an der Welle,

c) die Lagerkräfte F_A und F_B,

d) die Zapfenreibzahl μ_1,

e) die Reibmomente M_A und M_B in den Lagern,

f) die Reibungswärme Q_A und Q_B, die in beiden Lagern in einer Minute abzuführen ist!

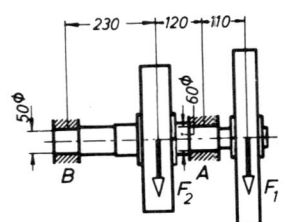

346. Der Antriebsmotor eines Reibradgetriebes ist federnd auf einer Wippe gelagert. Das Gewicht von Motor und Wippe beträgt zusammen $G = 43$ kp. Die Reibscheibe aus Novotext hat $d_1 = 140$ mm Durchmesser und soll eine Leistung von 3 kW bei $n_1 = 2860$ U/min durch Reibung auf das Gegenrad aus GG mit $d_2 = 450$ mm Durchmesser übertragen. Die Reibzahl ist 0,175.

Berechne:

a) das erforderliche Reibmoment M_r und die Reibkraft F_r am Reibscheibenumfang,

b) die Normalkraft an der Berührungsstelle von Reibscheibe und Gegenrad,

c) die zur Erzeugung der Normalkraft erforderliche Spannkraft F der Druckfeder,

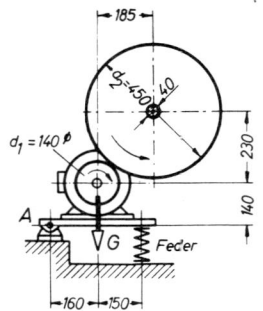

d) die Lagerkraft F_A und ihre Komponenten F_{Ax} und F_{Ay} in waagerechter und senkrechter Richtung,

e) die Drehzahl n_2 der Gegenradwelle,

f) das Zapfenreibmoment der Gegenradwelle, wenn $\mu_1 = 0,06$ ist,

g) die Reibleistung an der Gegenradwelle,

h) den Leistungsverlust in Prozent der Antriebsleistung!

347. Eine Wasserturbine mit senkrecht stehender Welle erzeugt eine
Leistung von 1800 PS bei 120 U/min. Der Kammzapfen der Welle hat
drei Lagerbunde von 280 mm innerem und 380 mm äußerem Durchmesser. Er erhält eine senkrechte Belastung von 16 000 kp. Die Reibzahl im Kammlager wird mit 0,06 angenommen.

a) Wie groß ist der Leistungsverlust im Kammlager in PS?

b) Wieviel Prozent der Turbinenleistung sind das?

348. Die Spurplatte eines Spurlagers wird durch den Zapfen einer
senkrechten Welle mit $F = 2000$ kp belastet. Der Zapfendurchmesser ist
$d = 160$ mm, seine Drehzahl $n = 150$ U/min. Die Reibzahl beträgt $\mu_1 =$
0,08. Im nicht eingelaufenen Zu-
stand soll die Reibkraft im Abstand $2/3\,r$ ($r =$ Zapfenradius) von
der Zapfenmitte angesetzt werden,
im eingelaufenen Zustand beträgt
der Abstand $r/2$.

Berechne:

a) das Reibmoment während des
   Einlaufens,

b) den Leistungsverlust in PS während des Einlaufens,

c) das Reibmoment im eingelaufenen Zustand,

d) die Reibleistung im eingelaufenen Zustand,

e) die Wärmemenge, die je Minute
   abzuführen ist (eingelaufen)!

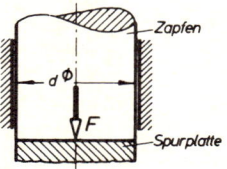

77

III. Reibung

349. Ein Ringspurzapfen hat die Abmessungen $D = 80$ mm und $d = 20$ mm. Die senkrechte Zapfenbelastung beträgt $F = 450$ kp. Die Reibzahl ist 0,07. Die Reibkraft zwischen Zapfen und Spurplatte greift am mittleren Durchmesser der ringförmigen Gleitfläche an.

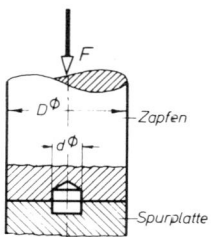

Berechne für eine Drehzahl von 355 U/min:

a) das Reibmoment,

b) die Reibleistung in PS,

c) die in einer Stunde entwickelte Reibwärme!

350. Die Drehsäule eines Wanddrehkranes ist in einem oberen Querlager A und einem unteren Quer- und Längslager B gelagert. Die Reibzahl in den Lagern ist 0,12. Der Kran trägt eine Last von 2000 kp in einer Ausladung von 2,7 m.

Berechne:

a) die Stützkraft F_A im oberen Querlager,

b) die Stützkraft F_{Bx} im unteren Querlager,

c) die Stützkraft F_{By} im unteren Längslager,

d) die Reibkräfte F_{rA}, F_{rBx} und F_{rBy} in den drei Lagern beim Schwenken des Kranes,

e) die Reibmomente M_A, M_{Bx} und M_{By},

f) das zum Schwenken des belasteten Kranes erforderliche Drehmoment!

g) Mit welcher Kraft muß man zum Schwenken an der Last tangential zum Schwenkkreis ziehen?

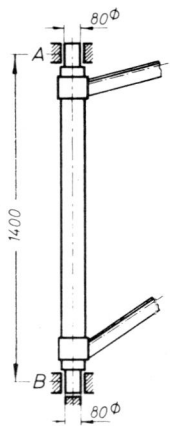

Rollreibung

351. Bei einem Versuch zur Ermittlung des Hebelarmes der Rollreibung setzt sich ein zylindrischer Prüfkörper von 100 mm Durchmesser
in Bewegung, als seine Unterstützungsebene um 1,1° zur Waagerechten
geneigt ist.

a) Wie groß ist der Hebelarm der Rollreibung?

b) Welcher Neigungswinkel wäre für einen Prüfkörper von 50 mm
   Durchmesser aus dem gleichen Werkstoff erforderlich gewesen?

352. Der Rollenkopf einer Rollen-
naht-Schweißmaschine wird mit
einer Kraft $F = 200$ kp auf die zu
verschweißenden Bleche gedrückt
und dabei seitwärts bewegt. Der
Hebelarm der Rollreibung beträgt
0,06 cm.

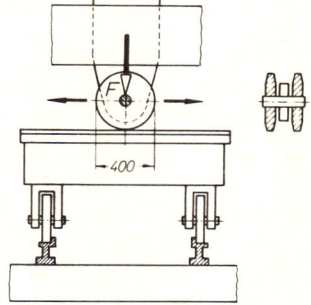

Wie groß ist die waagerechte
Seitenkraft, welche die Laufrollen
des Tisches aufzunehmen haben?

353. Der 380 kp schwere Aufspanntisch einer Flachschleifmaschine
läuft in zwei waagerechten Rollen-
führungen. Die Rollen haben 20 mm
Durchmesser und laufen in einem
Käfig mit dem Tisch hin und her.
Der Hebelarm der Rollreibung ist
für gehärtete Rollen und Führungsbahnen 0,07 cm.

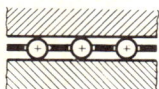

a) Welche Kraft ist zum Verschieben des Tisches erforderlich?

b) Wie wirkt sich eine Verkleine-
   rung der Rollen auf die Verschiebekraft aus?

(Bei der Berechnung kann so ver-
fahren werden, als ob nur eine Rolle
das gesamte Gewicht aufnähme!)

III. Reibung

354. Der Drehtisch eines Brennstrahl-Härteautomaten ist auf einem Kugelkranz gelagert. Die Kugeln haben 12 mm Durchmesser, der Tisch wiegt 420 kp. Der Hebelarm der Rollreibung ist 0,005 cm.

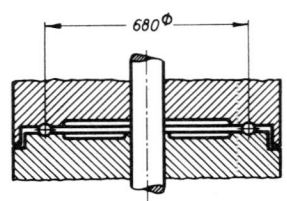

a) Wie groß ist der am Umfang des Kugelkranzes auftretende Rollwiderstand?

b) Welches Drehmoment ist zum gleichförmigen Drehen erforderlich?

355. Die Skizze zeigt die Stützklaue einer Schraubenwinde in zwei verschiedenen Ausführungen. Nach Ausführung I liegt die Klaue auf dem Spindelkopf mit einer ebenen ringförmigen Fläche von 50 mm mittlerem Durchmesser auf. Die Reibzahl ist 0,12. Bei der Ausführung II liegen zwischen Klaue und Spindelkopf in einer ringförmigen Rille von 50 mm Durchmesser Kugeln von 10 mm Durchmesser. Der Hebelarm der Rollreibung ist 0,05 cm. Die Winde trägt eine Last von 3000 kp.

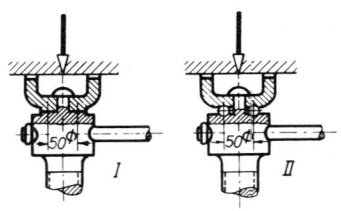

a) Wie groß ist das Auflagereibmoment bei Ausführung I?

b) Wie groß ist das Moment der Rollreibung bei Ausführung II?

356. Eine kleine Straßenwalze für Handbetrieb soll so schwer gebaut werden, daß die erforderliche Zugkraft F, unter 30° schräg nach oben angreifend, nicht größer als 50 kp wird. Der Hebelarm der Rollreibung wird auf weichem Straßenbelag mit 5,4 cm angenommen. Die Reibung in den Zugstangenlagern wird vernachlässigt.

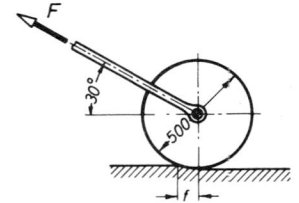

a) Wie schwer darf die Walze sein?

b) Wie groß muß der Durchmesser der Walze ausgeführt werden, wenn sie ein Gewicht von 300 kp bei gleicher Zugkraft erhalten soll?

357. Ein Hobelmaschinentisch läuft in zwei unter 45° geneigten Führungen mit Kreuzrollenschienen. Der Tisch wiegt 1800 kp. Die Rollen haben 36 mm Durchmesser. Das Gewicht verteilt sich gleichmäßig auf beide Führungen. Der Hebelarm der Rollreibung ist 0,07 cm.

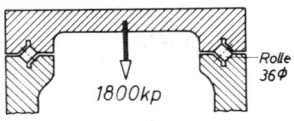

Wie groß ist:

a) die Normalkraft auf jede Führungsbahn,

b) die Kraft zum Längsverschieben des Tisches?

Seilreibung

358. Über einem waagerechten, gegen Drehung gesicherten Holzbalken von 180 mm Durchmesser liegt ein Seil. Es ist an einem Ende mit 60 kp belastet. Bei einer Reibzahl $\mu_0 = 0,55$ für Hanfseil auf rauhem Holz und einem Umschlingungswinkel $\alpha = 180°$ wird $e^{\mu\alpha} = 5,6$.

a) Prüfe den Wert für $e^{\mu\alpha}$ nach!

b) Zwischen welchen Grenzwerten darf die am anderen Seilende angehängte Last veränderlich sein, wenn das Seil nicht rutschen soll?

c) Wie groß ist die Reibkraft am Balkenumfang in den beiden Grenzfällen?

359. Ein mit 18,8 m/s umlaufender Treibriemen hat auf der Motorriemenscheibe einen Umschlingungswinkel von 160°. Die Zugkraft im auflaufenden (oberen) Trum beträgt $F_1 = 89$ kp. Die Reibzahl für Lederriemen auf GG-Scheibe ist 0,3.

Ermittle:

a) den Umschlingungswinkel im Bogenmaß,

b) den Wert $e^{\mu\alpha}$,

c) die Zugkraft (= erforderliche Spannkraft) im ablaufenden (unteren) Riementrum,

d) die Reibkraft am Scheibenumfang,

e) die Leistung, die der Riemen überträgt!

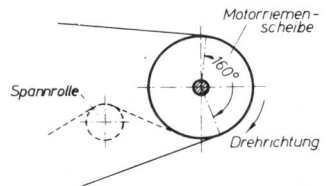

360. Der Antriebsmotor des Riementriebes nach Aufgabe 359 soll durch einen Motor mit 11,5 kW Leistung ersetzt werden. Die Riemenzugkraft von 89 kp im auflaufenden Riementrum soll nicht erhöht werden. Die Umfangskraft an der Riemenscheibe läßt sich aber durch Vergrößerung des Umschlingungswinkels steigern, indem eine Spannrolle nach Skizze angebracht wird.

Wie groß muß

a) die Spannkraft im ablaufenden Trum,

b) der Umschlingungswinkel für den neuen Antrieb sein?

361. Am Lastseil eines Kranes wirkt eine Zugkraft von 2500 kp. Die Reibzahl für das Stahlseil auf der Stahltrommel ist 0,15.

Berechne den Wert $e^{\mu\alpha}$ und die Zugkraft, mit der das Seilende an seiner Befestigungsstelle auf der Seiltrommel belastet wird, und zwar für den Fall, daß sich:

a) noch eine volle Windung,

b) noch drei volle Windungen,

c) noch fünf volle Windungen des Seiles auf der Trommel befinden!

362. Zum Verschieben eines Waggons auf einem Anschlußgleis wird eine Spillanlage benutzt. Die erforderliche Seilzugkraft beträgt $F_1 =$ 160 kp. Das am Waggon eingehängte Zugseil wird in mehreren Windungen um den von einem Elektromotor angetriebenen Spillkopf geschlungen und das freie Ende von Hand angezogen. Die dadurch entstehende Reibkraft am Spillkopfumfang unterstützt die Handkraft und zieht den Waggon mit heran.

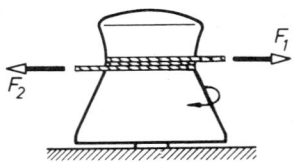

Berechne für zwei volle Windungen auf dem Spillkopf und $\mu = 0,18$:

a) den Umschlingungswinkel im Bogenmaß,

b) den Wert $e^{\mu\alpha}$,

c) die am freien Seilende erforderliche Zugkraft F_2!

363. Eine 3600 kp schwere Last gleitet beim Abladen von einem Wagen eine unter 30° geneigte, mit Stahlblech beschlagene Rutsche hinab. Sie wird dabei durch ein Hanfseil gehalten, das parallel zur Rutschebene gespannt und am Kopfende der Rutsche mehrfach um eine gegen Drehung gesicherte Rundstahlstange geschlungen ist. Zwei Arbeiter sollen das freie Seilende mit einer Höchstzugkraft von insgesamt 40 kp so halten, daß die Last gleichförmig abwärts gleitet. Die Reibzahl für die Rutsche ist 0,18, für das Seil 0,22.

Berechne:

a) die Normalkraft, mit der die Rutsche belastet wird,

b) die Zugkraft im Seil bei gleichförmigem Abwärtsgleiten,

c) den erforderlichen Wert $e^{\mu a}$ für die Handkraft von 40 kp,

d) den Umschlingungswinkel des Seiles,

e) die erforderliche Mindestanzahl Seilwindungen auf der Rundstahlstange!

Reibung an Schrauben und Bremsen

Schrauben

364. Eine Spindelpresse hat Trapezgewinde Tr 80 × 10 nach DIN 103. Am Umfang der Treibscheibe von 860 mm Durchmesser wirkt eine Tangentialkraft von 40 kp. Die Reibzahl μ' der Stahlspindel in der Bronzemutter ist 0,08.

Berechne:

a) den Reibwinkel ϱ' im Gewinde,

b) die Spindellängskraft!

365. Ein Dampfabsperrventil hat 80 mm lichten Durchmesser. Der Dampf wirkt mit 25 kp/cm² Überdruck auf die Unterseite des Ventiltellers. Die Ventilspindel hat Trapezgewinde Tr 28 × 5 nach DIN 103. Der Kranzdurchmesser des Handrades nach DIN 950 beträgt 225 mm. Die Reibzahl ist $\mu = 0,12$.

Berechne:

a) die Werte μ' und ϱ',

b) die Längskraft in der Ventilspindel,

c) die am Handrad erforderliche Umfangskraft zum Schließen des Ventils,

d) die zum Öffnen erforderliche Handkraft!

III. Reibung

366. Zwei Flachstähle sind nach Skizze durch zwei Schrauben M 12 verbunden. Die Schrauben sollen so fest angezogen werden, daß allein die Reibung zwischen den Flachstählen die Zugkraft $F = 400$ kp überträgt. Die Schrauben werden dadurch nur auf Zug und nicht auf Abscheren beansprucht. Die Reibzahl im Spitzgewinde ist $\mu' = 0,25$, an der Mutterauflage und zwischen den Flachstählen $\mu = 0,15$.

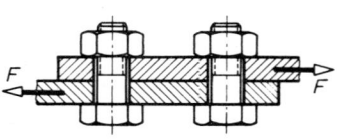

Berechne:

a) die erforderliche Zugkraft in jeder Schraube,

b) das erforderliche Anzugsmoment für die Mutter unter Berücksichtigung der Auflagereibung!

367. Die Zylinderkopfschrauben M 10 eines Verbrennungsmotors sollen mit einem Drehmoment von 6 kpm angezogen werden. Die Reibzahl an der Kopfauflage ist 0,15, im Gewinde ist sie $\mu' = 0,25$.

Mit welcher Kraft preßt jede der 10 Schrauben den Zylinderkopf auf den Zylinderblock?

368. Mit einer Schraubenwinde soll eine Last von 1100 kp gehoben werden. Die Hubspindel hat Trapezgewinde Tr 40 × 7. Das Heben erfolgt durch Drehen der Mutter, die mit einer Ratsche betätigt wird. Die Handkraft greift in einer Entfernung von 380 mm von der Hubspindelmitte am Ratschenhebel an. Die Reibzahl ist für Stahl auf Stahl 0,12 (leicht gefettet).

Berechne:

a) die Reibzahl μ' im Gewinde und den Reibwinkel ϱ',

b) das zum Heben erforderliche Drehmoment ohne Berücksichtigung der Reibung an der Mutterauflage,

c) das Auflagereibmoment, wenn die Reibkraft an einem Reibradius von 30 mm angreift,

d) das Drehmoment am Ratschenhebel unter Berücksichtigung der Auflagereibung,

e) die erforderliche Handkraft!

369. Am Stößel einer Reibspindelpresse soll eine Preßkraft $F_1 =$
24 000 kp erzeugt werden. Die Spindel hat dreigängiges Trapezgewinde
Tr 110 $\times$ 12 nach DIN 103. Der
Durchmesser der Reibscheibe ist
$D = 850$ mm. Die Reibzahl im Gewinde ist 0,08, am Umfang der Reibscheibe 0,28. Die Reibung des
Spindelzapfens im Stößel soll vernachlässigt werden.

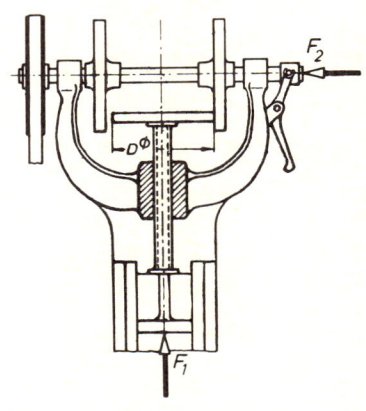

Wie groß sind:

a) die Werte μ' und ϱ' im Gewinde,

b) das Gewindereibmoment,

c) die erforderliche Reibkraft am
   Umfang der Reibscheibe,

d) die Kraft F_2, mit der das rechte
   Reibrad gegen die Reibscheibe
   gedrückt werden muß,

e) der Wirkungsgrad des Schraubgetriebes?

f) Ist die Schraube selbsthemmend?

370. Eine Hebebühne wird von vier senkrecht stehenden Schrauben-
spindeln getragen, welche die Bühne mit einer Hubgeschwindigkeit von
1 m/min heben. Das Gesamtgewicht von Bühne und Höchstlast beträgt
10 000 kp. Die Spindeln haben zweigängiges Trapezgewinde Tr 75 $\times$ 10
und nehmen je ein Viertel der Gesamtlast auf. Die Muttern liegen auf
einer Kreisringfläche von 140 mm mittlerem Durchmesser auf. Sie
haben außen einen Schneckenrad-Zahnkranz und werden durch
Schnecken angetrieben. Die Reibzahl im Gewinde ist 0,12, an der
Auflage 0,15. Der Wirkungsgrad des Getriebes zwischen Motor und
Hubmuttern ist 0,65.

Berechne:

a) die Werte μ' und ϱ' für die Reibung im Gewinde,

b) das Gewindereibmoment M_g,

c) die Umfangskraft F_{u1} am Flankenradius,

d) den Wirkungsgrad des Schraubgetriebes,

e) das erforderliche Drehmoment an der Hubmutter unter Berücksichtigung der Auflagereibung,

f) die diesem Drehmoment entsprechende Umfangskraft F_u am Flankenradius,

g) mit Hilfe dieser Umfangskraft F_u den Wirkungsgrad von Schraube + Auflage,

h) den Gesamtwirkungsgrad der Anlage,

i) die Hubleistung,

k) die erforderliche Leistung des Antriebsmotors!

Bremsen

371. Eine Backenbremse mit den Maßen $l_1 = 250$ mm, $l_2 = 80$ mm, $l = 620$ mm und $d = 300$ mm wird am Bremshebel mit einer Kraft $F = 15$ kp angezogen. Die Reibzahl ist 0,4.

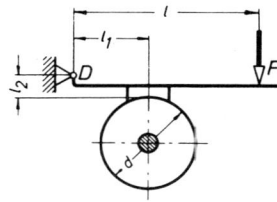

Ermittle:

a) die Reibkraft F_r und die Normalkraft F_n an der Bremsbacke sowie die Lagerkraft F_D im Hebeldrehpunkt D bei Rechtsdrehung der Bremsscheibe,

b) das Bremsmoment bei Rechtsdrehung,

c) Reibkraft F_r und Normalkraft F_n sowie die Lagerkraft F_D bei Linksdrehung,

d) das Bremsmoment bei Linksdrehung!

e) Wie groß muß das Maß l_2 ausgeführt werden, damit die Reibung und damit das Bremsmoment für beide Drehrichtungen gleich wird?

f) Wie groß muß das Maß l_2 mindestens sein, wenn an der Bremse bei Linkslauf Selbsthemmung eintreten soll, d. h. die Scheibe auch ohne die Kraft F abgebremst wird?

372. Auf einer Welle, die mit 400 U/min umläuft, sitzt eine Bremsscheibe mit 380 mm Durchmesser. Der Bremshebel ist mit einem Gewicht G belastet. Die Reibzahl an der Bremsscheibe ist 0,5. Bei Rechtslauf der Scheibe soll eine Leistung von 10 PS abgebremst werden.

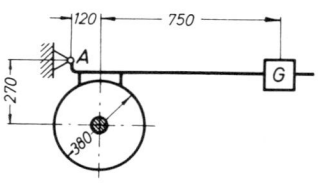

Ermittle:

a) das erforderliche Bremsmoment,

b) die Reibkraft am Bremsscheibenumfang,

c) die Normalkraft an der Bremsbacke,

d) das erforderliche Belastungsgewicht G und die Stützkraft im Hebellager A!

373. Die gleiche Bremse wie in Aufgabe 372 soll bei Linkslauf der Scheibe verwendet werden. Die Verhältnisse bleiben unverändert, auch das errechnete Gegengewicht $G = 34,6$ kp.

Wie groß sind jetzt:

a) die Stützkraft im Hebellager A,

b) die Normalkraft F_n und die Reibkraft F_r an der Bremsbacke,

c) das Bremsmoment,

d) die Bremsleistung?

374. Der Klemmhebel des Reibungsgesperres einer Winde soll so gelagert werden, daß er die schwebende Last durch Selbsthemmung festhält. Die Reibzahl ist 0,1. Die Last erzeugt im Gesperregehäuse ein rechtsdrehendes Drehmoment $M_t = 8$ kpm.

Es sind zu ermitteln:

a) die am Klemmhebel erforderliche Reibkraft,

b) die Normalkraft an der Reibfläche,

c) die Kraft, mit der die Gehäusewelle belastet wird,

d) das zulässige Größtmaß für die Entfernung e, wenn das Gesperre selbsthemmend wirken soll,

e) die Stützkraft, die der Hebelbolzen A aufnimmt!

f) Welchen Einfluß hat die Größe des Bremsmomentes auf die Selbsthemmung?

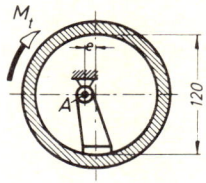

375. Die Doppelbackenbremse für eine Winde wird durch die Feder mit einer Kraft von 50 kp belastet. Die Reibzahl ist 0,48. Für Rechtslauf der Bremsscheibe sind zu ermitteln:

a) die Reibkraft F_{rA} und die Normalkraft F_{nA} an der Bremsbacke A sowie die Lagerkraft im Hebeldrehpunkt C,

b) die Reibkraft F_{rB} und die Normalkraft F_{nB} an der Bremsbacke B sowie die Lagerkraft F_D,

c) die Bremsmomente M_A und M_B für beide Backen,

d) das Gesamtbremsmoment,

e) die Belastung der Bremsscheibenwelle.

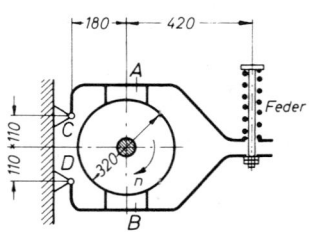

376. Die Doppelbackenbremse eines Kranhubwerkes befindet sich auf der Antriebswelle des Hubgetriebes. Die Last erzeugt an der Seiltrommel ein Drehmoment von 370 kpm. Das Getriebe einschließlich Seiltrommel hat einen Wirkungsgrad von 86 %. Die Übersetzung des Hubgetriebes ist $i = 34{,}2$. Die Reibzahl für den Bremsbelag auf der GG-Bremsscheibe ist 0,5. Die geforderte Sicherheit für die Bremse ist $\nu = 3$, d. h., sie muß ein Bremsmoment aufbringen können, das dreimal so groß ist wie das zum Halten erforderliche.

Ermittle:

a) das erforderliche Bremsmoment unter Berücksichtigung des Getriebewirkungsgrades,

b) das maximale Bremsmoment bei dreifacher Sicherheit,

c) die hierzu erforderliche Reibkraft an jeder Bremsbacke,

d) die Normalkraft an jeder Bremsbacke,

e) die erforderliche Federkraft F,

f) die Belastung der Bremshebellager!

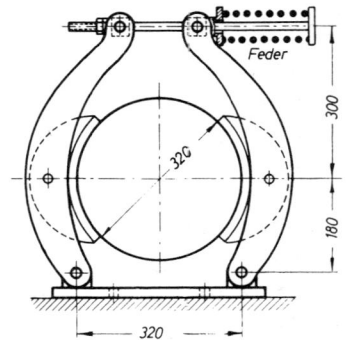

377. Die Bandbremse eines Kranhubwerkes wird durch ein Belastungsgewicht $G = 15$ kp angezogen. Die Reibzahl ist $\mu = 0,3$.

Berechne:

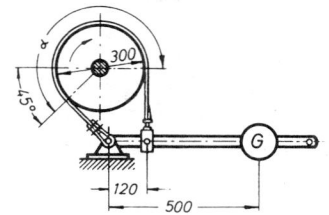

a) den Umschlingungswinkel α im
   Bogenmaß,

b) den Wert $e^{\mu\alpha}$,

c) die Spannkraft F_2 im ablaufenden (rechten) Bandende,

d) die Spannkraft F_1 im auflaufenden Bandende,

e) die Reibkraft am Scheibenumfang,

f) das Bremsmoment!

378. In der Schemaskizze ist die Fahrwerksbremse eines Laufkranes
dargestellt. Die Abmessungen sind $l_1 = 100$ mm, $l = 450$ mm und $d =
300$ mm. Die Reibzahl für leicht gefettetes Bremsband kann mit $\mu = 0,25$
angenommen werden. An der Bremsscheibe soll ein Drehmoment von
700 kpcm abgebremst werden. Umschlingungswinkel $\alpha = 270°$.

Wie groß ist:

a) die erforderliche Bremskraft $=$
   Umfangskraft an der Bremsscheibe,

b) der Wert $e^{\mu\alpha}$,

c) die Spannkraft im auflaufenden
   Bandende,

d) die Spannkraft im ablaufenden
   Bandende,

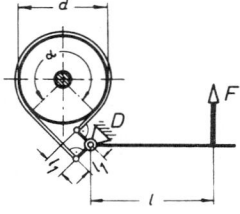

e) die Kraft F, mit der die Bremse
   angezogen werden muß,

f) die Belastung des Hebeldrehpunktes D?

g) Welchen Einfluß hat die Dreh-
   richtung der Bremsscheibe und
   damit die Fahrtrichtung des
   Kranes auf die Bremswirkung?

III. Reibung

379. In der nebenstehenden Abbildung ist die Bremse einer Handwinde schematisch skizziert. Der Bremshebel ist mit einem Gewicht $G = 10$ kp belastet. Die Reibzahl für Stahlbremsband (ohne Reibbelag) auf der Graugußscheibe ist 0,18.

Bei rechtsdrehender Bremsscheibe sind zu berechnen:

a) der Wert $e^{\mu\alpha}$,

b) die Bandspannkräfte F_1 und F_2 im auflaufenden und im ablaufenden Bandende (beachte, daß $F_1 = F_2 \cdot e^{\mu\alpha}$ ist!),

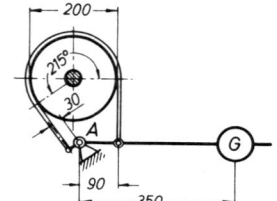

c) die Bremskraft am Scheibenumfang,

d) das Bremsmoment,

e) die Belastung des Hebeldrehpunktes A!

f) Welches Belastungsgewicht wäre erforderlich gewesen, wenn bei rechtsdrehender Bremsscheibe ein Drehmoment von 700 kpcm wie in Aufgabe 378 abzubremsen wäre?

Teil IV: DYNAMIK

Bewegungslehre

Gleichförmig geradlinige Bewegung

401. Eine Drehmaschine arbeitet mit einer Drehzahl von 1420 U/min. Der Längsvorschub des Supports beträgt 0,05 mm/U.

Berechne die Vorschubgeschwindigkeit in mm/min!

402. Ein Schiff legt 1500 Seemeilen in 7 Tagen 19 Stunden und 12 Minuten zurück. (1 Seemeile = 1,852 km)

Berechne die Geschwindigkeit in km/h und m/s!

403. Ein Schrägaufzug hat eine Steigung von 60° zur Waagerechten. Er überwindet einen Höhenunterschied von 40 m in der Zeit von 0,75 min.

Berechne die Geschwindigkeit auf der schiefen Ebene in m/s!

404. Ein Laufkran benötigt 138 Sekunden, um eine Halle von 92 m Länge zu durchfahren.

Berechne die Geschwindigkeit in m/min und m/s!

405. Ein Kurzhobler macht 150 Doppelhübe je Minute. Es soll ein Werkstück von 160 mm Breite gehobelt werden. Der Vorschub beträgt 0,5 mm/Doppelhub.

Berechne:

a) die Zahl der Doppelhübe für die Arbeitsbreite,

b) die Bearbeitungszeit zum Hobeln!

406. Ein Schweißer braucht zum Schweißen von 1 m Naht eine Zeit von 12 min.

Berechne:

a) die Schweißgeschwindigkeit in m/min,

b) die Schweißzeit für 3,75 m Naht!

IV. Dynamik

407. Durch eine Rohrleitung mit der Nennweite NW 400 sollen je Stunde 480 000 l Öl fließen.

Berechne die Strömungsgeschwindigkeit des Öls in m/s!

408. Mit Hilfe von Radarimpulsen, deren Ausbreitungsgeschwindigkeit 300 000 km/s beträgt, wird ein Ziel angestrahlt. Die reflektierten Impulse werden nach 200 Mikrosekunden wieder aufgenommen.

Berechne die Entfernung des Zieles!

409. Eine Strangpreßanlage arbeitet mit einer Preßgeschwindigkeit von 1,3 m/min. Es wird ein Profil von 25 cm² Querschnitt erzeugt. Der Rohblock hat 300 mm Durchmesser und 600 mm Länge.

Berechne:

a) die Länge des Profilstranges,

b) die Preßzeit,

c) die Geschwindigkeit des Preßstempels!

410. Ein Draht wird kalt von 2,5 mm auf 2 mm und weiter auf 1,6 mm Durchmesser gezogen. Er läuft mit einer Geschwindigkeit von 2 m/s in den ersten Ziehring ein.

Berechne die Geschwindigkeit der zwei nachfolgenden Züge, wenn weder Strecken noch Stauchung des Drahtes erfolgen soll!

411. Eine Stranggußanlage soll den Inhalt einer Gießpfanne von 60 t Stahl während 50 min vergießen. Es werden gleichzeitig 8 Knüppelstränge von je 110 × 110 mm aus den Kokillen gezogen.

Berechne:

a) die Gesamtlänge der Stränge,

b) die erforderliche Geschwindigkeit in m/min, mit der die Stränge aus der Kokille gezogen werden müssen!

412. Ein Radfahrer fährt mit einer Geschwindigkeit von 18 km/h ohne Halt über eine Strecke von 30 km. Gleichzeitig mit ihm startet ein Mopedfahrer, der 30 km/h fährt. Nach einer Strecke von 20 km macht der Mopedfahrer Pause.

a) Nach wieviel Minuten macht der Mopedfahrer Rast?

b) Wieviel Minuten nach dem Start erreicht der Radfahrer den Rastplatz?

c) Wieviel Minuten kann der Mopedfahrer dann noch rasten, um gleichzeitig mit dem Radfahrer das Ziel zu erreichen?

413. Zwei Lastzüge von je 20 m Länge fahren mit gleichförmiger Geschwindigkeit eine Steigung hinauf. Der erste fährt mit einer Geschwindigkeit von 30 km/h, der zweite mit 35 km/h. Der zweite ist bis auf 30 m Abstand an den ersten herangekommen.

Berechne die Zeit für den Überholvorgang, bis der hintere Lastzug sich mit 30 m Abstand an die Spitze gesetzt hat!

Gleichförmige Drehbewegung

414. Ein Wendelbohrer (Spiralbohrer) von 1 mm Durchmesser arbeitet mit einer Drehzahl von 6300 U/min.

Berechne die Schnittgeschwindigkeit in m/min!

415. Ein Lagerzapfen von 35 mm Durchmesser hat eine Drehzahl von 2800 U/min.

Berechne die Gleitgeschwindigkeit in m/s!

416. Für eine Schleifscheibe ist die zulässige Umfangsgeschwindigkeit 32 m/s. Ihr Durchmesser beträgt 220 mm.

Berechne die höchste zulässige Drehzahl!

417. Eine Dampfturbine hat in der letzten Stufe einen Laufraddurchmesser von 1650 mm. Ihre Drehzahl ist 3000 U/min.

Berechne die Umfangsgeschwindigkeit der Schaufelenden in m/s!

418. Ein Wendelbohrer von 25 mm Durchmesser soll mit 18 m/min Schnittgeschwindigkeit arbeiten. Der Vorschub beträgt 0,35 mm/U.

Berechne:

a) die Drehzahl des Bohrers,

b) die Vorschubgeschwindigkeit in mm/min!

419. Zum Feinbohren einer Bohrung von 280 mm Länge und 38 mm Durchmesser wird mit einer Schnittgeschwindigkeit von 40 m/min gearbeitet. Die Zeit für einen Durchgang beträgt 7 min.

Berechne:

a) die Drehzahl,

b) den Vorschub in mm/U!

IV. Dynamik

420. Eine Fräsmaschinenarbeit soll mit 32 m/min Schnittgeschwindigkeit und einem Vorschub von 0,02 mm/Zahn durchgeführt werden. Der Fräser hat 180 mm Durchmesser und 16 Zähne.

Berechne:

a) die einzustellende Vorschubgeschwindigkeit,

b) die Fräszeit für eine Fräslänge von 326 mm!

421. Auf einer Drehmaschine werden Werkstücke mit einer Drehzahl von 250 U/min bearbeitet. Dabei soll eine Schnittgeschwindigkeit von 37 m/min nicht überschritten werden.

Berechne den größten zulässigen Drehdurchmesser!

422. Ein Werkstück von 40 mm Dicke soll eine Bohrung von 22 mm Durchmesser erhalten. Dabei ist eine Schnittgeschwindigkeit von 18 m/min und ein Vorschub von 0,05 mm/U vorgesehen.

Berechne:

a) die Drehzahl des Bohrers,

b) die Zeit für das Bohren, wobei der Anlaufweg l_a, den der Bohrer vom Aufsetzen der Spitze bis zum vollen Schneiden zurücklegt, eingesetzt wird mit $l_a = {}^1/_3$ Bohrerdurchmesser!

423. Eine Schleifspindel hat eine Drehzahl von 2800 U/min. Die zulässige Umfangsgeschwindigkeit für die verwendete Scheibensorte beträgt 40 m/s.

Berechne den größten Schleifscheibendurchmesser, der aufgespannt werden darf, ohne daß diese Umfangsgeschwindigkeit überschritten wird!

424. Der Scheibenfräser einer Fräsmaschine hat 120 mm Durchmesser und 12 Zähne. Er arbeitet mit einer Schnittgeschwindigkeit von 23 m/min und einer Vorschubgeschwindigkeit von 200 mm/min.

Berechne:

a) die Drehzahl des Fräsers,

b) den Vorschub in mm/U,

c) den Vorschub je Fräserzahn in mm/Zahn!

425. Beim Ausdrehen einer Bohrung von 100 mm Durchmesser wird mit einer Drehzahl von 630 U/min gearbeitet. Der Vorschub beträgt 0,8 mm/U. Der Vorschubweg ist 160 mm lang.

Berechne:

a) die vorhandene Schnittgeschwindigkeit,

b) die vorhandene Vorschubgeschwindigkeit,

c) die Zeit für das Ausdrehen!

426. Eine Schleifscheibe kann mit 30 m/s Umfangsgeschwindigkeit betrieben werden. Sie hat einen Durchmesser von 400 mm und kann bis auf einen kleinsten Durchmesser von 180 mm abgenutzt werden. Nachdem die Hälfte des nutzbaren Schleifkörpervolumens abgeschliffen ist, soll die Drehzahl heraufgesetzt werden, um die Scheibe wieder mit einer Umfangsgeschwindigkeit von 30 m/s zu betreiben.

Berechne:

a) den Scheibendurchmesser, bei dem die Scheibe zur Hälfte abgenutzt ist,

b) die Drehzahlen für den Durchmesser 400 mm und für den unter a) zu bestimmenden Durchmesser!

427. Eine Drehmaschinenarbeit wird mit folgenden Werten durchgeführt: Drehdurchmesser 85 mm, Schnittgeschwindigkeit 55 m/min, Vorschub 0,25 mm/U.
Berechne die Zeit für einen Schnitt bei 280 mm Vorschublänge!

428. Für das Ausbohren einer Hohlwelle von 840 mm Länge wurden 4,8 min benötigt. Die Drehzahl betrug 710 U/min.

Berechne:

a) die Vorschubgeschwindigkeit,

b) den Vorschub in mm/U!

429. Ein Kraftwagen fährt mit einer Geschwindigkeit von 120 km/h. Der Rollradius seiner Räder beträgt 31 cm.

Berechne:

a) die Drehzahl der Räder,

b) die Winkelgeschwindigkeit der Räder!

430. Berechne die Winkelgeschwindigkeit des Stunden-Minuten- und Sekundenzeigers einer Uhr!

431. Eine Stufenscheibe hat eine Winkelgeschwindigkeit von 18,7 1/s. Ihre Durchmesser sind 120, 180 und 240 mm.
Berechne die Umfangsgeschwindigkeiten in m/s!

IV. Dynamik

432. Ein Wagenrad legt eine Strecke von 3600 m in 4 min gleichförmig zurück. Dabei macht es 1750 Umdrehungen.

Berechne:

a) die Umfangsgeschwindigkeit,

b) den Raddurchmesser,

c) die Winkelgeschwindigkeit!

433. Berechne von der skizzierten Shaping-Hobelmaschine mit folgenden Maßen: Abstand $l_2 = 600$ mm; Schwingenlänge $l_1 = 900$ mm; Drehradius des Kurbelzapfens $r = 150$ mm; Drehzahl der Kurbel 24 U/min

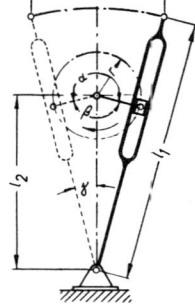

a) die Winkelgeschwindigkeit der Kurbel,

b) die Umfangsgeschwindigkeit des Kurbelzapfens,

c) die Winkelgeschwindigkeiten der Schwinge in Mittelstellung für Arbeits- und Rückhub,

d) die Schnittgeschwindigkeit des Schlittens in Mittelstellung!

434. Das drehbare Oberteil eines fahrbaren Greifbaggers schwenkt in 8 Sekunden um 180°. Der Bagger hat 5,4 m Ausladung von der Drehachse.

Berechne:

a) die Drehzahl,

b) die Winkelgeschwindigkeit,

c) die Umfangsgeschwindigkeit des Greifers!

435. Ein Schlagbaum wird von einer Handkurbel über ein Ritzel und ein am Schlagbaum sitzendes Zahnsegment angetrieben. Das Ritzel hat 14 Zähne, das Segment mit einem Winkel von 90° hat 85 Zähne. Der Schlagbaum soll aus der Waagerechten auf 80° gehoben werden.

Berechne die Anzahl der Kurbelumdrehungen!

436. Der Tisch einer Fräsmaschine bewegt sich mit einer Vorschubgeschwindigkeit von 420 mm/min. Die Antriebsspindel hat eine Steigung von 4 mm.

Berechne die Drehzahl der Spindel!

96

437. Eine Hubspindel mit der Steigung 9 mm wird über ein Kegelrad-paar durch eine Handkurbel angetrieben. Das Rad an der Spindel hat einen Teilkreisdurchmesser von 200 mm, das andere einen von 40 mm. Berechne die Anzahl der Kurbelumdrehungen für eine Hubhöhe von 350 mm!

438. Das Fahrwerk eines Lauf-kranes mit den Bauverhältnissen der Skizze soll für eine Kranfahr-geschwindigkeit von 180 m/min ausgelegt werden.

Berechne die Zähnzahl z_2!

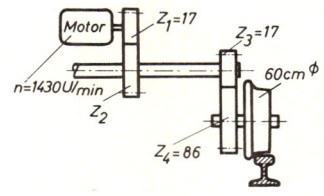

439. Der Teller eines Plattenspielers wird von einem Motor mit Stufen-spindel über ein verstellbares federndes Zwischenrad angetrieben.

Die Drehzahl des Motors ist 1500 U/min.

Berechne die Durchmesser der Stufenspindel für die Tellerdreh-zahlen $33\,1/3$; 45; 78 U/min!

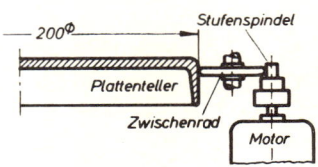

440. Ein Keilriemenantrieb mit der Übersetzung 3,5 hat eine Antriebs-drehzahl von 1420 U/min. Der Durchmesser der getriebenen Scheibe beträgt $d_2 = 320$ mm.

Berechne:

a) die Drehzahl der getriebenen Scheibe,

b) den Durchmesser d_1 der treibenden Scheibe,

c) die Riemengeschwindigkeit!

441. Von dem skizzierten Riemen-trieb ist zu berechnen:

a) die Riemengeschwindigkeit v_r,

b) die Winkelgeschwindigkeit ω_1,

c) der Scheibendurchmesser d_2!

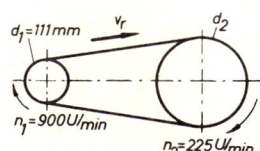

442. Das Treibrad einer Schmalspurlokomotive wird über das skizzierte Getriebe von einem Elektromotor angetrieben.

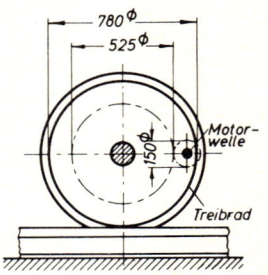

Berechne:

a) die Drehzahl der Wagenachse bei 22 km/h Fahrgeschwindigkeit,

b) die Umfangsgeschwindigkeiten der beiden Zahnräder, sowie deren Winkelgeschwindigkeiten,

c) die Motordrehzahl,

d) die Übersetzung der Zahnräder!

443. Eine Schleifscheibe von 280 mm Durchmesser soll durch den skizzierten Riementrieb mit einer Umfangsgeschwindigkeit von 26 m/s betrieben werden.

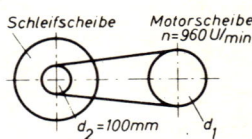

Berechne:

a) die Drehzahl der Schleifscheibe,

b) den Scheibendurchmesser d_1,

c) die Riemengeschwindigkeit v_r!

444. Ein Motor mit der Drehzahl 960 U/min treibt über ein vierrädriges Getriebe mit den Zähnezahlen nach Skizze eine Winde mit einem Trommeldurchmesser von 300 mm.

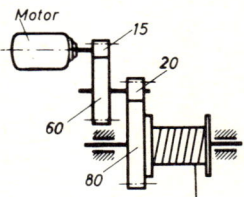

Berechne:

a) das Übersetzungsverhältnis,

b) die Trommeldrehzahl,

c) die Hubgeschwindigkeit!

445. Das skizzierte Planetengetriebe hat die Zähnezahlen:

$z_1 = 40$ $z_{2'} = 40$

$z_2 = 160$ $z_3 = 240$

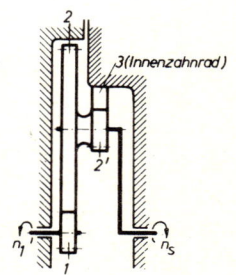

Es wird das Sonnenrad 1 mit einer Drehzahl von 2800 U/min angetrieben.

Berechne die Abtriebsdrehzahl am Steg!

446. Bei vorstehendem Planetengetriebe wird das Rad 1 festgehalten und der Steg mit 710 U/min angetrieben.

Berechne die Abtriebsdrehzahl des Rades 3!

Gleichmäßig beschleunigte oder verzögerte Bewegung

447. Eine Straßenbahn erreicht nach einer Zeit von 12 Sekunden eine Geschwindigkeit von 6 m/s.

Berechne den Anfahrweg!

448. Ein Lastwagen hat nach 100 m Anfahrstrecke eine Geschwindigkeit von 36 km/h erreicht.

Berechne die Anfahrzeit!

449. Eine Tischhobelmaschine arbeitet mit einer Schnittgeschwindigkeit von 18 m/min. Der Tisch wird in 0,5 Sekunden gebremst und auf die gleiche Rücklaufgeschwindigkeit gebracht.

Berechne die Beschleunigung bzw. die Verzögerung!

450. Ein Motorrad kann mit einer Verzögerung von 3,3 m/s² bremsen. Es kommt aus hoher Geschwindigkeit nach 8,8 Sekunden zum Stillstand.

Berechne die Geschwindigkeit vor dem Bremsen!
Berechne den Bremsweg!

451. Ein Pkw hat Räder mit 30 cm Rollradius. Beim Anfahren aus dem Stillstand wird nach 65 Umdrehungen der Räder eine Fahrgeschwindigkeit von 70 km/h erreicht.

Berechne die Beschleunigung des Wagens!

452. Auf einer Gefällestrecke erhält ein Zug die Beschleunigung 0,18 m/s².

Berechne die Zeit, nach der aus dem Stillstand eine Geschwindigkeit von 70 km/h erreicht ist!

453. Ein Waggon wird aus einer Geschwindigkeit von 3,6 km/h durch einen Hemmschuh auf 0,5 m Weg zum Stillstand gebracht.

Berechne die Verzögerung des Waggons!

454. Am Fuße eines Ablaufberges befindet sich eine 5 m lange Bremseinrichtung. Ein Waggon fährt mit einer Geschwindigkeit von 11,4 km/h in die Bremseinrichtung ein und durchläuft sie in 2,5 Sekunden.

Berechne:

a) die Geschwindigkeit beim Verlassen der Bremsstrecke,

b) die Verzögerung des Waggons!

455. Die Förderanlage eines Schachtes wird durch eine Koepe- oder Treibscheibe mit einem Durchmesser von 6 m angetrieben. Die Geschwindigkeit des Fördergestells beträgt 15 m/s und soll aus dem Stillstand nach 10 Umdrehungen der Scheibe erreicht sein. Das Abbremsen zum Stillstand erfolgt während 7 Umdrehungen. Die Dauer eines Förderhubes beträgt 45 Sekunden.

Berechne:

a) den Beschleunigungsweg des Fördergestells,

b) die Beschleunigungszeit des Fördergestells,

c) den Verzögerungsweg des Fördergestells,

d) die Verzögerungszeit des Fördergestells,

e) die Förderhöhe!

456. Ein Pkw erreicht eine Gefällestrecke mit einer Geschwindigkeit von 30 km/h. Er rollt ungebremst im Leerlauf abwärts und erhält dadurch eine Beschleunigung von 1,1 m/s². Die abfallende Strecke ist 400 m lang.

Berechne:

a) die Geschwindigkeit am Ende der Gefällestrecke,

b) die Fahrzeit über die Gefällestrecke!

457. Ein Triebwagen fährt auf einer Station mit einer Beschleunigung von 0,2 m/s² an, erreicht seine Fahrgeschwindigkeit, fährt damit gleichförmig weiter und bremst 500 m vor der nächsten Station, um auf dem Bahnhof zum Stillstand zu kommen. Die Stationen liegen 5 km auseinander, die Fahrzeit beträgt 6 min.

Berechne die Fahrgeschwindigkeit (siehe Erläuterung S. 254)!

458. Ein Rennwagen fährt mit einer Geschwindigkeit von 180 km/h an den Reparaturboxen vorbei. Zur gleichen Zeit startet dort ein Konkurrent mit einer Beschleunigung von 3,8 m/s². Er beschleunigt bis zu seiner Höchstgeschwindigkeit von 200 km/h und fährt dann gleichförmig weiter.

Berechne:

a) den Weg des zweiten Wagens bis zum Einholen,

b) die Zeit, die der zweite Wagen bis zum Einholen braucht!

459. Eine Eisenbahnstrecke von 60 km Länge soll mit zwei Zwischenaufenthalten von je 3 Minuten Dauer in 60 Minuten zurückgelegt werden. Die Teilstrecken sind jeweils gleichlang. Ein Triebwagen, der die Strecke befahren soll, erreicht beim Anfahren eine Beschleunigung von 0,18 m/s² und beim Bremsen 0,3 m/s².

Berechne die Geschwindigkeit, die der Triebwagen auf freier Strecke einhalten muß!

460. Eine Tischhobelmaschine hat einen Hub von 10 m und eine Schnittgeschwindigkeit von 15 m/min. Die Beschleunigung und Verzögerung des Tisches und der umlaufenden Massen beträgt 0,3 m/s².

Berechne:

a) die Zeit für einen Arbeitshub,

b) die Zeit für den Rücklauf, der mit doppelter Schnittgeschwindigkeit ausgeführt wird!

461. Ein Kraftwagen hat bei einem Unfall einen Verkehrsteilnehmer gestreift, nach kurzer Reaktionszeit gebremst und ist 60 m nach dem Zusammenstoß zum Stehen gekommen. Die mögliche Bremsverzögerung des Pkw wird zu 3,4 m/s² angenommen. Dem Fahrer wird eine Reaktionszeit von 0,9 Sekunden zugestanden.

Welche Geschwindigkeit hatte der Kraftwagen?

462. Ein Werkstück wird aus einem Automaten mit einer Geschwindigkeit von 1,4 m/s ausgestoßen und gleitet auf einer abfallenden Rutsche weiter. Die Geschwindigkeit am Ende der Rutsche ist 0,3 m/s, die Bremsverzögerung 0,8 m/s².

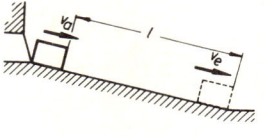

Berechne:

a) die Rutschdauer,

b) die Länge *l* der Rutsche!

463. Eine Kegelkugel rollt auf der Rücklaufbahn mit einer Geschwindigkeit von 1,5 m/s. Sie soll nach Überwinden der Steigung mit einer Geschwindigkeit von 0,3 m/s weiterrollen.

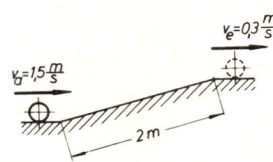

Berechne:

a) die Verzögerung der Kugel auf der Steigung,

b) die Laufzeit über die Steigung!

IV. Dynamik

464. Ein Lastkraftwagen fährt mit einer Geschwindigkeit von 80 km/h auf einer geraden Strecke. Ihm folgt ein Pkw mit gleicher Geschwindigkeit in 5 m Abstand. Dessen Höchstgeschwindigkeit ist 100 km/h. 150 m vor dem Pkw ist ein Engpaß. Er will vorher noch überholen und muß beim Erreichen des Engpasses mit 10 m Abstand vor dem Lkw liegen.

Berechne:

a) die Dauer des Überholvorganges,

b) die Beschleunigung, die der Pkw aufbringen muß!

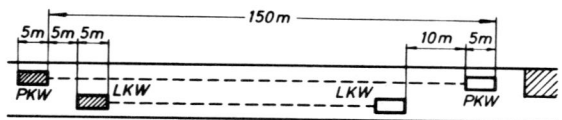

465. Auf einer Paketförderanlage werden Pakete auf einer waagerechten Strecke von 36 m Länge mit einer Geschwindigkeit von 1,2 m/s gleichförmig bewegt. Anschließend gelangen sie auf eine abwärtsführende Rutsche von 7 m Länge, auf der sie mit 2 m/s² beschleunigt werden. Dahinter folgt eine waagerechte Auslaufstrecke, auf der sie eine Verzögerung von 3 m/s² erhalten. Die Pakete sollen soweit gebremst werden, daß sie mit einer Endgeschwindigkeit von 0,2 m/s die Auslaufstrecke verlassen.

Berechne:

a) die Geschwindigkeit am Ende der Rutsche,

b) die Länge der Auslaufstrecke,

c) die Laufzeit über die ganze Strecke!

466. Ein Pkw fährt mit einer Geschwindigkeit von 60 km/h. Bei kräftigem Bremsen kann er eine Verzögerung von 5 m/s² erreichen. Ihm folgt im Abstande *l* ein zweiter Wagen mit gleicher Geschwindigkeit. Wegen des schlechteren Zustandes seiner Reifen und Bremsen erreicht er nur eine Verzögerung von 3,5 m/s².

Berechne den Abstand *l*, den der zweite Wagen halten muß, um beim Stoppen des ersten nicht aufzufahren, wobei angenommen wird, daß der Fahrer mit einer Reaktionszeit von einer Sekunde nach dem ersten Wagen die Bremse betätigt!

467. Ein Schiffsdieselmotor hat eine Drehzahl von 500 U/min bei einem Hub von 330 mm.

Berechne:

a) die Umfangsgeschwindigkeit des Kurbelzapfens,

b) die mittlere Kolbengeschwindigkeit!

468. Ein Ottomotor hat eine Drehzahl von 3300 U/min und einen Hub von 95 mm.

Berechne:

a) die Umfangsgeschwindigkeit des Kurbelzapfens,

b) die mittlere Kolbengeschwindigkeit!

469. Ein Pkw-Motor soll bei 4000 U/min eine mittlere Kolbengeschwindigkeit von 7 m/s haben.

Berechne den Hub des Motors!

470. Eine Rakete startet aus dem Stillstand und erreicht nach 15 Sekunden eine Höchstgeschwindigkeit von 120 m/s, die in den nächsten 80 Sekunden auf 20 m/s abnimmt.

Berechne:

a) den bis dahin zurückgelegten Weg,

b) die mittlere Geschwindigkeit der Rakete!

471. Eine Shaping-Hobelmaschine hat die folgenden Maße nach Skizze: Abstand $l_2 = 600$ mm; Schwingenlänge $l_1 = 900$ mm; Radius des Kurbelzapfens $r = 150$ mm; Drehzahl der Kurbel 24 U/min.

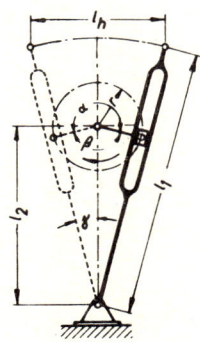

Berechne:

a) die Winkel α, β, γ,

b) die Hublänge l_h,

c) die mittlere Geschwindigkeit für den Arbeitshub,

d) die mittlere Geschwindigkeit für den Rückhub!

472. Die Hobelmaschine der vorhergehenden Aufgabe soll auf einen Hub von 300 mm bei einer mittleren Schnittgeschwindigkeit von 20 m/min eingestellt werden.

Berechne:

a) den Kurbelradius,

b) die Drehzahl der Kurbel!

473. Ein Körper rollt 10 Sekunden lang gleichförmig mit $v_1 = 10$ m/s, bremst während 5 Sekunden auf $v_2 = 6$ m/s und rollt dann 20 Sekunden lang gleichförmig weiter.

Welche mittlere Geschwindigkeit hat der Körper?

474. Ein Zug fährt mit einer Beschleunigung von 0,15 m/s² auf einer Station an, fährt auf freier Strecke gleichförmig mit 50 km/h und bremst am nächsten Bahnhof mit 0,3 m/s² Verzögerung. Der Abstand der Haltepunkte beträgt 4 km.

Berechne:

a) die Fahrzeit über die Strecke,

b) die mittlere Geschwindigkeit!

475. Ein Körper fällt aus einer Höhe von 45 m frei herab.

Berechne:

a) die Fallzeit,

b) die Höhe über dem Boden nach der halben Fallzeit,

c) die Fallzeit bis zur halben Höhe,

d) die Endgeschwindigkeit,

e) die Höhe über dem Boden, in der die halbe Endgeschwindigkeit erreicht ist!

476. Eine Dampframme soll 8 Schläge je Minute ausführen. Ihre Fallhöhe ist 6 m. Beim Umsteuern in den beiden Totpunkten tritt ein Zeitverlust von insgesamt 2,5 Sekunden ein.

Berechne die notwendige gleichförmige Hubgeschwindigkeit, wobei die Beschleunigungen und Verzögerungen in den Wendepunkten zu vernachlässigen sind!

477. Das Seil eines abwärts fahrenden Fördergefäßes reißt 28 m über dem Schachtgrund. Durch Versagen der Fangvorrichtung fällt es frei weiter und schlägt 1,5 Sekunden nach dem Bruch auf dem Boden auf.

Berechne:

a) die Aufschlaggeschwindigkeit des Fördergefäßes,

b) die Fahrgeschwindigkeit vor dem Seilbruch!

478. Eine Spule zum Induktionshärten ist so über einem Abschreckbad aufgehängt, daß frei durchfallende Werkstücke beim Durchfallen erhitzt und im Abschreckbad sofort abgekühlt werden.

Die Spule hat eine Höhe von 5 cm und das Werkstück soll sich während des freien Falles 0,08 Sekunden im Wirkungsfeld dieser Spule bewegen.

Berechne die Höhe h über der Oberkante Spule, aus der man das Werkstück fallen lassen muß!

479. Die Aufschlaggeschwindigkeit eines Körpers am Boden beträgt 40 m/s.

Berechne:

a) die Fallhöhe,

b) die Fallzeit!

480. Ein Bauaufzug mit einer Förderhöhe von 18 m fährt leer abwärts. Da die Fördermaschine von der Seiltrommel sehr schnell Seil ablaufen läßt, kann die Abwärtsfahrt als freier Fall betrachtet werden. Wieviel Meter über dem Boden muß das Gestell gebremst werden, um am Boden zum Stillstand zu kommen, wenn die Anlage eine Verzögerung von 40 m/s² zuläßt?

481. Ein Stein wird senkrecht nach oben geworfen und schlägt nach 8 Sekunden wieder auf.

Berechne:

a) die Steighöhe,

b) die Anfangsgeschwindigkeit!

482. Ein Geschoß verläßt mit einer Geschwindigkeit von 1200 m/s senkrecht nach oben das Geschütz.

Berechne:

a) die Steighöhe,

b) die Steigzeit,

c) die Steigzeit bis in 10 000 m Höhe!

483. Der Wasserstrahl eines Feuerlöschgerätes soll bei senkrechter Strahlrichtung eine größte Höhe von 30 m erreichen.

Berechne die erforderliche Austrittsgeschwindigkeit des Wassers am Strahlrohr!

484. Vom Dach eines Gebäudes von 60 m Höhe über der Straße wird ein Körper mit einer Anfangsgeschwindigkeit v_a senkrecht nach oben geworfen. Bei der Abwärtsbewegung fällt er an der Gebäudewand entlang und schlägt auf der Straße auf. Die gesamte Bewegung dauert 6 Sekunden.

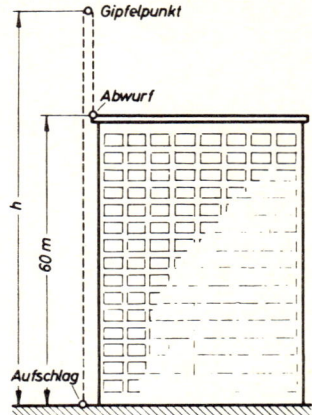

Berechne:

a) die Anfangsgeschwindigkeit v_a,

b) die Aufschlaggeschwindigkeit v_e,

c) die Gipfelhöhe h über der Straße!

485. Ein Fahrstuhl bewegt sich mit einer Geschwindigkeit von 4 m/s aufwärts. Plötzlich reißt das Seil und die Fangvorrichtung tritt in Tätigkeit. Sie spricht 0,5 Sekunden nach dem Bruch an und setzt den Korb nach 0,25 Sekunden still.

Berechne:

a) Zeit und Weg bis zum Stillstand vor dem Fall,

b) Größe und Richtung der Geschwindigkeit beim Ansprechen der Fangvorrichtung,

c) den Fallweg bis zum Stillstand!

Arbeit, Leistung, Wirkungsgrad

486. Der Schrägaufzug einer Ziegelei hat eine Steigung von 23° und ist 38 m lang. Es werden Kippwagen mit einem Gesamtgewicht von 2500 kp mit konstanter Geschwindigkeit gefördert.

Berechne:

a) die Zugkraft für einen Wagen parallel zur Förderebene ohne Berücksichtigung des Fahrwiderstandes*),

b) die Förderarbeit für einen Wagen!

---

*) Der Fahrwiderstand ist der Gesamtwiderstand eines auf ebener Bahn mit gleichförmiger Geschwindigkeit bewegten Wagens (ohne Luftwiderstand).

487. Eine Feder besitzt eine Federrate von 8 kp/cm, d. h. für je 1 cm Federweg muß eine Kraft von 8 kp wirken. Die Feder wird um 7 cm zusammengedrückt.

Berechne:

a) die Federkraft am Ende des Spannens,

b) die von der Feder aufgenommene Formänderungsarbeit!

488. An einer Seilwinde mit Handkurbel wirkt ein Kurbeldrehmoment von 450 kpcm. Es werden damit 127,5 Umdrehungen gemacht und die Last um 25 m gehoben.

Berechne:

a) die Dreharbeit an der Kurbel,

b) die Größe der Seilkraft!

489. Eine Seiltrommel wird über ein Getriebe mit der Übersetzung 6 : 1 durch eine Handkurbel angetrieben. Das Drehmoment an der Kurbel beträgt 400 kpcm, der Durchmesser der Trommel 240 mm.

Berechne:

a) die Last, die gehoben werden kann,

b) die Anzahl der Kurbelumdrehungen für 10 m Lastweg!

490. Ein Senkrechtförderer (Elevator) fördert ein Schüttgut mit einer Wichte von 1,2 kp/dm³ auf eine Höhe von 12 m. Die Fördermenge je Stunde beträgt 160 m³.

Berechne die Förderleistung in kW!

491. Ein Lastkahn wird in einem Kanal von einer Lokomotive ge- treidelt. Das Zugseil liegt unter einem Winkel von 28° zu den Schienen. Die Seilkraft beträgt 800 kp.

Berechne:

a) die Arbeit für 3 km Weg,

b) die Zugleistung für eine Fahr- geschwindigkeit von 9 km/h!

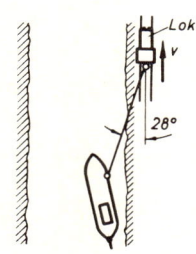

IV. Dynamik

492. Eine Dreharbeit wird mit folgenden Werten durchgeführt: Drehdurchmesser 60 mm, Vorschub 0,1 mm/U, Spantiefe 5 mm, Werkstoff St 42 mit k_s^*) = 360 kp/mm². Berechne die Zerspanleistung für eine Drehzahl des Werkstückes von 250 U/min!

493. Ein Straßenbahntriebwagen mit einem Gewicht von 10 000 kp fährt auf ebener Strecke mit einer Geschwindigkeit von 30 km/h. Seine Motoren entnehmen aus dem Netz eine Leistung von 25 kW, von der 83 % auf die Antriebsräder übertragen werden.

Berechne:

a) den Fahrwiderstand**), der überwunden werden muß,

b) die Leistung, die die Motoren dem Netz entnehmen, wenn der Wagen mit gleicher Geschwindigkeit eine Steigung von 4 % aufwärts fährt!

494. Eine Fördermaschine fördert einen Fahrkorb von 10 Mp Gewicht in 95 Sekunden aus einer Teufe von 1050 m. Berechne die Hubleistung in kW!

495. Ein Getrieberad von 300 mm Teilkreisdurchmesser hat eine Drehzahl von 120 U/min und soll 30 PS übertragen. Berechne die Umfangskraft im Teilkreis!

496. Eine Drehscheibe dreht sich in 40 Sekunden um 180°. Zur Überwindung der Reibung unter Last ist ein Drehmoment von 3000 kpm nötig. Berechne die Leistung für diese Drehbewegung!

497. Eine Tischhobelmaschine arbeitet mit 20 m/min Schnittgeschwindigkeit. Der Antrieb bringt eine Leistung von 9,2 kW in die Tischbewegung.

Berechne:

a) die Durchzugkraft des Tisches,

b) den größten Spanungsquerschnitt bei GG-22 mit k_s^*) = 82 kp/mm²!

---

*) k_s = Spezifische Schnittkraft, das ist diejenige Schnittkraft, die zum Zerspanen von 1 mm² Spanungsquerschnitt nötig ist.

**) Fahrwiderstand siehe Fußnote S. 106

498. Der Wagen eines Schrägaufzuges hat ein Gewicht von 1800 kp. Die Steigung beträgt 12 %. Es ist ein Motor von 4,5 kW als Antrieb vorhanden.

Berechne die gleichbleibende Fahrgeschwindigkeit des Aufzuges bei Nennleistung ohne Berücksichtigung des Fahrwiderstandes*)!

499. Auf einer Dreifachziehbank können gleichzeitig 3 Stahlrohre von 20 m Länge gezogen werden. Die reine Ziehzeit beträgt 30 Sekunden. Für ein Rohr wird eine Zugkraft von 12000 kp benötigt.

Berechne:

a) die Arbeit zum Ziehen der drei Rohre,

b) die Leistung, die die Antriebskette übertragen muß!

500. An einer Drehbank wirken am Drehmeißel die senkrecht aufeinanderstehenden Kräfte: Hauptschnittkraft F_h, Abdrängkraft F_a und die Vorschubkraft F_v. Bei einem Bearbeitungsfall verhalten sich diese Kräfte $F_h : F_a : F_v = 4 : 2 : 1$. Die Hauptschnittkraft ist 1200 kp. Die Schnittgeschwindigkeit beträgt 78,6 m/min bei einem Vorschub von 0,2 mm/U und einem Drehdurchmesser von 50 mm.

Berechne:

a) die Drehzahl des Werkstückes,

b) die Hauptschnittleistung (mit F_h),

c) die Vorschubleistung (mit F_v)!

501. Das Schaufelrad eines Abraumbaggers hat einen Durchmesser von 12 m. Seine Drehzahl beträgt 3,8 U/min. Es wirken 900 kW Antriebsleistung an der Radwelle.

Berechne die Schneidkraft, die am Umfang des Schaufelrades aufgebracht werden kann!

502. Das Drehmoment an der Kurbelwelle eines Kraftfahrzeug-Motors ist 10 kpm.

Berechne seine Leistung bei den Drehzahlen 1800 und 2800 U/min!

503. Ein Kraftfahrzeug-Motor hat eine Leistung von 65 PS bei einer Drehzahl von 3600 U/min. Das Getriebe hat folgende Übersetzungsverhältnisse:

I. Gang 3,5   II. Gang 2,2   III. Gang 1

Berechne die Drehzahlen und Drehmomente der Kardanwelle in den drei Gängen!

---

*) Fahrwiderstand siehe Fußnote S. 106.

IV. Dynamik

504. Ein Getriebe mit drei Stufen hat folgende Einzelübersetzungen:

1. Stufe Schneckengetriebe $i = 15$ Wirkungsgrad 0,73
2. Stufe Stirnradgetriebe $i = 3,1$ Wirkungsgrad 0,95
3. Stufe Stirnradgetriebe $i = 4,3$ Wirkungsgrad 0,95

Berechne:

a) die Gesamtübersetzung des Getriebes,
b) den Gesamtwirkungsgrad,
c) die Drehzahlen und Momente in den 4 Wellen bei einer Eingangs-
   drehzahl von 1420 U/min und 0,85 kW Antriebsleistung!

505. Ein Lastkraftwagen fährt mit Ladung unter Ausnutzung seiner vollen Motorleistung mit einer Geschwindigkeit von 20 km/h eine Steigung aufwärts. Er hat Reifen mit 1,05 m Rolldurchmesser. Das Hinterachsgetriebe besitzt eine Übersetzung von 5,2. Die Motorleistung ist 90 PS, von der 70 % am Hinterachsgetriebe wirken.

Berechne:

a) die Drehzahl des Antriebskegelrades im Hinterachsgetriebe,
b) die Umfangskraft des Antriebskegelrades, dessen Teilkreisdurchmesser 60 mm ist!

506. Ein Motor hat eine Leistung von 3,5 PS bei 1420 U/min. Er soll eine Seiltrommel mit 40 cm Durchmesser antreiben, an der ein Seilzug von 300 kp wirkt. Dazu muß ein Getriebe zwischengeschaltet werden, dessen geschätzter Wirkungsgrad 0,8 beträgt.

Berechne:

a) das Motor- und das Trommeldrehmoment,
b) das Übersetzungsverhältnis des Getriebes!

507. Das Drehmoment an der Arbeitsspindel einer Drehmaschine beträgt bei einer Drehzahl von 125 U/min 70 kpm. Der Antriebsmotor gibt eine Leistung von 11 kW ab.

Berechne den Wirkungsgrad der Maschine!

508. Ein Förderband von 10 m Länge wird mit einer Bandgeschwindigkeit von 1,8 m/s betrieben. Es fördert unter einem Steigungswinkel von 12°. Der Antriebsmotor gibt 6 PS ab, der Gesamtwirkungsgrad der Förderanlage beträgt 0,65.

Berechne:

a) das Gewicht des Fördergutes, das bei voller Ausnutzung der Antriebsleistung auf dem Band liegen kann,
b) die Fördermenge in kg/h!

110

509. Eine Wasserpumpe fördert in 10 Minuten 60 m³ auf eine Höhe von 7 m. Dabei nimmt der Antriebsmotor eine Leistung von 11,5 kW aus dem Netz. Sein Wirkungsgrad beträgt 0,85.

Berechne:

a) den Gesamtwirkungsgrad der Anlage,

b) den Wirkungsgrad der Pumpe mit Rohrleitung!

510. Eine Welle wird auf einer Drehmaschine mit folgenden Werten bearbeitet: Schnittgeschwindigkeit 34 m/min, Vorschub 0,8 mm/U, Spantiefe 6 mm. Der Antriebsmotor gibt eine Leistung von 4 kW ab.

Berechne:

a) die Zerspanungsleistung bei einem Werkstoff mit k_s*) $= 136$ kp/mm²,

b) den Wirkungsgrad der Drehmaschine!

511. Ein Elektromotor mit einer Drehzahl von 1400 U/min erzeugt an seinem Kettenritzel mit 140 mm Durchmesser eine Kettenzugkraft von 15 kp. Aus dem Netz nimmt er eine elektrische Leistung von 2 kW auf.

Berechne:

a) die Leistung an der Motorwelle in PS,

b) den Wirkungsgrad des Motors!

512. Eine Pumpe drückt Wasser durch eine Rohrleitung auf 50 m Höhe mit einem Wirkungsgrad von 0,77.

Berechne die Wassermenge, die mit einer Pumpen-Antriebsleistung von 44 kW stündlich gefördert werden kann!

513. Ein Trimmgreifer für Erze wiegt mit guter Füllung 30 Mp. Zum Heben steht ein Motor von 605 PS zur Verfügung, der mit einem Wirkungsgrad von 0,78 am Greifer wirkt.

Berechne die größtmögliche Hubgeschwindigkeit des Greifers!

514. Zur Wasserhaltung eines Schachtes sind 24stündlich 1250 m³ Wasser aus einer Tiefe von 830 m an die Oberfläche zu pumpen. Der Wirkungsgrad der Pumpe mit Rohrnetz beträgt 0,72.

Berechne die Antriebsleistung des Motors in kW!

---

*) k_s siehe Fußnote S. 108.

111

IV. Dynamik

515. Der Wirkungsgrad einer Tischhobelmaschine mit hydraulischem Antrieb beträgt 0,55. Der Antriebsmotor leistet 10 kW.

Berechne:

a) die Durchzugkraft des Tisches bei einer Schnittgeschwindigkeit von 16 m/min,

b) den bei dieser Leistung möglichen Spanungsquerschnitt für einen Werkstoff mit k_s*) = 150 kp/mm²,

c) die größte erreichbare Schnittgeschwindigkeit, wenn ein Werkstoff mit k_s = 230 kp/mm² zerspant wird und der Spanungsquerschnitt 6 mm² beträgt!

516. Für ein Kranhubwerk ist der Motor auszulegen. Es soll eine Last von 5000 kp in 12 Sekunden um 4,5 m gehoben werden. Zwischen Motor und Seiltrommel ist ein Getriebe mit einem Wirkungsgrad von 0,83 eingeschaltet.

Berechne die Leistung, die der Motor dabei aufbringen muß!

517. Ein Elektromotor gibt bei einer Drehzahl von 1000 U/min an der Welle eine Leistung von 1 PS ab. Sein Wirkungsgrad beträgt 0,8. Er hat eine Riemenscheibe von 160 mm Durchmesser.

Berechne:

a) die Leistung, die der Motor dem Netz entnimmt,

b) die Umfangsreibkraft an der Riemenscheibe!

518. Ein Radfahrer kann an der Tretkurbel ein gleichförmig gedachtes Moment von 1,8 kpm aufbringen. Der Fahrwiderstand**) ist mit 1 kp angenommen. Das Gewicht des Fahrers mit Rad sei 100 kp. Zähnezahlen: Tretkurbelrad 48, Hinterachszahnkranz 23. Der Wirkungsgrad des Kettengetriebes beträgt 0,7.

Berechne:

a) die Umfangskraft am Hinterrad bei einem Rolldurchmesser von 0,65 m,

b) die Steigung, die er damit gleichförmig hochfahren kann!

519. Ein Zweitaktmotor soll ein Moped mit dem Gesamtgewicht von 100 kp einschließlich Fahrer auf einer Steigung von 8 % mit einer Geschwindigkeit von 20 km/h antreiben. Der Rolldurchmesser der Räder beträgt 0,65 m. Der Fahrwiderstand**) wird mit 2 kp angenommen.

---

*) k_s siehe Fußnote S. 108.
**) Fahrwiderstand siehe Fußnote S. 106.

Berechne:

a) die Gesamtübersetzung, wenn der Motor dabei 3600 U/min laufen soll,

b) die Umfangskraft, die am Hinterrad wirken muß,

c) das Moment an der Kurbelwelle bei einem Getriebewirkungsgrad von 0,7,

d) die Leistung des Motors!

Dynamisches Grundgesetz

Die Aufgaben 544 bis 566 (Impuls und Prinzip von d'Alembert) können ebenfalls über das dynamische Grundgesetz berechnet werden.

520. Ein Waggon mit 28 Mp Gewicht läuft vom Ablaufberg kommend in eine 10 m lange Bremsstrecke ein, wo eine verzögernde Kraft von 1000 kp auf ihn wirkt. Seine Geschwindigkeit beträgt 3,8 m/s. Der Fahrwiderstand ist zu vernachlässigen.

Berechne:

a) die Verzögerung des Waggons,

b) die Geschwindigkeit beim Verlassen der Bremsstrecke!

521. Ein Kraftwagen fährt mit einer Geschwindigkeit von 60 km/h gegen ein Hindernis und wird auf dem Wege von 2 m zum Stehen gebracht. Die Verzögerung soll gleichmäßig erfolgen.

Berechne:

a) die Verzögerung des Wagens,

b) die Kraft, mit der ein Fahrer von 75 kp Gewicht nach vorn gedrückt wird!

522. Ein Körper hat ein Gewicht von 10 kp.

Wie groß ist seine Masse?

523. Ein Körper hängt an einer Federwaage. Im Ruhezustand zeigt sie ein Gewicht von 50 kp an. Die Waage wird mit dem daran hängenden Körper senkrecht nach oben gleichmäßig beschleunigt und zeigt dabei eine Kraft von 65 kp an.

Berechne die Beschleunigung, die dem Körper erteilt wird!

524. Eine Eisenbahnfähre läuft mit einer Geschwindigkeit von 5 cm/s an die Puffer der Anlegebrücke an und wird auf 10 cm Weg zum Stillstand gebracht. Das Gewicht der Fähre beträgt 1250 Mp.

Berechne:

a) die Verzögerung der Fähre,

b) die mittlere Kraft, die während des Bremsweges wirken muß!

525. Durch einen Elektro-Aufschieber werden Förderwagen von 3,8 Mp Gewicht in das Fördergestell geschoben. Er wirkt mit einer Kraft von 100 kp auf dem Wege von 1 m.

Berechne:

a) die Beschleunigung der Förderwagen (Fahrwiderstand*) vernachlässigt),

b) die erreichte Geschwindigkeit!

Energie

526. Ein Lastkraftwagen von 8000 kg Masse wird aus einer Geschwindigkeit von 80 km/h über eine Strecke von 150 m gebremst und fährt dann gleichförmig mit 30 km/h weiter.

Berechne:

a) die kinetische Energie, die ihm durch das Bremsen entzogen wurde,

b) die Bremskraft, die längs des Bremsweges auf ihn wirkte!

527. Eine Wasserturbine hat einen Durchfluß von 45 Kubikmeter je Minute. Das Wasser strömt mit einer Geschwindigkeit von 15 m/s zu und verläßt die Turbine mit 2 m/s.

Berechne:

a) die Leistung des Wassers in PS,

b) die bei einem Wirkungsgrad von 0,84 nutzbare Energie während einer Stunde!

528. Ein Waggon von 22,5 t Masse hat am Fuße eines Ablaufberges eine Geschwindigkeit von 9,5 km/h erreicht und rollt nun auf dem waagerechten Gleis aus. Es wirkt ihm ein Fahrwiderstand*) von 4 kp je 1000 kp Wagengewicht entgegen.

---

*) Fahrwiderstand siehe Fußnote S. 106.

Berechne:

a) die kinetische Energie des Wagens am Fuße des Ablaufberges,

b) den Ausrollweg des Wagens (Luftwiderstand vernachlässigt)!

529. Ein Eisenbahnwaggon von 25 Mp Gewicht fährt beim Ausrollen gegen einen ungefederten und als starr anzusehenden Prellbock und drückt dadurch seine Puffer bis zum Stillstand um 8 cm zusammen. Die Federn haben eine Konstante von 300 kp/cm, d. h. um die Feder 1 cm zusammenzudrücken, sind 300 kp nötig. Beim Entspannen der Federn wird die gespeicherte Federarbeit infolge Reibung nur zu 60 % zurückgegeben.

Berechne:

a) das Arbeitsvermögen des Waggons,

b) die Geschwindigkeit des Waggons vor dem Anstoßen,

c) die Geschwindigkeit des Waggons beim Abstoßen vom Prellbock!

530. Eine Fallbirne zum Zerschlagen von Betondecken bei Abbrucharbeiten hat ein Gewicht von 1500 kp. Es wird eine Schlagenergie von 6750 kpm benötigt.

Berechne:

a) die Fallhöhe der Birne,

b) die Auftreffgeschwindigkeit,

c) die Fallzeit der Birne!

531. Ein Pumpspeicherwerk hat ein Becken von 250 000 m³ Inhalt. Das Nutzgefälle beträgt 24 m. Die abgegebene Leistung beträgt 10 000 kW bei einem Gesamtwirkungsgrad von 0,87.

Berechne:

a) das Arbeitsvermögen des Wassers in Megapondmeter (Mpm),

b) die Wassermenge, die bei einstündigem Betrieb des Kraftwerkes entnommen wird!

532. Ein Flußkraftwerk kann ein Gefälle von 1,5 m ausnutzen. Der Generator gibt eine Leistung von 1500 PS ab bei einem Anlagenwirkungsgrad von 0,65.

Berechne:

a) die Leistung des Wassers,

b) die sekundliche Wassermenge, die durch die Turbine fließt!

533. Ein Gewicht von 10 kp hängt mit einem Seil über einer Rolle an einer Feder; zunächst ist die Feder ungespannt, das Gewicht wird festgehalten. Die Feder hat eine Konstante von 2 kp/cm.

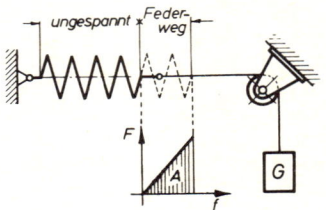

Berechne:

a) den größten Federweg = Fallweg, der sich einstellt, wenn das Gewicht langsam abgesenkt wird,

b) den größten Federweg, der sich einstellt, wenn das Gewicht aus der beschriebenen Lage frei fallen kann!

534. Das skizzierte Pendel wird aus waagerechter Lage losgelassen.

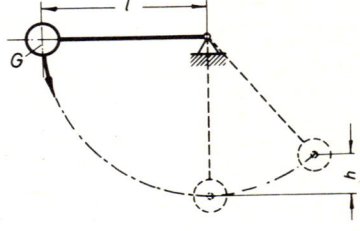

Berechne:

a) die größte Geschwindigkeit des Schwerpunktes in senkrechter Stellung des Pendels,

b) die Höhe h, in der die größte Geschwindigkeit auf die Hälfte abgesunken ist!

535. Der skizzierte Pendelschlaghammer fällt aus der gezeichneten Stellung und zerschlägt eine Probe, die im tiefsten Punkt an Widerlagern aufliegt. Dadurch wird seine kinetische Energie vermindert, er steigt nur bis zur Höhe h_1 weiter. Das Pendelgewicht ist 8,2 kp, die Pendellänge 655 mm. Der Einfluß der Stange ist vernachlässigt.

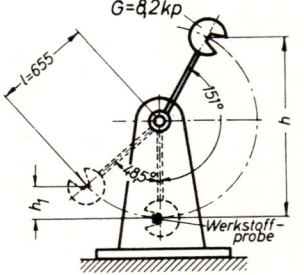

Berechne:

a) das Arbeitsvermögen des Hammers vor dem Schlag,

b) die Auftreffgeschwindigkeit,

c) das vom Probestück aufgenommene Arbeitsvermögen!

536. Der Bär eines Dampfhammers wiegt 500 kp und fällt aus einer Höhe von 1,5 m auf das Werkstück. Dabei wird er durch Dampf mit einer Kraft von 6500 kp auf dem gleichen Wege noch zusätzlich beschleunigt.

Berechne:

a) die Auftreffgeschwindigkeit,

b) das Arbeitsvermögen in Megapondmeter (Mpm)!

537. Ein rollender Eisenbahnwagen gelangt mit einer Geschwindigkeit von 10 km/h an eine Steigung von 0,3 %. Es wirkt ihm ein Fahrwiderstand von 136 kp entgegen. Das Gewicht des Wagens beträgt 34 000 kp. Berechne den Auslaufweg auf der Steigung!

538. Ein modernes Dampfkraftwerk benötigt zur Erzeugung von elektrischer Energie aus Kohle für 1 Kilowattstunde 2500 Kilokalorien. Berechne den Anlagenwirkungsgrad des Kraftwerkes!

539. Durch einen Warmwasserbereiter sollen 100 kg Wasser mit einer Temperatur von 20 °C in 20 Minuten auf 80 °C gebracht werden.

Berechne:

a) die dem Wasser zuzuführende Wärmeenergie,

b) die dem Heizelement zuzuführende elektrische Energie,

c) die Leistung des Heizelementes in kW!

540. Ein Kraftwerk hat Turbogeneratoren mit einer Gesamtleistung von 10 000 kW. Der Anlagenwirkungsgrad beträgt 0,3. Es steht Braunkohle mit einem Heizwert von 2300 kcal/kg zur Verfügung.

Berechne:

a) die Wärmeenergie, die nötig ist, um eine Kilowattstunde zu erzeugen,

b) die Kohlenmenge, die zur Erzeugung einer Kilowattstunde nötig ist,

c) den Kohleverbrauch des Kraftwerkes in 24 Stunden!

541. Der spezifische Verbrauch eines Dieselmotors ist 165 g/PSh, d. h. je PS Leistung, das 1 Stunde lang abgegeben wird, verbraucht er 165 Gramm Dieselöl. Der Heizwert des Kraftstoffes ist 10 000 kcal/kg.

Berechne den Wirkungsgrad des Motors!

*) Fahrwiderstand siehe Fußnote S. 106.

542. Ein Notstromaggregat gibt ³/₄ Stunde lang eine Leistung von 120 kW ab. Der Wirkungsgrad der Anlage beträgt 0,35. Berechne die verbrauchte Kraftstoffmenge bei einem Heizwert von 10 000 kcal/kg!

543. Eine laufende Zentrifuge wird durch eine Bremse mit einem Moment von 600 kpm nach 95 Umläufen zum Stillstand gebracht.

Berechne:

a) die Bremsarbeit,

b) die beim Bremsen entstehende Wärmeenergie!

Impuls

544. Der skizzierte Brettfallhammer hat ein Bärgewicht von 1000 kp, eine Fallhöhe von 1,6 m; die Umfangsgeschwindigkeit der Treibrollen beträgt 3 m/s, die Anpreßkraft $F = 2000$ kp. Die Reibzahl zwischen Rollen und Brett ist 0,4.

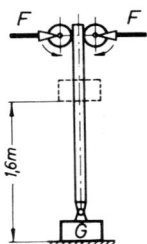

Berechne:

a) die Fallzeit,

b) die Zeit für beschleunigtes Heben,

c) die Zeit für das Verzögern am oberen Totpunkt,

d) die Schlagzahl je Minute, wenn am unteren Totpunkt 0,5 Sekunden für Verformen und Wenden gebraucht werden!

546. Ein Eisenbahnzug soll nach einer Minute eine Geschwindigkeit von 72 km/h erhalten. Die Gesamtmasse des Zuges beträgt 210 t.

Berechne:

a) die Zugkraft der Lokomotive,

b) die Beschleunigung des Zuges,

c) den Anfahrweg!

547. Ein Bauaufzug wird leer abgelassen. Er fällt mit einer Beschleunigung von 4 m/s² abwärts. Nach 2,5 Sekunden wird er gebremst und steht nach einer Sekunde still. Das Leergewicht des Gestells beträgt 150 kp.

Berechne:

a) die Geschwindigkeit vor dem Bremsen,

b) die Bremskraft, die außer dem Gewicht zusätzlich das Seil belastet!

548. Eine Rakete wird vom Boden aus senkrecht nach oben gestartet. Sie erhält durch ihr Triebwerk einen Schub von 60 kp während 100 Sekunden. Ihre Masse beträgt 40 kg.

Berechne:

a) die Geschwindigkeit nach 100 Sekunden,

b) die Beschleunigung der Rakete,

c) die nach 100 Sekunden erreichte Höhe!

549. Zum Verschieben von Waggons wird in einem kleineren Betrieb ein Elektro-Waggondrücker verwendet. Er hat eine Schubkraft von 600 kp. Es sollen 2 Waggons von je 18 Mp Gewicht mit einer Geschwindigkeit von 2 m/s abgestoßen werden.

Berechne die Zeit, die der Drücker wirken muß!

550. Ein Radfahrer kommt mit einer Geschwindigkeit von 42 km/h am Fuße eines Berges an und rollt, durch einen Fahrwiderstand *) von 2 kp verzögert, auf einer horizontalen Strecke aus. Masse $m = 80$ kg.

Berechne:

a) die Ausrollzeit,

b) den beim Ausrollen zurückgelegten Weg!

551. Ein Geschoß wiegt 15 kp und verläßt das 6,5 m lange Geschützrohr mit einer Geschwindigkeit von 800 m/s.

Berechne unter Vernachlässigung der Reibung und des Dralls:

a) die Laufzeit im Rohr,

b) die konstant gedachte Kraft der Pulvergase!

552. Ein Lastkraftwagen von 5000 kp Gewicht soll in 6 Sekunden aus einer Geschwindigkeit von 40 km/h zum Stillstand gebracht werden.

Berechne:

a) die Bremskraft,

b) den Bremsweg,

c) die Bremsarbeit,

d) die der Bremsarbeit äquivalente Wärmeenergie!

---

*) Fahrwiderstand siehe Fußnote S. 106.

553. Ein Straßenbahntriebwagen von 10 000 kg Masse fährt mit einer Geschwindigkeit von 30 km/h und wird kurzzeitig 4 Sekunden lang gebremst. Dadurch wird eine Bremskraft von 1200 kp ausgelöst, die entgegen der Fahrtrichtung wirkt (Fahrwiderstand*) vernachlässigt).

Berechne die Geschwindigkeit nach dem Bremsvorgang!

Prinzip von d'Alembert

554. Ein Hobelmaschinentisch wiegt 1500 kp und trägt ein Werkstück mit 3500 kp Gewicht. Die Reibzahl in seinen Führungen ist 0,08. Zum Rücklauf soll er in einer Sekunde von 0 auf 30 m/min Geschwindigkeit beschleunigt werden.

Berechne:

a) die Antriebskraft, die am Tisch wirken muß,

b) die am Ende des Beschleunigungsvorganges vom Motor abzugebende Leistung für einen Getriebewirkungsgrad von 0,8!

555. Eine Lokomotive zieht auf einer Steigung von 30 : 1000 einen Zug von 580 t Masse aus dem Stillstand an. Es wirkt ein Fahrwiderstand*) von 4 kp je 1000 kp Wagengewicht. Die Zugkraft der Lokomotive beträgt 28 Mp.

Berechne die Beschleunigung des Zuges!

556. Ein Lastkraftwagen ist mit einer hohen Kiste beladen. Die Maße der Kiste sind 2 m Höhe bei 0,8 × 0,8 m Grundfläche. Sie wiegt 1000 kp. Ihr Schwerpunkt liegt in der Mitte.

Berechne die Verzögerung des Kraftwagens, bei der die Kiste zu kippen beginnt, wenn sie nur durch flache Klötze gegen Verschieben gesichert ist!

557. Die beiden Körper an der Rolle werden sich selbst überlassen, wobei Seil und Rolle als masselos gedacht sind.

Berechne die Beschleunigung der Körper!

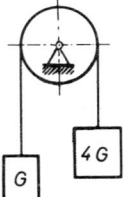

*) Fahrwiderstand siehe Fußnote S. 106.

558. Die beiden Körper sind gleich schwer und werden losgelassen. Die Reibzahl auf der Horizontalen ist 0,15. Seil und Rolle sind masselos gedacht.

Berechne die Beschleunigung!

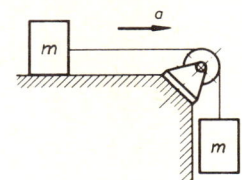

559. Der Fahrkorb eines Aufzuges soll durch eine Treibtrommel aus dem Stillstand in 1,25 Sekunden eine Geschwindigkeit von 1 m/s erhalten. Das Korbgewicht ist 3000 kp, das Gegengewicht wiegt 1800 kp.

Berechne:

a) die Umfangskraft an der Trommel beim Beschleunigen,

b) die größte Leistung des Antriebsmotors, der über ein Getriebe mit 85 % Wirkungsgrad die Trommel antreibt,

c) die Beschleunigung des Korbes, wenn durch Bruch des Antriebes die Trommel frei drehbar würde!

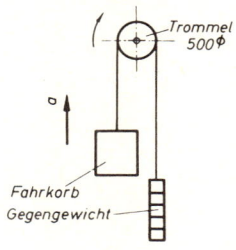

560. Die Rolle mit den Körpern wird sich selbst überlassen. Im Lager der Rolle ist eine Reibzahl von 0,1 vorhanden. Die Abmessungen sind $r_1 = 10$ cm, $r_2 = 1$ cm. Das Seil und die Rolle sind masselos gedacht.

Berechne die Beschleunigung!

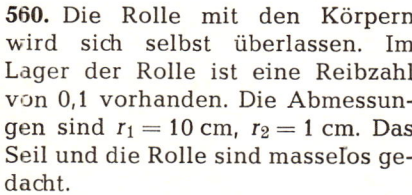

561. Ein Motorradfahrer muß an einem Steilhang anfahren. Der gemeinsame Schwerpunkt von Fahrer und Maschine liegt in 0,5 m Höhe in 0,7 m Entfernung vor dem Hinterrad.

Berechne die größte Beschleunigung des Motorrades, bei der noch kein Aufbäumen eintritt!

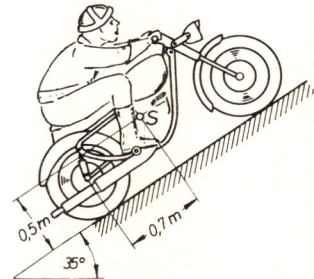

562. Ein Pkw von 1100 kg Masse wird 1,8 Sekunden lang gleichmäßig auf eine Geschwindigkeit von 20 km/h beschleunigt. Er hat einen Achsabstand von 2350 mm. Sein Schwerpunkt liegt 950 mm vor der Hinterachse und 580 mm hoch.

Berechne:

a) die Stützkräfte für beide Achsen im Stillstand,

b) die Stützkräfte für beide Achsen beim Anfahren!

563. Eine Zugmaschine beschleunigt einen Anhänger von 3,6 t auf 6 m Weg auf eine Geschwindigkeit von 15 km/h. Es wirkt ein Fahrwiderstand*) von 35 kp/Mp Wagengewicht.

Berechne:

a) die Zugkraft beim Anfahren,

b) die Zugkraft bei gleichförmiger Bewegung!

564. An einen Pkw ist ein Anhänger von 1 Mp Gewicht mit der üblichen Kupplung angehängt. Die Skizze zeigt die Lage des Schwerpunktes.

Berechne die waagerechten und senkrechten Kräfte auf den Kugelkopf der Anhängevorrichtung am Pkw!

a) im Stillstand,

b) beim Anfahren mit 2 m/s² Beschleunigung,

c) beim Bremsen mit 5 m/s² Verzögerung!

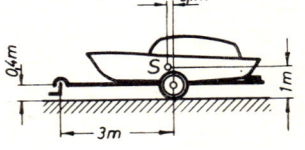

565. Die skizzierte Förderanlage für Pakete soll so ausgelegt werden, daß das Fördergut mit einer Geschwindigkeit $v_2 = 0,1$ m/s den Auslauf der Rutsche verläßt und auf das dort aufgestellte Band fällt. Die Anfangsgeschwindigkeit am Kopf der Rutsche ist $v_1 = 1,2$ m/s. Die Reibzahl zwischen Paket und Rutsche beträgt 0,3.

Berechne:

a) die Beschleunigung auf der Rutsche,

b) die Verzögerung im Auslauf l,

c) die Endgeschwindigkeit beim Verlassen der Rutsche,

d) die Länge l des Auslaufes!

---

*) Fahrwiderstand siehe Fußnote S. 106.

566. Ein Kraftfahrzeug von 1000 kp Gewicht wird so gebremst, daß es gerade ohne zu gleiten mit einer Verzögerung von 3,0 m/s² bremst. Sein Achsabstand ist 3 m, sein Schwerpunkt liegt in der Mitte 0,6 m über der Straße. Es werden nur die Hinterräder gebremst.

Berechne:

a) die Stützkräfte an Vorder- und Hinterachse beim Bremsen,

b) die vorhandene Reibzahl zwischen Straße und Reifen!

Fliehkraft

567. Eine Grundplatte für eine Säulenbohrmaschine ist auf einer Planscheibe zur Bearbeitung der Säulenbohrung exzentrisch aufgespannt. Sie wiegt 110 kp und ihr Schwerpunkt liegt 420 mm von der Drehachse entfernt. Die Drehzahl beträgt 80 U/min.

Berechne:

a) die Umfangsgeschwindigkeit des Schwerpunktes,

b) die Fliehkraft!

568. Das Polrad eines Wasserkraftgenerators besitzt einzeln montierte Magnetpole mit Wicklung, die 1,3 Mp wiegen. Ihr Schwerpunkt liegt im Abstand 7200 mm von der Drehachse.
Berechne die Fliehkraft bei einer Drehzahl von 250 U/min!

569. Ein aufgeschrumpfter Radkranz mit 120 kp Gewicht und einem mittleren Durchmesser von 1 m läuft mit einer Drehzahl von 600 U/min um.
Berechne die Fliehkraft je Kranzhälfte!

570. An einem Seil von 4 m Länge ist eine Last von 2000 kp pendelnd aufgehängt. Sie wird bei einer Auslenkung des Seiles von 20° gegen die Senkrechte losgelassen und pendelt.

Berechne die Seilkraft in tiefster Stellung der Last unter Berücksichtigung der Fliehkraft!

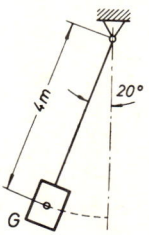

IV. Dynamik

571. Die skizzierte Vergnügungs-
maschine rotiert, dann wird der
Boden hydraulisch abgesenkt.
Zwischen Wand und Kleidung der
Benutzer herrscht eine Reibzahl
von 0,4.

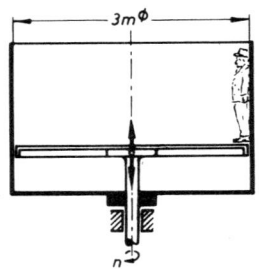

Berechne:

a) die Drehzahl, die mindestens
eingehalten werden muß, damit
die Benutzer nicht abgleiten.

b) die Zentripetalbeschleunigung!

572. Ein Waggon mit einer Spurweite von 1435 mm und einer Schwer-
punktshöhe von 1,35 m fährt durch eine nicht überhöhte Kurve mit dem
Radius 200 m.

Berechne:

a) die Geschwindigkeit, bei der sich unter der Wirkung der Fliehkraft die inneren Räder abheben würden,

b) die Überhöhung der äußeren Schiene für eine Geschwindigkeit
von 50 km/h, wenn die Resultierende aus Schwer- und Fliehkraft
senkrecht auf der Gleisebene liegen soll!

573. Ein Personenkraftwagen von 900 kg Masse fährt durch eine überhöhte Kurve, deren Neigung zur Waagerechten 4° beträgt. Seine
Geschwindigkeit beträgt 40 km/h, der Kurvenradius 20 m.

Berechne:

a) die Fliehkraft,

b) die Resultierende aus Flieh- und Schwerkraft und ihren Winkel zur
Schwerkraft,

c) die Reibzahl, die mindestens zwischen Reifen und Fahrbahndecke
vorhanden sein muß, um ein Gleiten zu verhindern!

574. Ein Kesselwagen fährt durch eine Kurve mit 30 mm Überhöhung
der äußeren Schiene bei 150 m Kurvenradius. Die Stützkräfte der Räder
liegen im Abstande 1500 mm voneinander, der Schwerpunkt liegt 1,5 m
über Oberkante Schienen. Für den Fall des Kippens unter der Wirkung
der Fliehkraft liegt der Drehpunkt auf der äußeren Schiene. Damit
Kippen eintritt, muß die Wirklinie der Resultierenden aus Flieh- und
Schwerkraft über dem Drehpunkt verlaufen. Im Grenzfall geht sie
durch den Drehpunkt.

124

Berechne:

a) den Winkel zwischen der Resultierenden und der Schwerkraft für den Grenzfall,

b) **die Zentripetalbeschleunigung,**

c) die Fahrgeschwindigkeit für den Grenzfall!

575. Die Skizze zeigt schematisch die Todesschleife der Vergnügungsplätze. Die Geschwindigkeit des Fahrers im höchsten Punkt der Schleife muß so groß sein, daß Fliehkraft und Schwerkraft im Gleichgewicht stehen. Bei Vernachlässigung von Luft- und Fahrwiderstand ist zu berechnen:

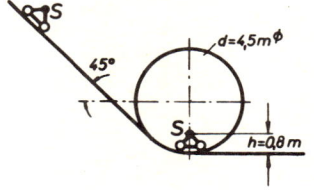

a) die Geschwindigkeit, die der Fahrer mindestens im höchsten Punkt der Schleife haben muß,

b) die Geschwindigkeit im tiefsten Punkt der Schleife,

c) die Höhe des Schwerpunktes beim Start über dem tiefsten Punkt der Fahrbahn in der Schleife.

576. Eine Schwungmasse ist mit einem Abstand von 2,3 mm des Schwerpunktes von der Drehachse exzentrisch aufgekeilt. Die Skizze zeigt Gewicht und Lagerabstände. Die Drehzahl beträgt 180 U/min.

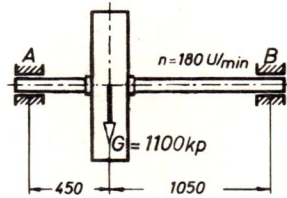

Berechne:

a) die statischen Stützkräfte in *A* und *B*,

b) die Fliehkraft,

c) die größten dynamischen Stützkräfte, die nach oben wirken,

d) die kleinsten dynamischen Stützkräfte und ihre Richtung!

577. Die Skizze zeigt schematisch die Wirkungsweise eines Fliehkraftreglers. Das Gewicht G ist im Drehpunkt D gelagert, so daß es unter der Wirkung der Fliehkraft z. B. in die gestrichelte Stellung steigen kann.

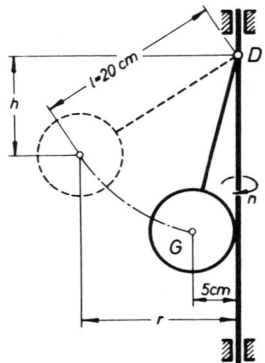

Berechne:

a) die Einstellhöhe h bei einer Drehzahl von 250 U/min,

b) die Drehzahl für eine Höhe von $h = 10$ cm,

c) die Drehzahl, die nötig ist, damit sich das Pendel von der senkrechten Welle abhebt!

Dynamik der Drehbewegung

Zu diesem Ausbildungszeitpunkt soll der Studierende allein in der Lage sein, die Aufgaben den richtigen Teilgebieten der Dynamik zuzuordnen (Drehwucht, d'Alembert, Impulssatz . . .). Aus diesem Grunde wurde auf eine Unterteilung der Aufgaben verzichtet.

578. Ein Kreissägeblatt aus Stahl hat einen Durchmesser von 300 mm und 2 mm Dicke.

Berechne:

a) das Trägheitsmoment und den Trägheitsradius,

b) das Trägheitsmoment und den Trägheitsradius unter Berücksichtigung der Aufnahmebohrung von 40 mm!

Für die Aufgaben 578 bis 583 ist mit einer Dichte von 7,85 kg/dm³ zu rechnen.

579. Von der skizzierten Kupplungshälfte sind zu berechnen:

a) das Trägheitsmoment,

b) das Gewicht,

c) der Trägheitsradius.

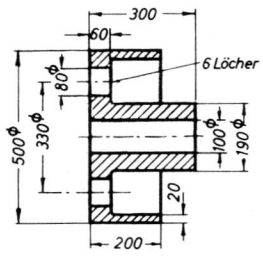

580. Berechne von dem skizzierten Gegengewicht ohne Berücksichtigung der Nut das Trägheitsmoment!

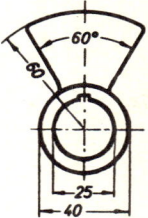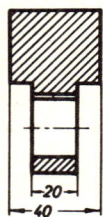

581. Berechne von dem skizzierten Ausgleichsgewicht ohne Berücksichtigung der Paßfedernut das Trägheitsmoment!

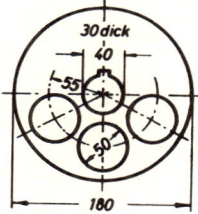

582. Von der skizzierten Lauftrommel eines Kraftfahrzeugprüfstandes sind zu berechnen:

a) das Trägheitsmoment,

b) das Gewicht,

c) der Trägheitsradius.

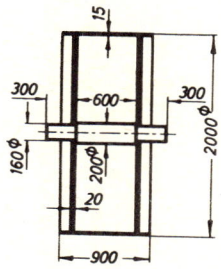

583. Berechne von dem skizzierten Getrieberadblock das Trägheitsmoment!

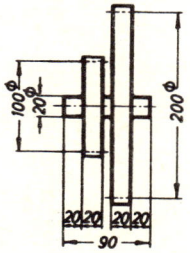

IV. Dynamik

584. Ein Schwungrad soll so bemessen sein, daß seine Drehzahl von 3000 U/min durch Abgabe einer Arbeit von 20 000 kpm auf 2000 U/min sinkt.

Berechne:

a) das Trägheitsmoment des Schwungrades,

b) das Schwungmoment des Schwungrades,

c) das Gewicht des Schwungradkranzes aus 20 mm Stahlblech und einem Außendurchmesser von 800 mm. Dieser Kranz soll allein 90% des unter a) errechneten Trägheitsmomentes aufbringen. Der Einfluß von Nabe und Scheibe werde vernachlässigt!

585. Ein Eisenbahnwaggon hat am Fuße des Ablaufberges eine Geschwindigkeit von 18 km/h. Er wiegt 40 Mp, sein Fahrwiderstand *) beträgt 4 kp/1000 kp Wagengewicht.

Berechne:

a) den Ausrollweg,

b) den Ausrollweg, wenn die Drehwucht der Räder berücksichtigt wird! (Räder als Scheiben von 900 mm Durchmesser und 100 mm Dicke gerechnet.)

586. Dem Schwungrad eines Schweißumformers mit einem Trägheitsmoment von 145 kgm² wird durch die Schweißstromstöße Arbeit entzogen. Seine Drehzahl beträgt 2800 U/min. Es wird eine Arbeit von 120 000 kpm abgenommen.

Berechne die Drehzahl nach der Belastung!

587. Eine Schwungmasse soll über ein Getriebe mit einem Übersetzungsverhältnis von 1/100 durch eine Handkurbel auf 1000 U/min hochgedreht werden. Die Handkraft beträgt 15 kp, der Kurbelradius 0,4 m. Das Trägheitsmoment der Schwungmasse beträgt 3 kgm². Das Getriebe wird als masse- und verlustlos angesehen.

Berechne:

a) die Drehwucht der Schwungmasse bei 1000 U/min,

b) die Anzahl der Kurbelumdrehungen und

c) die Zeit für das Hochdrehen!

*) Fahrwiderstand siehe Fußnote S. 106.

588. Ein Hebel aus Rundstahl nach Skizze wird losgelassen.

Berechne:

a) die Winkelgeschwindigkeit nach 90° Drehung,

b) die Umfangsgeschwindigkeit des Punktes A in senkrechter Stellung des Hebels!

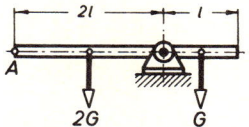

589. Ein Wagen mit Rädern von 80 cm Durchmesser beschleunigt mit 1 m/s².

Berechne:

a) die Winkelbeschleunigung,

b) die Drehzahl nach 10 Sekunden,

c) die Umfangsgeschwindigkeit nach 10 Sekunden!

590. Eine Riemenscheibe erreicht nach 5 Sekunden aus dem Stillstand eine Drehzahl von 1200 U/min. Ihr Durchmesser beträgt 200 mm.

Berechne:

a) die Winkelbeschleunigung,

b) die Riemenbeschleunigung.

591. Eine Welle wird mit einer Winkelbeschleunigung von 2,3 1/s² aus dem Stillstand beschleunigt.

Berechne:

a) die Drehzahl der Welle nach 15 Sekunden,

b) die Drehzahl der Welle nach 10 Umläufen!

592. Ein Synchronmotor wird durch einen Anwurfmotor bis auf eine Drehzahl von 3000 U/min beschleunigt, dann erfolgt das Einschalten des Stromes. Der Anwurfmotor erteilt den rotierenden Massen eine Winkelbeschleunigung von 11,2 1/s².

Berechne:

a) die Winkelgeschwindigkeit bei synchroner Drehzahl 3000 U/min,

b) die Anwurfzeit bis zum Erreichen der synchronen Drehzahl!

593. Eine Schleifscheibe mit Welle und Riemenscheibe hat ein Trägheitsmoment von 3,5 kgm². Das Reibmoment in den Lagern beträgt 5 kpcm. Die Scheibe soll innerhalb 5 Sekunden auf eine Drehzahl von 360 U/min beschleunigt werden.

Berechne:

a) die Winkelbeschleunigung,

b) das erforderliche Antriebsmoment,

c) die Leistung am Ende der Beschleunigung in kW!

594. Das skizzierte an einem Kran hängende Rohr wiegt 100 Mp und soll zum Verladen um 90° gedreht werden. Ein Arbeiter schiebt mit einer Kraft $F = 40$ kp am äußeren Ende während einer Zeit von 30 Sekunden, dann dreht sich das Rohr gleichförmig weiter und soll von ihm auf den letzten 5 Metern stillgesetzt werden.

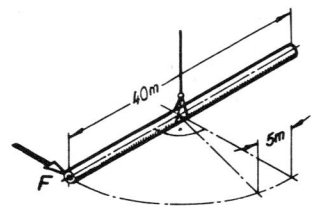

Berechne:

a) das Trägheitsmoment des Rohres,

b) die Winkelbeschleunigung,

c) die nach 30 Sekunden erreichte Winkelgeschwindigkeit,

d) die vom Arbeiter aufzubringende Bremskraft am äußeren Rohrende,

e) die Dauer der gesamten Drehbewegung!

595. Die skizzierte Walze von 10 kg Masse und einem Durchmesser von 20 cm soll durch eine Kraft F so beschleunigt werden, daß sie nicht gleitet, sondern nur rollt. Die Reibzahl beträgt 0,2.

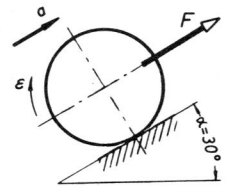

Berechne:

a) die größte Beschleunigung, die möglich ist,

b) die Kraft F für die größte Bebeschleunigung!

596. An einer Seiltrommel von 400 mm Durchmesser hängt eine Last von 2500 kp. Durch Bruch des Antriebsritzels der Seiltrommel setzt sich die Last nach unten in Bewegung und muß dabei noch die Seiltrommel in Drehbewegung bringen. Das Trägheitsmoment der Trommel beträgt 4,8 kgm². Die Masse des Seiles und die Reibung werden vernachlässigt.

Berechne:

a) die Winkelbeschleunigung der Trommel,

b) die Beschleunigung der Last,

c) die Geschwindigkeit der Last nach 3 m Fallweg!

597. Eine Schleifscheibe mit einem Trägheitsmoment von 3 kgm² wird aus einer Drehzahl von 600 U/min abgeschaltet und läuft während 2,6 Minuten aus.

Berechne das Moment, das bremsend an der Welle wirkte!

598. Ein Schwungrad von 320 kp Gewicht wird durch ein Bremsmoment von 10 kpm in 100 Sekunden aus einer Drehzahl von 300 U/min zum Stillstand gebremst.

Berechne:

a) das Trägheitsmoment,

b) den Trägheitsradius!

599. Durch einen Auslaufversuch soll die Reibzahl einer Gleitlagerung ermittelt werden. Der Durchmesser der Lagerzapfen beträgt 20 mm, Gewicht von Welle und Schwungmasse 10 kp, deren Trägheitsmoment 0,18 kgm². Die Lagerung ist symmetrisch, also gleiche Lagerkräfte. Die Drehzahl der Welle sinkt in 235 Sekunden von 1500 U/min auf Null, wenn der Antrieb abgeschaltet wird.

Berechne:

a) das vorhandene Bremsmoment,

b) die Reibzahl in den Lagern!

600. Ein Umformersatz besteht aus einem Synchronmotor, dem Generator und einer Anwurfmaschine, die fest miteinander gekuppelt sind. Das Trägheitsmoment der drehenden Massen beträgt 15 kgm². Der Maschinensatz soll in 10 Sekunden auf eine Drehzahl von 1500 U/min beschleunigt werden.

Berechne:

a) das mittlere Moment, das der Anwurfmotor aufbringen muß,

b) die Drehbeschleunigung!

IV. Dynamik

601. Das Schwungrad einer Exzenterpresse wird über ein Riemengetriebe mit dem Übersetzungsverhältnis 8 durch einen Motor von 1 kW bei 960 U/min angetrieben. Beim Arbeitshub wird dem Schwungrade Drehwucht für die Verformungsarbeit entzogen, dadurch sinkt seine Drehzahl auf 100 U/min.

Berechne (Reibung in den Lagern vernachlässigt):

a) die Verformungsarbeit, die das Schwungrad mit einem Trägheitsmoment von 16 kgm² abgibt.

b) das am Schwungrad wirkende Antriebsmoment unter der Annahme, daß der Motor ein konstantes Moment abgibt, wie es sich aus Leistung und Drehzahl errechnen läßt,

c) die Zeit, in der das Schwungrad die Leerlaufdrehzahl wieder erreicht!

602. Ein Motor treibt mit 1000 U/min über eine Lamellenkupplung eine Drehmaschine an. Die Kupplung kann ein Moment von 5 kpm übertragen. An der zu kuppelnden Welle wirkt ein Trägheitsmoment von 0,8 kgm².

Berechne:

a) die Zeit für das Beschleunigen des Drehmaschinengetriebes,

b) die Anzahl der Umdrehungen der zu kuppelnden Welle, bis sie die Drehzahl 1000 U/min erreicht hat,

c) die Reibarbeit der Kupplung während des Beschleunigungsvorganges,

d) die entstehende Wärmeenergie bei 40 Schaltungen je Stunde!

Teil V: FESTIGKEITSLEHRE

Inneres Kräftesystem und Beanspruchungsarten

651. Das Werkzeug einer Drehmaschine ist nach Skizze eingespannt und durch die Hauptschnittkraft $F_h = 1200$ kp belastet.

Bestimme für eine Länge $l = 40$ mm das im Schnitt A—B wirkende innere Kräftesystem und die zugehörigen Spannungsarten!

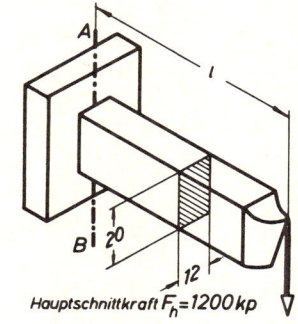

Hauptschnittkraft $F_h = 1200$ kp

652. Ein Schraubenbolzen wird nach Skizze durch eine Seilzugkraft $F = 600$ kp unter dem Winkel $\alpha = 20°$ belastet.

Bestimme das im Schnitt A—B wirkende innere Kräftesystem und gib die auftretenden Spannungsarten an! Die aus dem Anzugsmoment der Mutter resultierenden Spannungen bleiben unberücksichtigt.

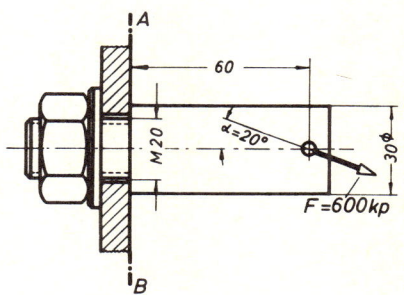

653. Ein durchgesetzter (gekröpfter) Flachstahl wird nach Skizze mit $F = 500$ kp belastet. Durchsetzmaß $l = 50$ mm.

Welches innere Kräftesystem haben die Schnitte x—x und y—y zu übertragen und welche Spannungsarten treten auf?

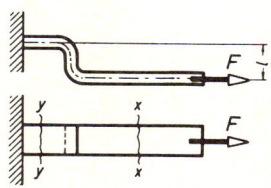

133

654. Bestimme für $F = 2000$ kp und $G = 500$ kp:

a) das im Balken in der Mitte zwischen W und L wirkende innere Kräftesystem,

b) das innere Kräftesystem in der Mitte zwischen den Kraftangriffsstellen F und G!

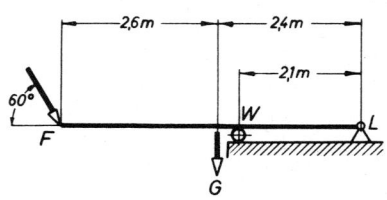

655. Der skizzierte Ausleger trägt eine Last von 1000 kp.

Bestimme für den Querschnitt x—x der senkrechten Säule das innere Kräftesystem und die dadurch hervorgerufenen Spannungsarten!

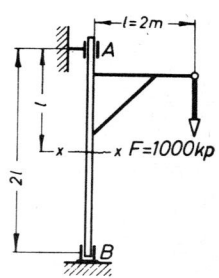

656. Das skizzierte Blech, z-förmig gebogen, ist an einer Blechwand angeschweißt und wird durch die Zugkraft $F = 90$ kp belastet. Für die eingetragenen Schnitte A bis H sollen die inneren Kräftesysteme mit zugehöriger Spannungsart ermittelt werden!

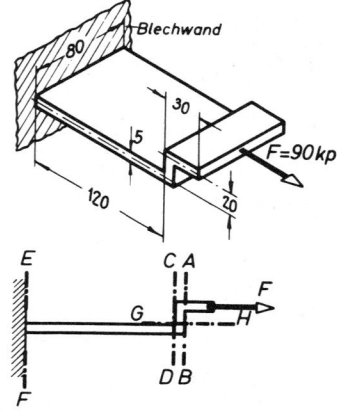

134

Beanspruchung auf Zug

661. Eine Zuglasche aus Flachstahl 60×6 wird durch eine Kraft $F = 1200$ kp belastet.

Wie groß ist die auftretende Zugspannung?

662. Welchen Durchmesser muß ein Zuganker erhalten, wenn er eine Zugkraft von 2,5 Mp übertragen soll und die im Kreisquerschnitt auftretende Spannung 1400 kp/cm² sein soll?

663. Berechne die höchste Zugbelastung, die eine Schraube M 16 aufnehmen kann, wenn im Kernquerschnitt nicht mehr als 9 kp/mm² Zugspannung auftreten soll!

664. Eine Befestigungsschraube mit Gewinde nach DIN 13*) soll eine Zugkraft $F = 480$ kp übertragen bei einer zul. Spannung von 700 kp/cm².
Welches Gewinde ist zu wählen?

665. Ein Drahtseil soll 9000 kp Last tragen. Wieviel Drähte von 1,6 mm Durchmesser muß das Seil haben, wenn 20,2 kp/mm² Spannung zulässig sind?

666. Das Stahldrahtseil einer Fördereinrichtung soll bei einer Länge von 600 m eine Last von 4 Mp tragen. Das Seil besteht aus 222 Einzeldrähten. Die Zugfestigkeit des Werkstoffes beträgt 160 kp/mm². Die Sicherheit gegen Bruch soll etwa 8fach sein.

Wie stark müssen die Drähte sein, wenn in der Rechnung auch das Eigengewicht des Seiles berücksichtigt wird?

667. Welche Zugkraft trägt ein Drahtseil aus 114 Drähten von je 1 mm Durchmesser bei einer Spannung von 3000 kp/cm²?

668. Eine Hubwerkskette hat eine Last von 2000 kp je Kettenstrang zu tragen.

Welchen Nenngliedsdurchmesser muß die Rundgliederkette bekommen, wenn eine zulässige Spannung von 500 kp/cm² festgesetzt worden ist?

669. Eine Schubstange hat 8000 kp Zugkraft zu übertragen. Der geteilte Kopf der Schubstange wird durch zwei Schrauben mit metrischem Gewinde zusammengehalten.

Welche Schraubengröße ist zu wählen unter der Annahme reiner Zugbeanspruchung in den Schrauben und 650 kp/cm² zulässiger Spannung?

---

*) Siehe: *Böge*, Formeln und Tabellen zur Statik, Dynamik, Hydraulik und Festigkeitslehre, oder: *Böge*, Das Techniker-Handbuch, Bd. 1. Verlag Friedr. Vieweg & Sohn GmbH, Braunschweig.

670. Welche größte Zugkraft F_{max} kann ein durch 4 Nietlöcher von 17 mm Durchmesser im Steg geschwächtes Profil I 200 nach DIN 1025*) übertragen, wenn eine zulässige Spannung von 1400 kp/cm² eingehalten werden muß?

671. Ein Lederflachriemen hat 120 mm Breite und 6 mm Dicke. Er überträgt bei einer Riemengeschwindigkeit von 8 m/s eine Leistung von 10 PS.
Wie groß ist die rechnerische Nennspannung im Riemen?

672. Wieviel Kilopond trägt der Zugstab eines Fachwerkträgers, der aus 2 L 200 nach DIN 1026*) besteht, wenn er mit 1000 kp/cm² in Längsrichtung beansprucht wird? Eigengewicht nicht berücksichtigen!

673. Eine Rundgliederkette nach DIN 696 aus St 35 K mit 8 mm Nenngliedurchmesser soll eine Last von 500 kp tragen.
Welche Zugspannung tritt dabei in den Kettengliedern auf?

674. Der Zylinder einer Dampfmaschine hat 380 mm Durchmesser. Der Dampfdruck beträgt 6 kp/cm². Der Zylinderdeckel ist mit 16 Schrauben mit metrischem Gewinde nach DIN 13*) befestigt.
Welche Schraubengröße ist für eine zulässige Spannung von 600 kp/cm² zu wählen, wenn wegen der Vorspannung der Schrauben mit der 1,5fachen Betriebskraft gerechnet werden soll. Der Kolbenstangenquerschnitt bleibt unberücksichtigt.

675. Welchen Durchmesser muß ein Glied der Rundgliederkette haben, für die eine zulässige Spannung von 600 kp/cm² vorgeschrieben ist, damit der mit 800 kp belastete Balken in der skizzierten Stellung gehalten wird?

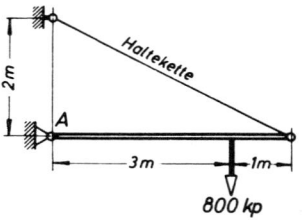

676. Der Zugstab eines Fachwerkträgers besteht aus 2 Winkelprofilen 80 × 10 nach DIN 1028*). Der Querschnitt eines jeden Profiles ist durch zwei Bohrungen von 17 mm Durchmesser geschwächt.
Berechne die größte zulässige Zugkraft F_{max}, die der Stab übertragen darf, wenn eine Zugspannung von 1400 kp/cm² nicht überschritten werden soll:

a) bei ungeschwächtem Querschnitt,

b) unter Berücksichtigung der Bohrungen!

---

*) Siehe Fußnote S. 135.

677. In der skizzierten Stellung wird der Handbremshebel einer Fahrrad-Felgenbremse mit $F = 5\,\text{kp}$ belastet.

Berechne dafür:

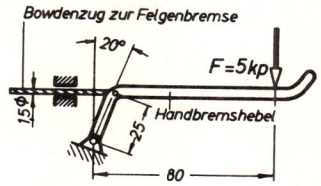

a) die Zugkraft F_z im Bowdenzugdraht,

b) die Zugspannung!

678. Ein Leder-Flachriemen hat eine Zugkraft $F = 320\,\text{kp}$ zu übertragen. Die Zugspannung im Riemen darf $25\,\text{kp/cm}^2$ nicht überschreiten. Welche Riemenbreite ist bei 8 mm Riemendicke erforderlich?

679. Die gelenkige Laschenverbindung nach Skizze hat eine Zugkraft $F = 1800\,\text{kp}$ zu übertragen.

Skizziere die Form des gefährdeten Querschnittes (A—B) und bestimme das erforderliche Flachstahlprofil, wenn ein Seitenverhältnis $b/s = 10$ gefordert wird und eine Spannung von $900\,\text{kp/cm}^2$ eingehalten werden soll!

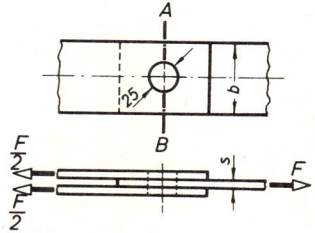

Führe mit dem gewählten Flachstahlprofil den Spannungsnachweis, d. h. rechne die jetzt wirksame Spannung aus!

680. Die skizzierte Querkeilverbindung hat 25 mm Kolbenstangen- und 45 mm Hülsendurchmesser. Sie soll 1450 kp Stangenkraft übertragen.

Zu berechnen sind:

a) die Spannung im kreisförmigen Stangenquerschnitt,

b) die Spannung in dem durch Keilloch geschwächten Stangenquerschnitt,

c) die Spannung im gefährdeten Querschnitt der Hülse!

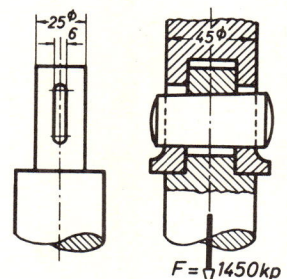

681. Eine Stahllasche hat 1600 kp Zugbelastung zu tragen. Die Bohrung für den Bolzen hat 30 mm Durchmesser, das Bauverhältnis des Rechteckquerschnittes soll $s = h/4$ sein. Zulässige Spannung: 400 kp/cm².

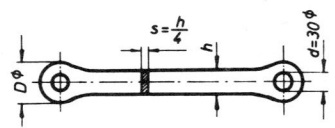

Zu berechnen sind:

a) die Laschendicke s,

b) die Laschenhöhe h,

c) der Durchmesser D des Laschenauges bei gleicher Dicke s!

682. Der Zugstab einer Stahlbaukonstruktion besteht aus zwei gleichschenkligen Winkelstahlprofilen 45 $\times$ 5 nach DIN 1028, die durch Niete von 11 mm Durchmesser (geschlagener Niet!) am Knotenblech befestigt sind. Die Zugbelastung beträgt $F = 8500$ kp.

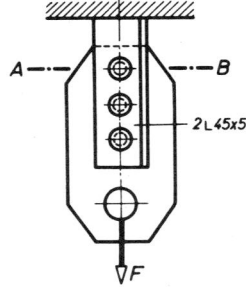

Wie groß ist die Zugspannung im gefährdeten Querschnitt A—B der Winkelprofile?

683. Ein Zugstab nach Aufgabe 682 soll durch Niete von 13 mm Durchmesser (geschlagener Niet!) an ein Knotenblech angeschlossen werden und dabei eine Last von 12 Mp übertragen.

Welches gleichschenklige Winkelprofil ist zu wählen (DIN 1028), wenn die zulässige Zugspannung nach DIN 1050 mit 1600 kp/cm² vorgeschrieben ist?

Rechne zunächst mit der Annahme, daß der Nutzquerschnitt infolge der Nietlöcher etwa 80 % des Profilquerschnittes beträgt. Führe nach der Wahl des Profiles den Spannungsnachweis!

684. Ein Bauteil mit Rohrquerschnitt hat $D = 20$ mm Außendurchmesser und wird mit $F = 1350$ kp reiner Zugkraft belastet.

Wie groß darf der Innendurchmesser d höchstens sein, wenn eine zulässige Spannung von 800 kp/cm² vorgeschrieben ist?

685. Eine Stahlstange aus St 42 hat 18 mm Durchmesser und trägt 2000 kp Zuglast.

a) Welche Zugspannung tritt auf?

b) Wie groß ist die Sicherheit gegen Bruch?

686. Ein Probestab von 20 mm Durchmesser zerreißt bei 15 300 kp Höchstlast.

Wie groß ist die Zugfestigkeit des Werkstoffes?

687. Ein Flachstahlprofil 120 × 12 nach DIN 1016 wird durch 15 Mp Zugkraft belastet. Die Zugfestigkeit für den gleichen Werkstoff wurde mit 42 kp/mm² ermittelt.

Welche Sicherheit gegen Bruch liegt vor?

688. Wie lang muß ein Stahlstab aus St 34 sein, damit er unter der Wirkung seines Eigengewichtes zerreißt?

689. Das Stahlseil eines Förderkorbes darf mit 18 kp/mm² auf Zug beansprucht werden. Es hat 3,2 cm² Nutzquerschnitt und wird 900 Meter tief ausgefahren.

Welche Nutzlast darf das Seil tragen?

690. Ein Bremsband A soll mit dem Anschlußbügel B durch 4 Schrauben verbunden werden, und zwar so, daß allein die Reibung zwischen den beiden Bauteilen die Zugkraft $F = 350$ kp überträgt. Die Haftreibzahl wird mit 0,15 angenommen. Die zulässige Zugspannung in den Schrauben sei 800 kp/cm². Bandmaße: $b = 60$ mm, $s = 1$ mm.

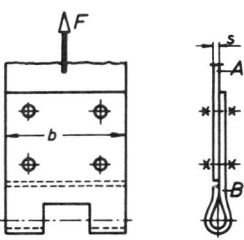

a) Welches Gewinde nach DIN 13 ist für die Schrauben zu wählen?

b) Wie groß sind die Zugspannungen im gefährdeten Querschnitt des Bremsbandes?

c) Wie groß muß etwa das Anzugsmoment (Schlüsselmoment M_s) für die gewählten Schrauben sein?

V. Festigkeitslehre

691. Zwei Flachstähle sollen überlappt durch zwei in Zugrichtung hintereinander liegende Schrauben verbunden werden. Dabei soll allein die zwischen den aufliegenden Stäben vorhandene Reibung*) ausreichen, eine Zugkraft von 500 kp zu übertragen.

a) Welches Befestigungsgewinde nach DIN 13 ist zu wählen, wenn eine Zugspannung von 600 kp/cm² in den Schrauben nicht überschritten werden soll?

b) Welche Querschnittsmaße müssen die Flachstähle haben, wenn hier die gleiche Zugspannung auftreten darf und das Verhältnis $b/s \approx 6$ sein soll?

692. Zwei Gelenkstäbe S_1 und S_2 mit 16 mm Durchmesser tragen nach Skizze eine Last von 2000 kp. Es ist der Winkel $\beta = 2\,\alpha$ und $\alpha = 25°$. Wie groß sind die Spannungen in den beiden Zugstäben?

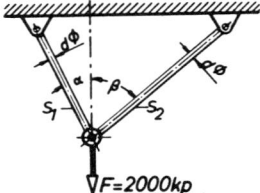

693. Der Lasthaken eines Kranhubwerkes nach DIN 687 für eine Tragkraft von 12,5 Mp hat 85 mm Schaftdurchmesser und ein Traggewinde M 72 × 4 nach DIN 13 mit 35,05 cm² Kernquerschnitt.

Berechne für die größte zulässige Betriebslast:

a) die Zugspannung im Schaft,

b) die Zugspannung im Gewindekern!

694. Ein schwellend auf Zug beanspruchter Stahlstab aus St 50 hat 8 mm Durchmesser im Kreisquerschnitt. Eine Querbohrung von 2 mm schwächt den Querschnitt.

a) Welche zulässige Spannung ergibt sich, wenn mit einer 1,5fachen Sicherheit gegen Dauerbruch gerechnet werden soll und die Kerbwirkungszahl*) zu 2,8 gefunden wurde?

b) Welche höchste Zugkraft F_{max} kann der gefährdete Querschnitt übertragen?

695. Ein zugbeanspruchter Flachstahl 60 × 6 aus St 37 wird wechselnd auf Zug/Druck belastet und hat eine Querbohrung von 13 mm Durchmesser. $\alpha_K = 2,5$; $\eta_K = 0,4$; $b_1 = 1$; $b_2 = 1$.

Berechne:

a) die zulässige Zugspannung,

b) die höchste zulässige Belastung F_{max}!

---

*) Siehe Fußnote S. 135.

Hookesches Gesetz

696. Ein Stahldraht von 120 mm Länge und 0,8 mm Durchmesser trägt eine Zuglast von 6 kp. Der Elastizitätsmodul E ist $2,1 \cdot 10^6$ kp/cm² beziehungsweise $2,1 \cdot 10^4$ kp/mm² *).

Es sind zu berechnen:

a) die auftretende Zugspannung,

b) die Dehnung des Drahtes in Prozenten,

c) die elastische Verlängerung!

697. Um wieviel Millimeter verlängert sich eine Zugstange aus St 60 von 6 Meter Länge, wenn im Querschnitt eine Zugspannung von 1000 kp/cm² wirksam ist. $E = 2\,100\,000$ kp/cm².

698. Ein auf Zug beanspruchter Stahlstab hat 6 Meter Länge und soll mit höchstens 1000 kp/cm² beansprucht werden. Die Zuglast beträgt 4 Mp.

Berechne:

a) den erforderlichen Durchmesser des Kreisquerschnittes und erhöhe auf volle 10 Millimeter,

b) die auftretende Höchstspannung bei Berücksichtigung des Eigengewichtes,

c) die Dehnung der Zugstange in Prozenten,

d) die Verlängerung des Stabes,

e) die aufgenommene Formänderungsarbeit!

699. Ein Leder-Flachriemen von 100×5 mm Querschnitt wird nach Skizze gespannt durch Vergrößerung des Achsabstandes l um 80 Millimeter.

Der Elastizitätsmodul für Leder ist $E = 600$ kp/cm². Annahme: Die Verlängerung verteilt sich gleichmäßig auf die gesamte Riemenlänge!

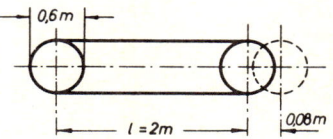

Berechne:

a) die Dehnung des Riemens,

b) die Zugspannung im Riemen,

c) die Spannkraft im Riemen!

*) Siehe Fußnote S. 135.

V. Festigkeitslehre

700. Ein runder Gummipuffer wird nach Skizze mit 50 kp belastet und dabei von 30 auf 25 mm elastisch zusammengedrückt. Der Elastizitätsmodul für Gummi sei 50 kp/cm².

Berechne:

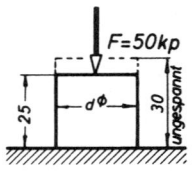

a) die Druckspannung im Puffer,

b) den erforderlichen Pufferdurchmesser,

c) die vom Puffer aufgenommene Formänderungsarbeit!

701. Mit Hilfe von Dehnungsmeßstreifen wird an einem Zugstab einer Brückenkonstruktion bei größter Verkehrsbelastung eine Verlängerung von 6 mm festgestellt. Der Stab besteht aus 2 U 200 Profilen nach DIN 1026 und hat eine Systemlänge von 9,2 Metern.

Berechne:

a) die im Stab auftretende Zugspannung,

b) die maximale Belastung des Stabes infolge der Verkehrslasten!

702. Ein Probestab aus Stahl hat 20 mm Durchmesser und 400 mm Länge. Bei einer Belastung von 4000 kp stellt sich eine Verlängerung von 0,25 mm ein.

Aus diesen Meßwerten soll berechnet werden:

a) die Zugspannung im Probestab,

b) die Dehnung des Stabes,

c) der Elastizitätsmodul des Werkstoffes!

703. Ein Stahldraht von 0,2 mm² Querschnitt und 2 m Länge wird durch Zugbelastung um 4 mm verlängert. Elastizitätmodul $E = 2,1 \cdot 10^6$ kp/cm².

Berechne:

a) die Dehnung des Drahtes,

b) die vorhandene Zugspannung,

c) die Zugbelastung des Drahtes!

704. An einem Stahldraht von 0,4 mm² Querschnitt und 80 cm Länge wirken 5 kp Zuglast.

Berechne:

a) die auftretende Zugspannung,

b) die elastische Verlängerung!

705. Eine Zugstange aus Stahl hat 8 m Länge und 12 mm Durchmesser. Welche Spannung wirkt im Querschnitt und welche Verlängerung stellt sich ein, wenn 1 Mp Zuglast wirkt?

706. Ein Spannstab aus Stahl hat 8 m Länge und 50 mm Durchmesser. Er wird mit einer gleichmäßig über dem Querschnitt verteilten Zugspannung von 1400 kp/cm² beansprucht. $E = 2,1 \cdot 10^6$ kp/cm².

Bestimme:

a) die am Stab wirkende Zugkraft,

b) die Dehnung des Stabes in %,

c) die Verlängerung des Stabes,

d) die vom Stab aufgenommene Formänderungsarbeit!

707. Eine Weichgummischnur von 60 cm Länge und 2 mm² Querschnitt wird durch 0,5 kp Zuglast auf 100 cm verlängert.

Berechne:

a) die Dehnung in %,

b) die Zugspannung im Querschnitt,

c) den Elastizitätsmodul des Werkstoffes!

708. Ein Gummiseil von 5 m ungespannter Länge soll bei 100 kp Belastung auf 6 m verlängert werden. E-Modul = 80 kp/cm².

Berechne:

a) die Zugspannung im Seil,

b) den Seildurchmesser,

c) die vom Seil aufgenommene Formänderungsarbeit!

709. Ein Stahlseil nach DIN 655 mit 86 Einzeldrähten von $d = 1,2$ mm Durchmesser und 160 kp/mm² Zugfestigkeit wird durch eine Last F auf Zug beansprucht.

a) Wie groß darf die Last F höchstens sein, wenn eine 6fache Sicherheit gegen Bruch erwartet wird?

b) Wie groß ist die elastische Verlängerung des Seiles bei 22 m Länge?

710. Eine Stahlstange von 16 mm Durchmesser und 80 m Länge hängt frei herab und wird am unteren Ende mit 2200 kp belastet.

a) Wie groß sind die Spannungen am unteren und am oberen Ende?

b) Wie groß ist die Verlängerung?

711. Der Dreiecksverband eines Fachwerkes wird nach Skizze belastet. Der Zugstab soll aus zwei gleichschenkligen Winkelprofilen nach DIN 1028 hergestellt werden.

Berechne:

a) die vom Zugstab aufzunehmende Kraft,

b) das erforderliche Winkelprofil für eine zulässige Spannung von 1200 kp/cm², wenn für die Nietlöcher eine Querschnittsminderung von etwa 20 % zu erwarten ist,

c) die vorhandene Spannung, wenn jedes Profil durch ein Nietloch von 11 mm Durchmesser geschwächt wird,

d) die elastische Verlängerung des Zugstabes!

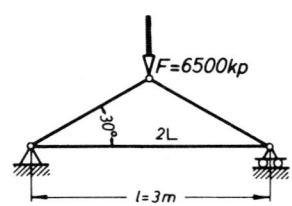

712. Drei Stahlgelenkstäbe S_1, S_2 und S_3 mit $d = 20$ mm Durchmesser tragen nach Skizze eine Last von $F = 4000$ kp. Es ist der Winkel $\alpha = 30°$.

Welche Spannungen treten in den drei Zugstäben auf (siehe Erläuterung S. 254)?

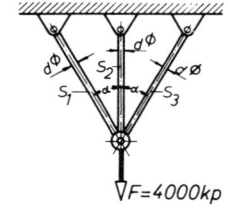

713. Zwischen zwei Gebäuden im Abstand $l = 10$ m liegt frei eine wasserführende Rohrleitung, die durch zwei Stahltrossen in der Mitte zwischen den Gebäuden abgefangen werden soll. Der lichte Durchmesser der Rohrleitung beträgt 100 mm, das Gewicht je Meter Rohrleitung 9,64 kp. Für die Isolierung des Rohres werden 10 % des Gesamtgewichtes angenommen. Die Berechnung ist auf 10 m Rohrlänge zu beziehen!

Maße: $l_1 = 1$ m, $l_2 = 3,5$ m.

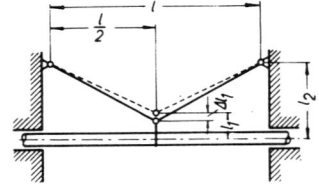

Berechne:

a) die Anzahl n der Stahldrähte von 1 mm Durchmesser, wenn darin eine Spannung von 1000 kp/cm² nicht überschritten werden soll,

b) die ungefähre Senkung $\Delta\,l_1$ des Rohres infolge der elastischen Verlängerung der Trossen bei Belastung!

Beanspruchung auf Druck und Flächenpressung

714. Berechne die Seitenlänge a der quadratischen Auflagerplatte eines Trägers, wenn das Fundament eine Flächenpressung von 40 kp/cm² aufnehmen darf!

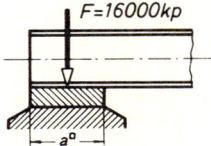

715. Der Gleitschuh einer Großkraftmaschine wird mit 20 Mp Normalkraft auf die Gleitbahn gedrückt.

Welche Maße muß der Gleitschuh erhalten, wenn die zulässige Pressung 12 kp/cm² beträgt und das Bauverhältnis Länge l : Breite b = 1,6 sein soll?

716. Ein Gleitlager soll 1250 kp Lagerkraft aufnehmen. Die Flächenpressung darf 100 kp/cm² sein bei einem Bauverhältnis $l/d = 1,6$.

Bestimme die Zapfenlänge l und den Zapfendurchmesser d!

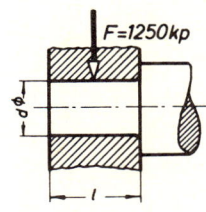

717. Berechne die Traglänge l des Rollenbolzens für eine zulässige Flächenpressung von 100 kp/cm², wenn der Bolzendurchmesser vom Konstrukteur mit 30 mm angenommen wurde!

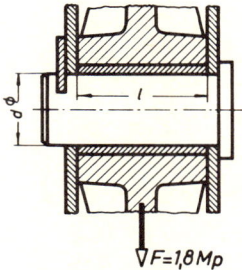

145

V. Festigkeitslehre

718. Der skizzierte Wellenzapfen stützt sich mit seiner Schulter auf der Lager-Stirnseite ab.
Berechne den erforderlichen Durchmesser D, wenn die Flächenpressung zwischen Lager und Zapfenschulter 60 kp/cm² nicht überschreiten soll!

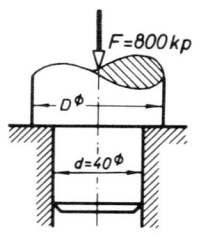

719. Ein Zugbolzen wird mit 3 Mp nach Skizze belastet.

Berechne:

a) den erforderlichen Bolzendurchmesser d, wenn eine Zugspannung 800 kp/cm² einzuhalten ist,

b) den erforderlichen Kopfdurchmesser D, wenn die Flächenpressung zwischen Kopf und Auflage 600 kp/cm² nicht überschreiten soll!

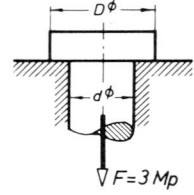

720. Ein Gleitlager nach Skizze wird mit einer Radialkraft $F_r = 1600$ kp und einer Axialkraft $F_a = 750$ kp belastet. Das Bauverhältnis l/d soll 1,2 sein. Zulässige Flächenpressung 60 kp/cm².

Berechne d, D, l!

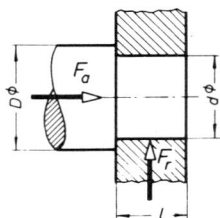

721. Die Nabe eines Rades wird mit Hilfe des Befestigungsgewindes auf den kegeligen Wellenstumpf gezogen.

Maße: $D = 60$ mm, $d = 44$ mm.

a) Welche Anzugkraft F_a ist zulässig, wenn die Flächenpressung höchstens 500 kp/cm² sein soll?

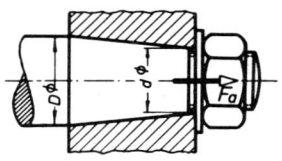

b) Welchen Kerndurchmesser muß das Gewinde bekommen, wenn 800 kp/cm² Zugspannung zulässig sind?

c) Welches Gewinde nach DIN 13 ist zu wählen?

146

722. Die skizzierte Trapezgewindespindel (DIN 103) ist zugbeansprucht. Die zulässige Zugspannung
hat der Konstrukteur mit
1200 kp/cm² angenommen.

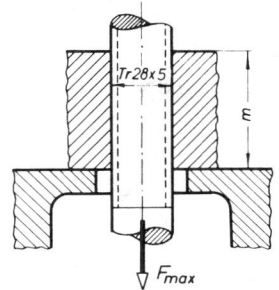

Berechne:
a) die zulässige Höchstlast für die
   Spindel,

b) die erforderliche Mutterhöhe m,
   wenn die Flächenpressung im
   Gewinde 300 kp/cm² nicht überschreiten soll!

723. Eine Zugspindel mit Trapezgewinde nach DIN 103 hat über eine
Mutter in Längsrichtung eine Zugkraft von 3600 kp zu übertragen. Die
Mutter soll in 5 Sekunden einen Vorschubweg von 200 mm zurücklegen.
Berechne:
a) das erforderliche Trapezgewinde, wenn eine zulässige Zugspannung
   von 1000 kp/cm² vorgeschrieben ist,

b) die erforderliche Mutterhöhe m, wenn die zulässige Flächenpressung
   für Bz-Werkstoff 120 kp/cm² beträgt,

c) die erforderliche Antriebsleistung an der Spindel, wenn die Reibzahl
   im Gewinde für Stahl auf Bronze mit 0,18 und der Wirkungsgrad
   der Spindellagerung mit 0,94 angenommen werden!

724. Die Druckspindel einer Spindelpresse hat Trapezgewinde
Tr 70 × 10 nach DIN 103 und wird durch eine Druckkraft von 10 Mp
belastet.
Berechne:
a) die Druckspannung im Kernquerschnitt der Spindel,

b) die erforderliche Mutterhöhe m, wenn die Flächenpressung in den
   Gewindegängen 100 kp/cm² nicht überschreiten darf!

725. Eine Schraubenspindel mit Trapezgewinde nach DIN 103 soll
20 Mp Zugkraft übertragen. Sie besteht aus Werkstoff St 60. Die zulässige Zugspannung soll 4fache Sicherheit gegen Bruch gewährleisten.
Die Flächenpressung im Gewinde darf 80 kp/cm² nicht überschreiten.

a) Welches Trapezgewinde nach DIN 103 ist nötig?

b) Welche Mutterhöhe ist erforderlich?

726. Eine Schraube M 20 hat 2,20 cm² Kernquerschnitt und 2,5 mm Steigung im Gewinde.

Berechne:

a) die höchste Zuglast für die Schraube, wenn im Kern eine Spannung von 450 kp/cm² nicht überschritten werden soll,

b) die Flächenpressung im Gewinde, wenn die Mutterhöhe $m = 0,8 \cdot d$ sein soll!

727. Eine Kegelkupplung mit den Maßen nach Skizze hat ein Drehmoment von 11 kpm zu übertragen.

Berechne für eine Reibzahl von 0,1 die Flächenpressung zwischen den Reibflächen und die nötige Anpreßkraft F!

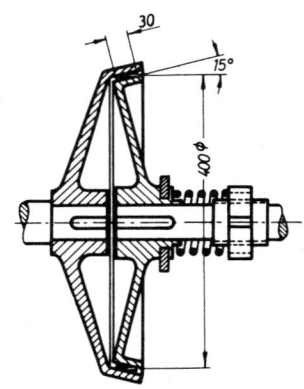

728. Die Schraubenfeder eines Personenkraftwagens muß zur Montage in der skizzierten Vorrichtung gespannt werden. Bei einer Länge $l = 350$ mm zwischen den beiden Muttern ist die Feder so gespannt, daß sie eine Federkraft $F = 500$ kp erzeugt.

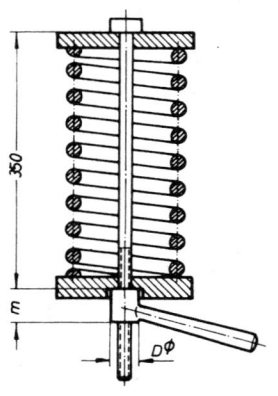

a) Welches metrische Gewinde nach DIN 13 ist zu schneiden, wenn 800 kp/cm² Zugspannung in der Spindel nicht überschritten werden sollen?

b) Wie groß ist etwa die elastische Verlängerung der Spindel?

c) Wie groß muß der Durchmesser D für die Mutterauflage gemacht werden bei einer zulässigen Pressung von 50 kp/cm²?

d) Wie groß muß die Mutterhöhe m für die gleiche Pressung werden?

729. Eine Hohlsäule aus GG hat die Maße $h = 6$ m, $d_a = 200$ mm und wird durch $F = 32$ Mp auf Druck beansprucht.

Berechne:

a) den Innendurchmesser d_i der Säule für eine zulässige Spannung von 800 kp/cm²,

b) den Fußdurchmesser d_f für eine zulässige Flächenpressung von 25 kp/cm² unter Berücksichtigung des Eigengewichtes der Säule ohne Säulenfuß!

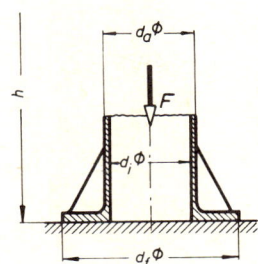

730. Eine hohle gußeiserne Säule von kreisringförmigem Querschnitt trägt eine Last von 150 Mp. Der Außendurchmesser beträgt 400 mm.

Berechne:

a) die Wanddicke s für eine zulässige Spannung von 650 kp/cm²,

b) die Kantenlänge a des vollen quadratischen Säulenfußes, wenn für den Baugrund eine zulässige Flächenpressung von 40 kp/cm² vorgeschrieben ist!

731. Die Sitzfläche des Druckventiles einer Wasserpumpe hat 80 mm Außen- und 65 mm Innendurchmesser.

Welche Flächenpressung tritt im Ventilsitz auf, wenn die Pumpe eine Druckhöhe von 85 m erzeugt?

732. Eine Welle von $d = 80$ mm Durchmesser hat eine Axialkraft $F = 500$ kp durch Bund aufzunehmen.

Wie groß muß der Bunddurchmesser D werden bei einer zulässigen Flächenpressung von 25 kp/cm²?

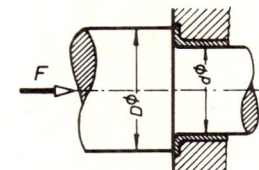

733. Eine senkrecht stehende Welle
trägt die Axiallast $F = 1000$ kp und
ist durch einen Vollspurzapfen mit
ebener Spurplatte gelagert.

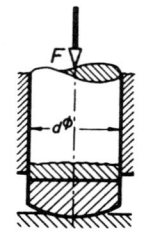

Berechne:

a) den erforderlichen Zapfendurchmesser bei einer zulässigen mittleren Flächenpressung von
50 kp/cm²,

b) die Druckspannung in der Welle
bei gleichem Durchmesser!

734. Die senkrecht stehende Welle
wird durch die Axiallast $F =$
2000 kp belastet und durch ein Ring-
spurlager abgefangen.

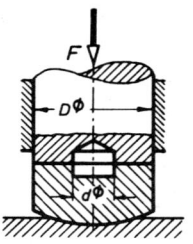

Berechne:

a) die Maße D und d der Ringspur-
platte für eine zulässige mittlere
Flächenpressung von 25 kp/cm²
und $D/d = 2,8$,

b) die Druckspannung in der
Welle!

735. Eine Stütze besteht aus 2 U 140 DIN 1026 und wird durch eine Last
von 4800 kp in Achsrichtung belastet. Der gefährdete Querschnitt ist
durch 2 Nietlöcher von 17 mm $\emptyset$ im Steg eines jeden Profils geschwächt.
Berechne die auftretende höchste Druckspannung in der Stütze!

736. Eine Welle überträgt die Axialkraft $F = 1,2$ Mp, die von einem
Kammlager aufgenommen werden soll.

Berechne:

a) den erforderlichen Wellendurchmesser d für eine zulässige
Druckspannung von 250 kp/cm²,

b) die Kammbreite b für $b =$
$0,15 \cdot d$,

c) die Anzahl z der Kämme für
eine zulässige mittlere Flächenpressung von 15 kp/cm²!

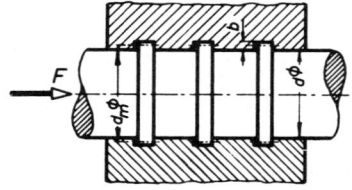

737. Eine Welle von 70 mm Durchmesser hat eine Axialkraft von 1,5 Mp zu übertragen.

Für das Kammlager ist die Anzahl z der Kämme zu berechnen, wenn die zulässige mittlere Flächenpressung 12 kp/cm² sein soll und die Ringbreite $b = 0,15 \cdot d$ gewählt wird.

Beanspruchung auf Abscheren

738. Es ist die Stanzkraft zu berechnen zum Stanzen eines Loches von 30 mm Durchmesser in 2 mm dickes Stahlblech, dessen Abscherfestigkeit 3100 kp/cm² beträgt!

739. Welche größte Blechdicke kann mit einem Lochstempel von 25 mm Durchmesser gestanzt werden, wenn die Druckbeanspruchung im Stempel 60 kp/mm² betragen darf und die Abscherfestigkeit des Blechwerkstoffes zu 3900 kp/cm² bestimmt wurde?

740. In ein 6 mm dickes Blech aus St 50 werden Vierkantlöcher mit 20 mm Kantenlänge gestanzt.

Berechne die erforderliche Mindestdruckkraft im Stempel für eine Abscherfestigkeit des Werkstoffes von 4250 kp/cm²!

741. Der skizzierte Lochstempel hat $d = 30$ mm Durchmesser. Die zulässige Druckspannung des Stempelwerkstoffes beträgt 60 kp/mm².

Berechne:

a) die höchste zulässige Druckkraft im Stempel,

b) die größte Blechdicke s_{max}, die damit noch gelocht werden kann, wenn Werkstoff St 37 bearbeitet werden soll!

742. Berechne die Abscherspannung im Kopf eines Zugbolzens mit $d = 20$ mm Schaftdurchmesser bei 800 kp/cm² Zugspannung im Schaftquerschnitt, wenn die Kopfhöhe $k = 0,7 \cdot d$ ist.

Wie groß muß der Kopfdurchmesser D sein, wenn die Flächenpressung zwischen Kopf und Auflage 200 kp/cm² nicht überschreiten soll?

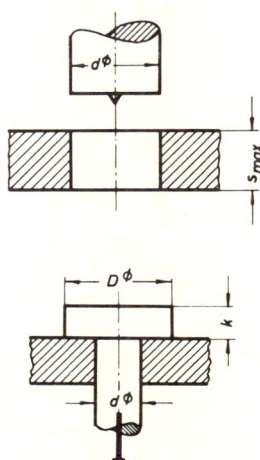

V. Festigkeitslehre

743. Ein Stangengelenk nach Skizze wird durch eine Zugkraft $F = 190$ kp belastet.

Berechne den erforderlichen Bolzendurchmesser für eine zulässige Abscherspannung von 600 kp/cm²!

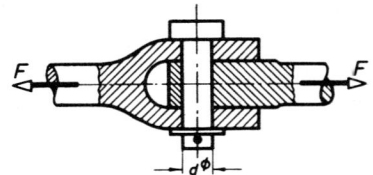

744. Die skizzierte Kette wird mit 700 kp zugbeansprucht.

Berechne:

a) die Zugspannung im gefährdeten Laschenquerschnitt,

b) die Abscherspannung in den Bolzen,

c) den Lochleibungsdruck (Flächenpressung!) zwischen Bolzen und Lasche!

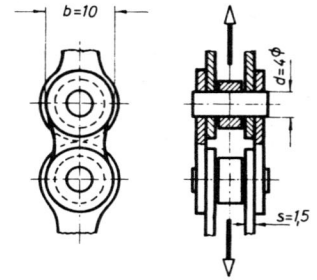

745. Die Skizze zeigt das Glied einer Fahrradkette. Wir wollen annehmen, daß sich ein gewichtiger Radfahrer mit seinem ganzen Körpergewicht $G = 100$ kp auf ein Pedal stellt. Der Kurbelarmradius sei 160 mm, das Kettenrad habe einen Teilkreisradius von 90 mm.

Berechne:

a) die Zugkraft F_z in der Kette,

b) die Zugspannung im gefährdeten Querschnitt der Laschen,

c) die Flächenpressung zwischen Bolzen und Laschen,

d) Abscherspannung im Bolzen!

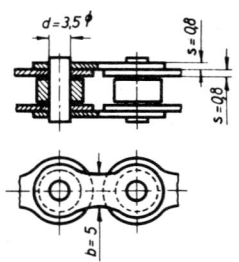

746. Eine Winkelschere soll Winkelstahlprofil bis 60×5 schneiden. Berechne die ungefähre Stempelkraft F, wenn die Scherfestigkeit des Profilstahles etwa 4500 kp/cm² beträgt!

152

747. Die Skizze zeigt die Strebenverbindung eines Streckbalkens (Schwelle) durch einfachen Versatz. $F = 2000$ kp, $\tau_{a\,zul} = 10$ kp/cm².

Berechne:

a) die Vorholzlänge l_v für eine Einschnittiefe $a = 4$ cm und eine Strebenbreite $b = 12$ cm,

b) die Fugenpressung der Stirnfläche $a \cdot b$!

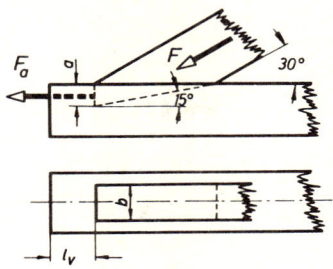

748. Die skizzierte· Keilverbindung ist zu dimensionieren.

Berechne dazu im einzelnen:

a) die Keilabmessungen s und h, wenn das Bauverhältnis $h \approx 3 \cdot s$ einzuhalten ist und die Abscherspannung 300 kp/cm² nicht überschreiten soll,

b) den Stangendurchmesser d, wenn die Flächenpressung im Keilloch gleich der Zugspannung im gefährdeten Querschnitt $A—B$ sein soll!

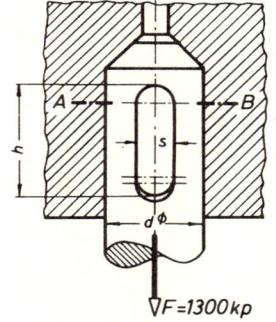

749. Seiltrommel und Stirnrad einer Bauwinde sind durch Schrauben miteinander verbunden. Die Schrauben stecken in Scherhülsen, die die Umfangskraft allein aufnehmen sollen.

Berechne die Wanddicke s der drei Scherhülsen für eine Abscherspannung von 500 kp/cm², wenn der Innendurchmesser der Hülsen mit 12 mm angenommen wird!

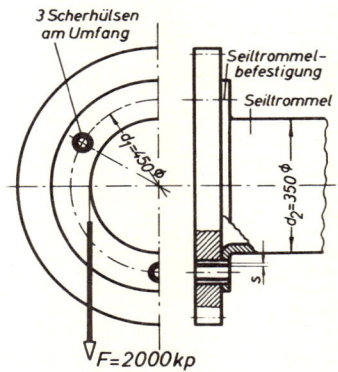

V. Festigkeitslehre

750. Zwei Ms-Bleche sind überlappt nach Skizze hart aufeinander gelötet. Die Lötfläche hat die Maße $b = 5$ mm, $l = 18$ mm. Die zulässige Abscherspannung für das Hartlot soll 700 kp/cm² betragen.

Berechne:

a) die höchstzulässige Kraft F,

b) die erforderliche Lötbreite b, wenn die Lötverbindung ebenso zerreißfest sein soll, wie das Blech selbst. Die Schubfestigkeit des Kupferhartlotes sei 1400 kp/cm², die Zugfestigkeit des Bleches 4100 kp/cm², die Blechdicke $s = 2$ mm!

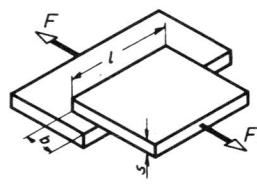

751. Die Nietverbindung nach Skizze (einschnittig) hat mit 2 Nieten eine Zugkraft $F = 3000$ kp aufzunehmen.

Berechne:

a) den Nietdurchmesser d_1 des geschlagenen Nietes (= Lochdurchmesser), wenn eine zulässige Abscherspannung von 1400 kp/cm² vorgeschrieben ist,

b) den vorhandenen Lochleibungsdruck,

c) die Breite b der Flachstähle (ohne Berücksichtigung des außermittigen Kraftangriffs), wenn die zulässige Spannung 1400 kp/cm² eingehalten werden muß!

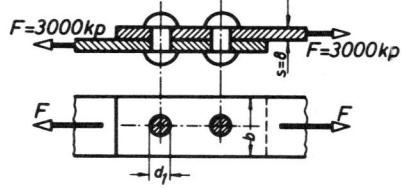

752. Berechne für die skizzierte Nietverbindung:

a) den Nietdurchmesser d_1 für eine zulässige Spannung von 400 kp/cm²,

b) den Lochleibungsdruck zwischen Nietschaft und Lochwand,

c) den Mindestrandabstand a für die gleiche zulässige Abscherspannung!

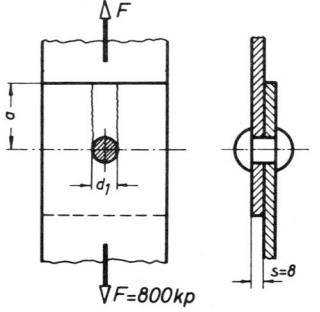

154

753. Welche Nietkraft F_n (Abscherkraft) kann ein Niet von 17 mm Durchmesser (geschlagen) übertragen bei zweischnittiger Verbindung und einer zulässigen Spannung von 1200 kp/cm²?

754. Zwei Flachstähle gleicher Dicke s und Breite b sollen durch eine einschnittige Überlappungsnietung so verbunden werden, daß sie eine Zugkraft $F = 2{,}3$ Mp übertragen können. Dabei sollen 2 Niete hintereinander liegen. Für den Flachstahlquerschnitt soll $b/s = 6$ sein. Zulässige Zugspannung 1200 kp/cm², zulässige Abscherspannung 800 kp/cm².

Berechne:

a) den Nietdurchmesser d,

b) die Flachstahlmaße b und s,

c) den Lochleibungsdruck,

d) die vorhandene Abscherspannung im geschlagenen Niet,

e) die vorhandene Zugspannung im gewählten Flachstahlquerschnitt!

755. Die skizzierte Nietverbindung hat $F = 4$ Mp zu übertragen.

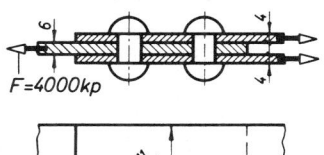

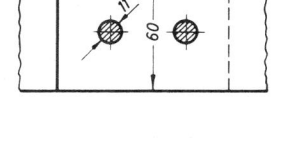

Berechne:

a) die Abscherspannung im Niet,

b) den größten Lochleibungsdruck,

c) die Zugspannung im gefährdeten Flachstahlquerschnitt!

756. Welche maximale Zugkraft F_{max} kann die skizzierte Nietverbindung übertragen, wenn die folgenden Bedingungen einzuhalten sind:

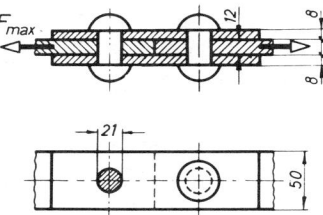

Zul. Zugspannung $= 1400$ kp/cm²,

zul. Abscherspannung $= 1000$ kp/cm²,

zul. Lochleibungdruck $= 2400$ kp/cm²?

(siehe Erläuterung zu Aufg. 758)

155

757. Die skizzierte Nietverbindung hat die Maße: $s_1 = 8$ mm; $s_2 = 6$ mm; $d_1 = 17$ mm (Durchmesser des geschlagenen Nietes = Lochdurchmesser). Die Verbindung wird mit $F = 8$ Mp belastet.

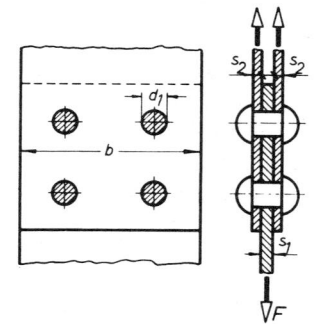

Berechne:

a) die von jedem Niet zu übertragende Kraft F_n,

b) die Abscherspannung im Niet,

c) den größten Lochleibungdruck,

d) die erforderliche Flachstahlbreite b für eine zulässige Spannung von 1200 kp/cm²!

758. Die einreihige Doppellaschennietung ist zu berechnen für eine Belastung von 12000 kp und mit:

$\sigma_{zul} = 1400$ kp/cm²;

$\tau_{zul} = 1120$ kp/cm²;

$\sigma_{l\,zul} = 2800$ kp/cm².

Gewählt wurden:

$d_1 = 17$ mm; $s = 8$ mm; $s_1 = 6$ mm.

Berechne:

a) den erforderlichen Flachstahlquerschnitt unter der Annahme, daß etwa 25 % Querschnitt für Nietlöcher verloren gehen,

b) die erforderliche Flachstahlbreite b,

c) die Anzahl n_a der Niete unter Berücksichtigung der zulässigen Abscherspannung,

d) die Anzahl n_l der Niete unter Berücksichtigung des zulässigen Lochleibungsdruckes,

e) die tatsächliche Zugspannung im gefährdeten Querschnitt,

f) die tatsächliche Abscherspannung in den Nieten,

g) den maximalen Lochleibungsdruck!

759. Die Stäbe eines Fachwerkträgers bestehen aus je 2 gleichschenkligen Winkelprofilen nach DIN 1028*). Für den skizzierten Anschluß sind zu berechnen:

a) die Stabkräfte F_1 und F_3,

b) die gleichschenkligen Winkelprofile aus St 37 für eine zulässige Zugspannung von 1400 kp/cm², wenn für die Nietlöcher etwa 20 % des Querschnittes angesetzt werden muß,

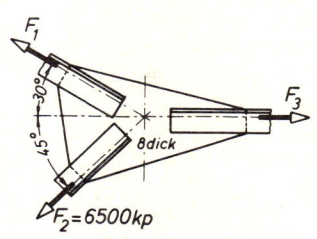

c) die Anzahl n der Niete für eine zulässige Abscherspannung von 1200 kp/cm²! Wahl des Nietdurchmessers d_1 (geschlagener Niet) nach DIN 997*)!

d) der maximale Lochleibungsdruck!

760. Zwei Diagonalstäbe eines Trägers sollen die Zugkräfte $F_1 = 10$ Mp und $F_2 = 24$ Mp über ein Knotenblech auf das Doppel-Winkelprofil $130 \times 65 \times 10$ nach DIN 1029*) übertragen.

Die Stäbe sollen aus je zwei gleichschenkligen Winkelprofilen nach DIN 1028*) bestehen, wobei der Stab 2 mit Beiwinkel angeschlossen werden soll.

Zulässige Spannungen betragen:

$\sigma_{zul} = 1600$ kp/cm²; $\tau_{zul} = 1400$ kp/cm²; $\sigma_{l\,zul} = 2800$ kp/cm².

Berechne:

a) das Winkelprofil für Stab 1,

b) das Winkelprofil für Stab 2,

c) die Nietzahl n_1 für Stab 1,

d) die Nietzahl n_2 für Stab 2,

e) den maximalen Lochleibungsdruck für Stab 1 und Stab 2,

f) die tatsächlichen Zugspannungen in den Stäben,

g) die Nietzahl n im Profil $130 \times 65 \times 10$!

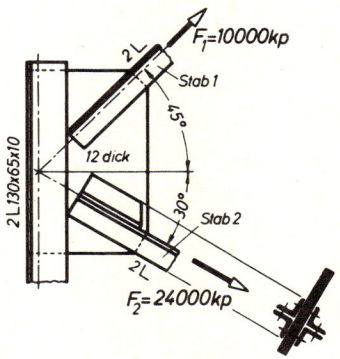

*) Siehe Fußnote S. 135.

157

V. Festigkeitslehre

761. Eine Zugstange aus zwei gleichschenkligen Winkelprofilen nach DIN 1028 hat $l = 4\,\text{m}$ Anschlußlänge und soll 18 Mp übertragen. Sie wird durch Niete mit $d_1 = 17\,\text{mm}$ an Knotenbleche von 12 mm Dicke angeschlossen. Einzuhalten sind 1600 kp/cm² Zugspannung, 1600 kp/cm² Abscherspannung, 3200 kp/cm² Lochleibungsdruck.

Berechne:

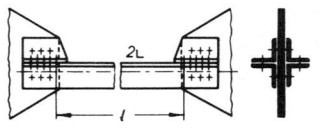

a) das erforderliche Winkelprofil,

b) die vorhandene Zugspannung,

c) die elastische Verlängerung,

d) die erforderliche Nietzahl!

762. Ein I 400 DIN 1025 *) ist nach Skizze über 2 Winkelprofile 120 × 80 × 12 DIN 1029 *) an ein U 400 DIN 1026 *) angeschlossen. Der Durchmesser des geschlagenen Nietes ist $d_1 = 25\,\text{mm}$.

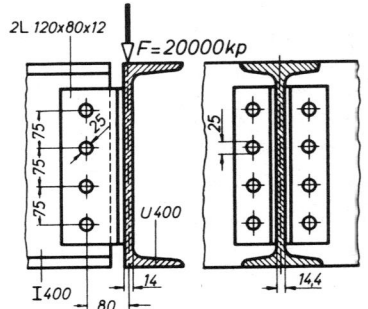

Führe den Spannungsnachweis und berechne dazu:

a) die vorhandene maximale Abscherspannung in den Nieten unter·Berücksichtigung des auftretenden Biegemomentes M_b,

b) den vorhandenen maximalen Lochleibungsdruck!

763. Für den Knotenpunkt eines Krangerüstes (Stoß zweier Flachstähle mit zwei U-Profilen) sind zu berechnen:

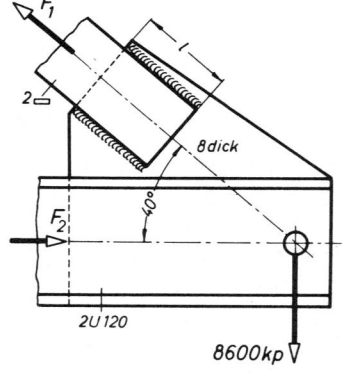

a) die Stabkräfte F_1 und F_2,

b) das erforderliche Profil der beiden Flachstähle aus St 37, wenn das Bauverhältnis Breite b : Dicke s etwa 10 gewählt wird und die zulässige Spannung 1400 kp/cm² sein soll,

---

*) Siehe Fußnote S. 135.

158

c) die Schweißnahtlänge *l* für den Flachstahlanschluß an das Knoten-blech, wenn die Nahtdicke $a = 5$ mm gewählt wird und die zu-lässige Schweißnahtspannung $\tau_{\text{schw zul}} = 900$ kp/cm² vorgeschrieben ist. Für die Endkrater sind jeweils $2 \cdot a$ zuzuschlagen!

d) die Anzahl *n* der Schrauben M 20 zur Verschraubung der U-Profile mit dem Knotenblech für eine zulässige Abscherspannung von 700 kp/cm² und einem zulässigen Lochleibungsdruck von 1600 kp/cm²!

764. Ein Zugband wird mit 5000 kp schwellend belastet und ist nach Skizze mit dem Bügel verschweißt. Nahtform: Flachkehlnaht mit $a =$ 6 mm Nahtdicke.

Berechne:

a) die Zugspannung im Bremsband,

b) die Schweißnahtsspannung τ_{schw}, wenn bei der Berechnung für die Schweißnaht-Endkrater jeweils eine Nahtdicke abgezogen wird!

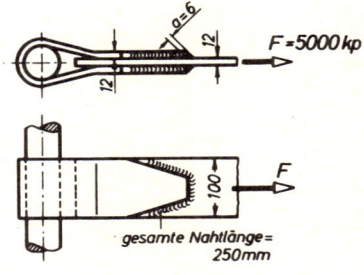

765. Ein Zahnrad ist durch einen Zylinderstift mit der Welle verbun-den. Diese hat ein Drehmoment von 75 kpcm zu übertragen.

Berechne den erforderlichen Durch-messer *d* des Zylinderstiftes aus St 70, für den eine zulässige Span-nung von 500 kp/cm² festgelegt worden ist.

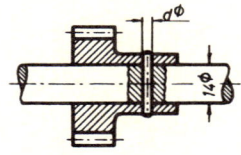

Trägheitsmomente und Widerstandsmomente *)

766. Vergleiche die polaren Widerstandsmomente für flächengleiche Kreis- und Kreisringquerschnitte!

a) Berechne für einen Kreisquerschnitt von 60 mm Durchmesser den Flächeninhalt und das polare Widerstandsmoment W_p!

b) Berechne für einen Kreisringquerschnitt von gleichem Flächeninhalt wie unter a) die Maße D und d, wenn $D/d = 10 : 8$ sein soll!

c) Berechne für den unter b) gefundenen Kreisringquerschnitt das polare Widerstandsmoment W_p!

767. Vergleiche die axialen Widerstandsmomente für flächengleiche Querschnitte!

a) Berechne das axiale Widerstandsmoment für ein Rechteck mit $b = 16$ cm und $h = 4$ cm!

b) Desgleichen für ein Quadrat mit $a = 8$ cm Kantenlänge!

c) Desgleichen für ein Rechteck mit $b = 4$ cm und $h = 16$ cm!

d) Desgleichen für ein Rechteck mit $b = 2$ cm und $h = 32$ cm!

e) Desgleichen für ein Doppel-T-Profil mit 8 cm Flanschbreite, 11 cm Höhe, 3 cm Flanschdicke, 3,2 cm Stegdicke!

f) Desgleichen für ein Doppel-T-Profil mit 9 cm Flanschbreite, 2 cm Flanschdicke, 32 cm Höhe, 1 cm Stegdicke!

768. Berechne:

a) das axiale Trägheitsmoment I_x,

b) das axiale Widerstandsmoment W_x!

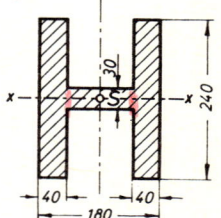

769. Berechne:

a) die axialen Trägheitsmomente I_x, I_y,

b) die axialen Widerstandsmomente W_x, W_y!

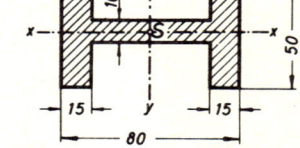

*) Siehe Fußnote S. 135.

770. Berechne:

a) das axiale Trägheitsmoment
$I_x = I_y$,

b) das axiale Widerstandsmoment
$W_x = W_y$!

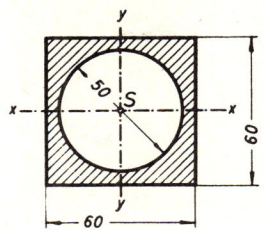

771. Berechne:

a) die axialen Trägheitsmomente
I_x, I_y,

b) die axialen Widerstandsmomente W_x, W_y!

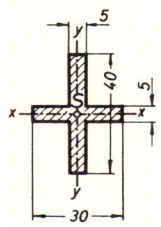

772. Berechne:

a) das axiale Trägheitsmoment I_x,

b) das axiale Widerstandsmoment
W_x!

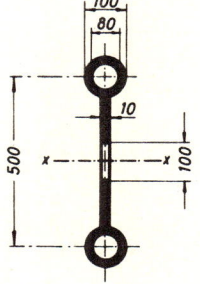

773. Berechne:

a) das axiale Trägheitsmoment I_x,

b) das axiale Widerstandsmoment
W_x!

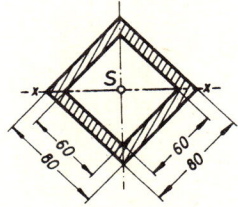

774. Berechne:

a) die Schwerpunktsabstände e_1, e_2,

b) die axialen Trägheitsmomente I_x, I_y,

c) die axialen Widerstandsmomente W_{x1}, W_{x2}, W_y!

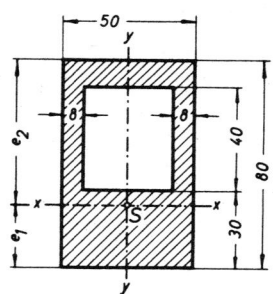

775. Berechne:

a) die Schwerpunktsabstände e_1, e_2,

b) die axialen Trägheitsmomente I_x, I_y,

c) die axialen Widerstandsmomente W_{x1}, W_{x2}, W_y!

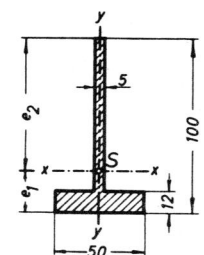

776. Berechne:

a) die axialen Trägheitsmomente I_x, I_y,

b) die axialen Widerstandsmomente W_x, W_y!

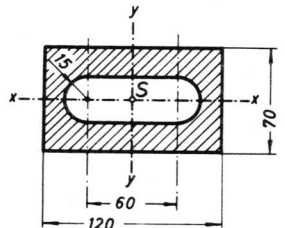

777. Berechne:

a) die Schwerpunktsabstände e_1, e_2,

b) das axiale Trägheitsmoment I_x,

c) die axialen Widerstandsmomente W_{x1}, W_{x2}!

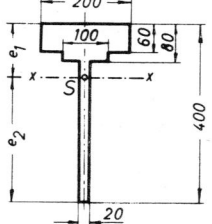

162

778. Berechne:

a) die Schwerpunktsabstände e_1, e_2,

b) das axiale Trägheitsmoment I_x,

c) die axialen Widerstandsmomente W_{x1}, W_{x2}!

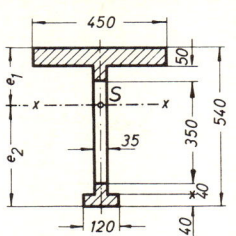

779. Berechne:

a) den Schwerpunktsabstand e_1,

b) die axialen Trägheitsmomente I_x, I_y,

c) die axialen Widerstandsmomente W_x, W_{y1}, W_{y2}!

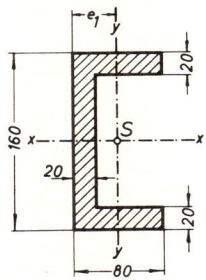

780. Berechne:

a) die Schwerpunktsabstände e_1, e_2, e_1', e_2',

b) die axialen Trägheitsmomente I_x, I_y,

c) die axialen Widerstandsmomente W_{x1}, W_{x2}, W_{y1}, W_{y2}!

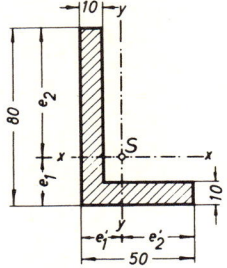

781. Berechne:

a) die Schwerpunktsabstände e_1, e_2,

b) die axialen Trägheitsmomente I_x, I_y,

c) die axialen Widerstandsmomente W_{x1}, W_{x2}, W_y!

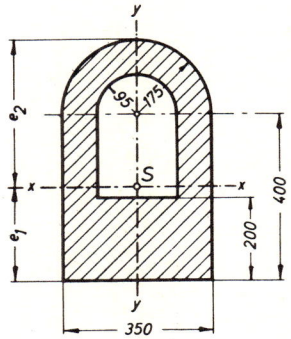

782. Berechne:

a) die Schwerpunktsabstände e_1, e_2, e_1', e_2',

b) die axialen Trägheitsmomente I_x, I_y,

c) die axialen Widerstandsmomente W_{x1}, W_{x2}, W_{y1}, W_{y2} !

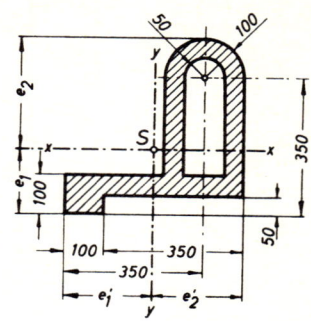

783. Berechne:

a) die Schwerpunktsabstände e_1, e_2,

b) das axiale Trägheitsmoment I_x,

c) die axialen Widerstandsmomente W_{x1}, W_{x2} !

Maße: $b_1 =$ 10 mm $\quad H =$ 100 mm
$ b_2 =$ 100 mm $\quad h_2 =$ 10 mm
$ b_3 =$ 25 mm $\quad h_3 =$ 20 mm

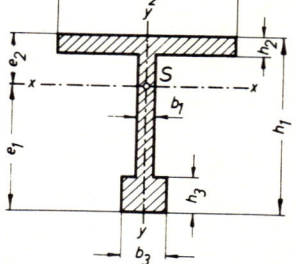

784. Berechne:

a) die Schwerpunktsabstände e_1, e_2, e_1', e_2',

b) die axialen Trägheitsmomente I_x, I_y,

c) die axialen Widerstandsmomente W_{x1}, W_{x2}, W_{y1}, W_{y2} !

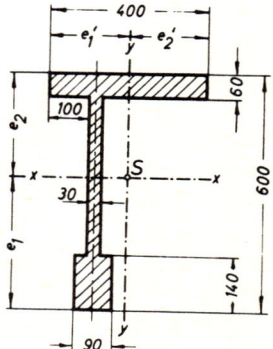

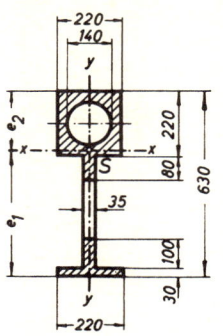

785. Berechne:

a) die Schwerpunktsabstände e_1, e_2,

b) das axiale Trägheitsmoment I_x,

c) die axialen Widerstandsmomente W_{x1}, W_{x2} !

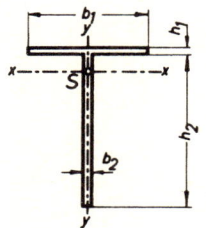

786. Berechne:

a) die axialen Trägheitsmomente I_x, I_y,

b) die axialen Widerstandsmomente W_x, W_y !

Maße: $h_1 = 2$ cm $b_1 = 40$ cm

$h_2 = 50$ cm $b_2 = 2$ cm

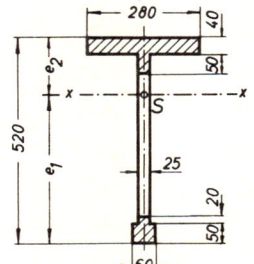

787. Berechne:

a) die Schwerpunktsabstände e_1, e_2,

b) das axiale Trägheitsmoment I_x,

c) die axialen Widerstandsmomente W_{x1}, W_{x2} !

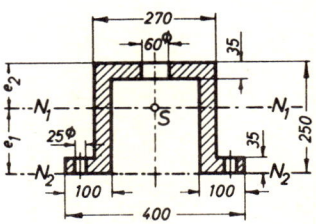

788. Berechne:

a) die Schwerpunktsabstände e_1, e_2,

b) die axialen Trägheitsmomente I_{N1}, I_{N2},

c) die axialen Widerstandsmomente für die Achse N_1,

d) das axiale Widerstandsmoment für die Achse N_2 !

789. Berechne:

a) die Schwerpunktsabstände e_1, e_2,

b) das axiale Trägheitsmoment I_x,

c) die axialen Widerstandsmomente W_{x1}, W_{x2}!

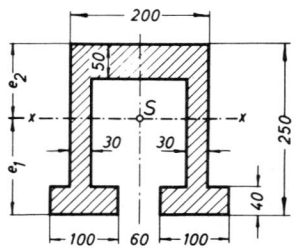

790. Berechne für das skizzierte Nahtbild eines geschweißten Trägeranschlusses mit $a = 5$ mm Schweißnahtdicke:

a) die Schwerpunktsabstände e_1, e_2,

b) das axiale Trägheitsmoment I_x,

c) die axialen Widerstandsmomente W_{x1}, W_{x2}!

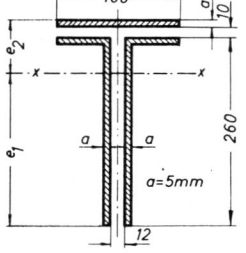

791. Berechne für das skizzierte Nahtbild eines geschweißten Trägeranschlusses mit $a = 6$ mm Schweißnahtdicke:

a) das axiale Trägheitsmoment I_x,

b) das axiale Widerstandsmoment W_x!

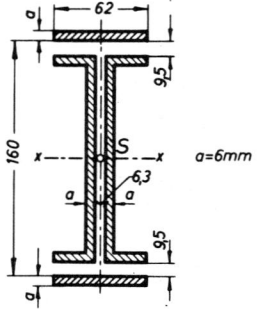

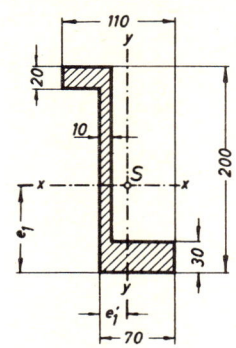

792. Berechne:

a) die Schwerpunktsabstände e_1, e_1',

b) die axialen Trägheitsmomente I_x, I_y,

c) die axialen Widerstandsmomente $W_{x1}, W_{x2}, W_{y1}, W_{y2}$!

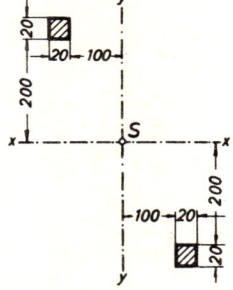

793. Berechne für die beiden durch Streben starr miteinander verbundenen Quadratprofile:

a) die axialen Trägheitsmomente der Profile,

b) die axialen Trägheitsmomente I_x, I_y,

c) die axialen Widerstandsmomente W_x, W_y!

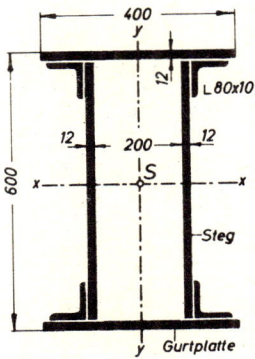

794. Berechne für den skizzierten Träger aus 2 Stegen, 2 Gurtplatten und 4 Winkelprofilen nach DIN 1028:

a) die axialen Trägheitsmomente I_x, I_y,

b) die axialen Widerstandsmomente W_x, W_y!

167

795. Berechne für den aus 4 U-Profilen nach DIN 1026 zusammengesetzten Träger:

a) die axialen Trägheitsmomente I_x, I_y,

b) die axialen Widerstandsmomente W_x, W_y!

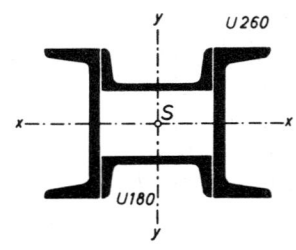

796. Berechne für den aus 2 U-Profilen nach DIN 1026 und einem Doppel-T-Profil nach DIN 1025 zusammengesetzten Träger:

a) die axialen Trägheitsmomente I_x, I_y,

b) die axialen Widerstandsmomente W_x, W_y!

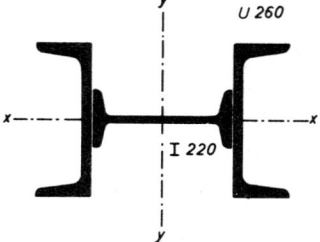

797. Berechne für den geschweißten Kastenrahmenträger aus Stahlblech und Winkelprofilen nach DIN 1028:

a) das axiale Trägheitsmoment I_x,

b) das axiale Widerstandsmoment W_x,

c) das größte übertragbare Biegemoment für eine zulässige Biegespannung von 1400 kp/cm²!

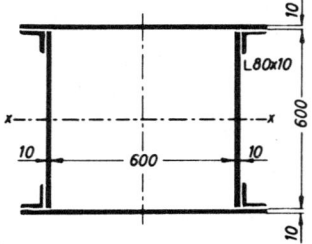

798. Berechne unter Berücksichtigung der Nietlöcher:

a) die axialen Trägheitsmomente I_x, I_y,

b) die axialen Widerstandsmomente W_x, W_y!

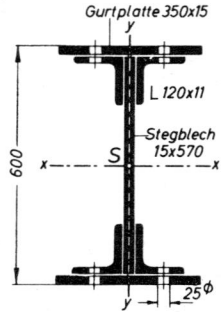

799. Berechne:

a) das axiale Trägheitsmoment der Winkelprofile,

b) das axiale Trägheitsmoment der Gurtplatten,

c) das axiale Trägheitsmoment des Steges,

d) das axiale Trägheitsmoment I_x des Gesamtquerschnittes,

e) das axiale Widerstandsmoment W_x!

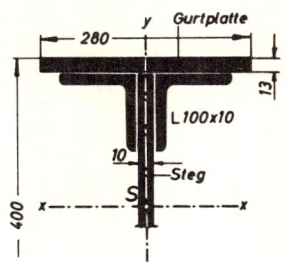

800. Berechne unter Berücksichtigung der Nietlöcher:

a) das axiale Trägheitsmoment I_x,

b) das axiale Widerstandsmoment W_x,

c) die prozentuale Verringerung des Gesamtwiderstandsmomentes durch die Nietlöcher!

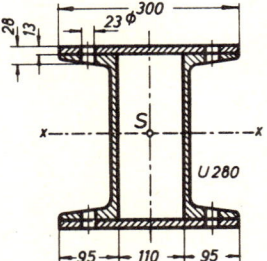

801. Berechne:

a) das axiale Trägheitsmoment I_x,

b) das axiale Widerstandsmoment W_x,

c) das maximal übertragbare Biegemoment für eine zulässige Spannung von 1400 kp/cm²!

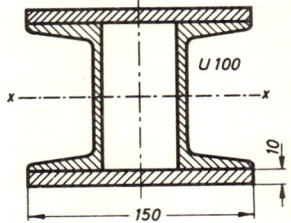

802. Der skizzierte Trägerquerschnitt ist um die x-Achse biegebelastet mit $M_{b\,max} = 5000$ kpm.

Berechne:

a) das axiale Trägheitsmoment I_x,

b) das axiale Widerstandsmoment W_x,

c) die größte Biegespannung,

d) die Biegespannung in den Randfasern der beiden U-Profile!

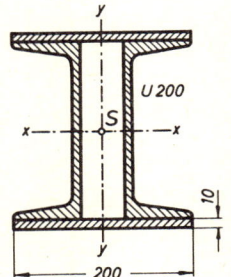

169

803. Das Profil einer Stahlbau-Stütze besteht aus zwei U-Profilen nach DIN 1026.

Wie groß muß die Stegentfernung l gemacht werden, damit das Flächenträgheitsmoment I_y um die y-Achse 20 % größer ist als das Trägheitsmoment I_x um die x-Achse?

804. Berechne für das Profil des skizzierten Rollbahnträgers:

a) den Schwerpunktsabstand e,

b) die axialen Trägheitsmomente der Einzelprofile, bezogen auf die x-Achse,

c) die axialen Trägheitsmomente I_x, I_y,

d) die axialen Widerstandsmomente W_{x1}, W_{x2}, W_y !

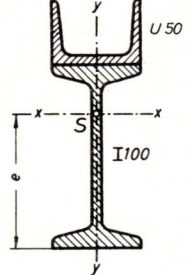

805. Berechne für den skizzierten Querschnitt einer Stütze, bestehend aus 4 starr miteinander verbundenen Winkelprofilen:

a) das axiale Trägheitsmoment I_x,

b) das axiale Widerstandsmoment W_x !

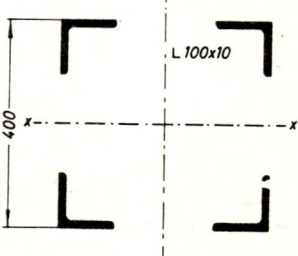

806. Berechne:

a) die lichte Weite l so, daß die axialen Trägheitsmomente I_x und I_y gleichgroß werden,

b) die axialen Widerstandsmomente W_x, W_y!

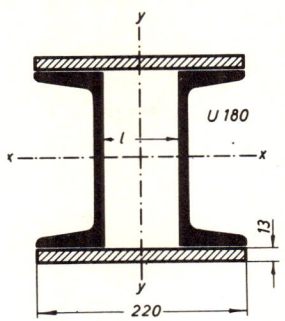

807. Berechne für den Querschnitt der starr miteinander verbundenen Profile:

a) das axiale Trägheitsmoment I_x,

b) das axiale Widerstandsmoment W_x!

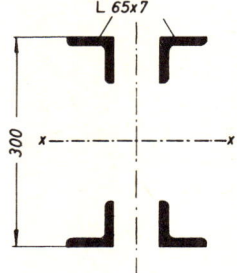

808. Ein vorhandener Träger I 360 DIN 1025 soll durch Aufschweißen von Gurtplatten von $\delta = 25$ mm Dicke verstärkt werden, so daß er ein Widerstandsmoment $W_x = 4000$ cm³ erhält.

Berechne die Breite b der Gurtplatten!

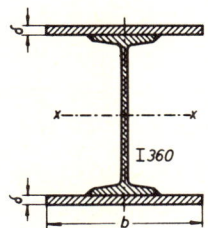

Beanspruchung auf Verdrehung (Torsion)

Bei den Aufgaben ohne Werkstoffangabe ist Stahl mit $G = 0,8 \cdot 10^6$ kp/cm² vorgesehen.

809. Für eine gleichbleibende Leistung von 2000 PS sind die Wellendurchmesser für die Drehzahlen $n = 50, 100, 400, 800, 1200$ U/min zu berechnen. Die zulässige Torsionsspannung sei 400 kp/cm².

810. Zur überschlägigen Berechnung einer Getriebewelle wird wegen zusätzlicher Biegebeanspruchung zunächst rein auf Torsion mit einer zulässigen Spannung von 250 kp/cm² gerechnet.

Einem 3-Wellen-Getriebe wird eine Leistung von 18 kW bei 960 U/min zugeleitet. Die Übersetzung zwischen Welle 1 und Welle 2 ist 3,9 — die zwischen Welle 2 und 3 ist 2,8.

Berechne ohne Berücksichtigung der Wirkungsgrade die Wellendurchmesser d_1, d_2 und d_3 und runde sie auf volle 10 mm auf!

811. Wie verhalten sich die Durchmesser von Getriebewellen zueinander, wenn sie nur auf Torsion berechnet wurden und im Getriebe jeweils nur Übersetzungen ins Langsame vorgesehen sind?

812. Der Verdrehwinkel einer Welle aus St 50 von 15 m Länge soll 6° nicht überschreiten. Die zulässige Torsionsspannung wird mit 800 kp/cm² angegeben.

a) Welchen Durchmesser muß die Welle haben?

b) Wieviel PS darf sie bei 1460 U/min übertragen?

813. Eine Getriebewelle überträgt eine Leistung von 12 kW bei 460 U/min. Die zulässige Torsionsspannung beträgt wegen zusätzlicher Biegebeanspruchung nur 300 kp/cm².

Berechne:

a) das Drehmoment M_t an der Welle,

b) das erforderliche Widerstandsmoment W_p,

c) den erforderlichen Durchmesser einer Vollwelle d_{erf},

d) das Gewicht je Meter Wellenlänge,

e) den erforderlichen Innendurchmesser d einer Hohlwelle, wenn der Außendurchmesser $D = 45$ mm ausgeführt wird,

f) das Gewicht je Meter Wellenlänge,

g) die Gewichtsersparnis in % bei der Hohlwelle,

h) die Torsionsspannung an der Wellen-Innenwand!

814. Ein Zahnrad 1 mit 29 Zähnen überträgt 1,2 PS bei 1460 U/min auf ein Zahnrad 2 mit 116 Zähnen. Der Wirkungsgrad des Räderpaares wird zu 0,92 geschätzt.

Berechne die Durchmesser d_1 und d_2 der beiden Wellen für eine zulässige Torsionsspannung von 300 kp/cm²!

815. Mit einem zweiarmigen Steckschlüssel sollen Befestigungsschrauben M 20 mit einem Drehmoment von 41 kpm angezogen werden.

Berechne:

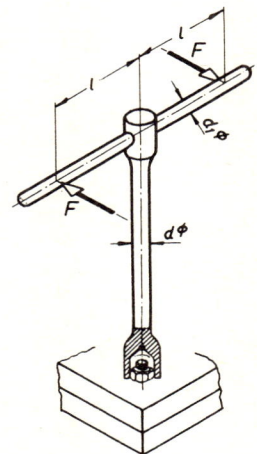

a) den erforderlichen Durchmesser d für eine zulässige Spannung von 5000 kp/cm²,

b) die Hebellänge l für eine Handkraft $F_h = 25$ kp,

c) den erforderlichen Hebeldurchmesser d_1 für eine zulässige Biegespannung von 1000 kp/cm²,

d) den Verdrehwinkel φ für eine Schlüssellänge von 550 mm!

816. Eine Motorwelle hat die Leistung $P = 12$ kW bei $n = 1460$ U/min zu übertragen.

a) Bestimme den erforderlichen Wellendurchmesser, wenn die zulässige Torsionsspannung mit Rücksicht auf die Biegekräfte nur 250 kp/cm² sein soll!

b) Wie groß ist der Verdrehwinkel je Meter Wellenlänge?

817. Ein Stahlrohr hat 16 mm Außen- und 12 mm Innendurchmesser und wird durch ein Drehmoment von 700 kpcm belastet.

a) Bestimme die Verdrehspannungen an der Rohraußen- und innenwand!

b) Wie groß ist der Verdrehwinkel bei 3,5 m belasteter Rohrlänge?

818. Ein Stahlrohr mit $D = 280$ mm Außendurchmesser wird durch ein Drehmoment von 490 000 kpcm belastet.

a) Berechne den erforderlichen Innendurchmesser d, wenn 320 kp/cm² als höchste Spannung vorgeschrieben ist!

b) Berechne den auftretenden Verdrehwinkel je Meter Rohrlänge!

819. Ein Stahlrohr von 300 mm Außendurchmesser wird durch ein Drehmoment von 400 000 kpcm auf Verdrehung beansprucht. Der zulässige Verdrehwinkel für einen Meter Rohrlänge soll $^1/_4$ Grad betragen.

Berechne:

a) den erforderlichen Innendurchmesser d,

b) die Spannung an der Rohrinnenwand!

820. Das Rad eines Kraftfahrzeuges ist über den biege- und torsionssteifen Hebel 2 an einen Drehstab 1 als Federelement angelenkt. Beim Durchfedern durchläuft der Radmittelpunkt den Federweg f.

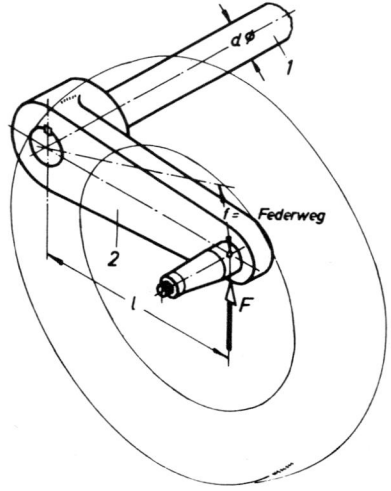

Maße: l = wirksame Hebellänge
$= 350$ mm,
f = Federweg $= 120$ mm.
F = Radbelastung $= 300$ kp.

Zulässige Torsionsspannung:
40 kp/mm².

Gleitmodul $G = 0,8 \cdot 10^6$ kp/cm².

Berechne:

a) den Durchmesser d der Drehstabfeder aus der zulässigen Verdrehspannung,

b) die Länge l_1 der Drehstabfeder!

821. Eine Stahlwelle von 8 m Länge mit Kreisquerschnitt wird durch ein Drehmoment von 40 500 kpcm belastet. Zulässige Verdrehspannung 350 kp/cm².

Berechne:

a) den erforderlichen Wellendurchmesser d (erhöhe auf volle 10 mm),

b) den Verdrehwinkel der Welle mit dem gewählten Durchmesser!

822. Ein Torsionsstab-Drehmomentenschlüssel soll bei einem Drehmoment von 5 kpm einen Verdrehwinkel von 10 Grad anzeigen.

Berechne:

a) den Durchmesser d des Torsionsstabes bei einer zulässigen Spannung von 35 kp/mm²,

b) die erforderliche Stablänge l für den gewünschten Verdrehwinkel!

823. Wie groß ist der Verdrehwinkel einer Handkurbelwelle mit $d = 20$ mm und 1,2 m torsionsbelasteter Länge, wenn an der Handkurbel 20 kp Handkraft wirken und der Kurbelradius 30 cm beträgt?

824. Eine Welle dreht mit $n = 1000$ U/min und hat dabei eine Leistung von 30 PS zu übertragen.

Wie groß muß der Wellendurchmesser sein für eine zulässige Spannung von 800 kp/cm²?

825. Eine Hohlwelle soll 2000 PS bei 300 U/min übertragen.

Berechne für eine zulässige Torsionsspannung von 600 kp/cm² die Außen- und Innendurchmesser D und d der Welle, wenn das Bauverhältnis $D/d = 1,5$ sein soll!

826. Eine Hohlwelle soll 59 kW bei 120 U/min übertragen. Der Innendurchmesser d muß wegen eines durchgehenden Schaltgestänges 50 mm betragen. Wie groß ist der Außendurchmesser D zu machen, wenn wegen zusätzlicher Biegespannung die zulässige Torsionsspannung 400 kp/cm² betragen soll (siehe Erläuterung S. 254)?

827. Berechne den Verdrehwinkel der Hohlwelle im vorhergehenden Beispiel für eine belastete Wellenlänge von 2,3 m!

828. Eine Transmissionswelle überträgt 60 PS bei 300 U/min und soll nur ¹/₄ Grad Verdrehwinkel je Meter Wellenlänge haben.

Wie groß muß der Wellendurchmesser sein?

829. Eine Welle von 30 mm Durchmesser dreht mit 200 U/min.

Zu berechnen ist die übertragbare Höchstleistung, wenn ein Verdrehwinkel von ¹/₄ Grad je Meter Wellenlänge nicht überschritten werden soll!

830. Eine Welle soll $P = 100$ kW bei $n = 500$ U/min übertragen, wobei 250 kp/cm² Torsionsspannung nicht überschritten werden sollen.

Berechne die Durchmesser für

a) eine Vollwelle,

b) eine Hohlwelle mit $D : d = 2,5$ und ermittle

c) die Gewichtsersparnis bei der Hohlwelle in %!

831. Zwei Messingrohre sind nach Skizze durch einen Kunststoffkleber miteinander verbunden. Die Schubfestigkeit des Klebers beträgt 280 kp/cm².

Berechne:

a) die erforderliche Einstecktiefe b (Klebtiefe), wenn die Verbindung eine Zugkraft von $F =$ 120 kp bei 4facher Sicherheit gegen Bruch zu übertragen hat,

b) das von der Verbindung übertragbare Drehmoment bei gleicher Sicherheit (Einstecktiefe auf volle Millimeter aufgerundet),

c) die erforderliche Einstecktiefe b, wenn die Klebverbindung die gleiche Bruchlast haben soll wie die Rohre, Bruchfestigkeit der Rohre = 4100 kp/cm²!

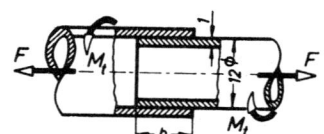

832. Ein geschweißtes Stirnrad hat bei $n = 960$ U/min eine Leistung $P = 12$ PS zu übertragen. Nach Berechnung der Zähnezahl und des Moduls hat der Konstrukteur nach seinem Gefühl die in die Skizze eingetragenen Maße angenommen und will nun seine Annahmen überprüfen:

Berechne:

a) die Nennspannung $\tau_{schw\,I}$ in den Nabenschweißnähten I,

b) die Nennspannung $\tau_{schw\,II}$ in den Kranzschweißnähten II,

c) in welchem Verhältnis die Beanspruchungen in den Nähten I und II stehen und was daraus folgt!

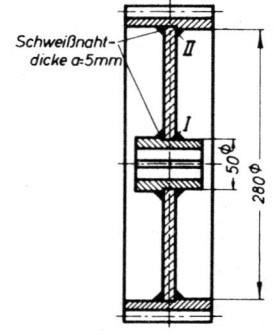

833. Auf die Welle I soll der Flach-
stahlhebel II aufgeschweißt werden.
Die Welle I wurde wegen des Ein-
brandes auf $d = 48$ mm verstärkt.
Zur besseren Anlage des Hebels
beim Schweißen ist außerdem $d_1 =$
50 mm gemacht worden. Der Hebel
soll eine Kraft $F = 450$ kp am
Hebelarm mit $l = 135$ mm übertragen. Für die Flachkehlnaht gibt
der Konstrukteur eine Schweißnahtdicke $a = 5$ mm an.

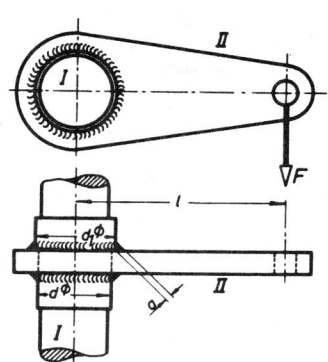

Die Nennspannung $\tau_{\text{schw t}}$ in der am
stärksten gefährdeten Naht ist
nachzuprüfen!

Beanspruchung auf Biegung

Freiträger mit Einzellasten

834. Ein Holzbalken hat Rechteckquerschnitt von 200 mm Höhe und
100 mm Breite.

Welches größte Biegemoment kann er hochkant- und flachliegend aufnehmen, wenn 80 kp/cm² Biegespannung nicht überschritten werden
soll?

835. Eine Biegeblattfeder ist einseitig eingespannt (Freiträger) und hat
die Querschnittsmaße 10×1 mm.

Wie groß darf die im Abstand $l = 80$ mm von der Einspannung am
freien Ende wirksame Kraft F höchstens sein, wenn eine Spannung von
7 kp/mm² nicht überschritten werden soll?

836. Ein Drehmeißel mit Rechteckquerschnitt wird durch die Hauptschnittkraft $F_h = 1200$ kp nach
Skizze belastet. Die zulässige Biegespannung für den Schaftwerkstoff
St 70 sei zu 2600 kp/cm² ermittelt.

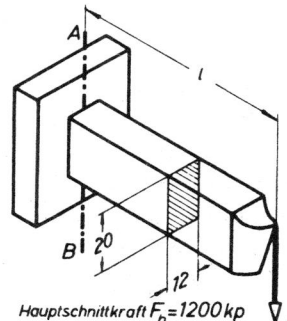

Berechne die Länge l, um die der
Meißel höchstens aus dem Spann-
kopf herausragen darf, damit im
Schnitt A—B die zulässige Biegespannung nicht überschritten wird!

Hauptschnittkraft $F_h = 1200$ kp

837. Die Werkstückaufnahme einer Vorrichtung besteht aus einer Stahlplatte von $s = 20$ mm Dicke. Diese wird über einen Steckstift (Kerbstift) von $d = 15$ mm Durchmesser durch eine Federkraft F nach rechts gegen einen Anschlag gezogen. $h = 10$ mm.

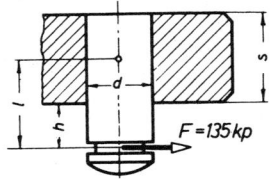

$F = 135 kp$

Berechne (siehe Erläuterung S. 254):

a) die Biegespannung im Steckstift,

b) die Flächenpressung p_1 aus der Kraft F,

c) die durch das Biegemoment $F \cdot l$ entstehende Flächenpressung p_2,

d) die maximale Flächenpressung p_{max}!

838. Ein Freiträger soll bei $l = 350$ mm und quadratischem Querschnitt eine Einzellast von 420 kp aufnehmen. Die zulässige Biegespannung soll 1200 kp/cm² betragen.

Berechne:

a) das maximale Biegemoment,

b) das erforderliche Widerstandsmoment,

c) die Seitenlänge a des flachliegenden Quadratstahles,

d) die Seitenlänge a_1 eines übereck gestellten Quadratstahles,

e) welche Ausführung wirtschaftlicher ist!

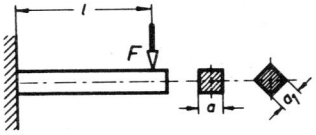

839. Die Pedalachse eines Fahrrades ist mit einem Gewindeansatz (M 14 $\times$ 1) in den Kurbelarm eingeschraubt. Im ungünstigsten Falle kann der Fahrer im Abstand $l = 100$ mm vom Kurbelarm das Pedal belasten, wobei $F = 50$ kp Dauer-Höchstlast vorgesehen sein sollen. Wir wollen den Durchmesser d im Hohlkehlengrund berechnen. Die Achse soll aus 37 Mn Si 5 (vergütet) hergestellt worden sein.

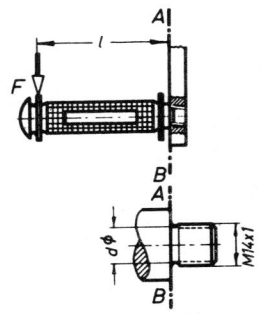

Nehmen wir eine Kerbwirkungszahl $\beta_k = 2$ an, so wird mit $\sigma_{b\,Sch} = 86\ kp/mm^2$ (Biegeschwellfestigkeit für 37 MnSi 5) die zulässige Spannung:

$$\sigma_{b\,zul} = \frac{\sigma_{b\,Sch}}{\beta_k \cdot S} = \frac{86}{2 \cdot 1,5} = 28,7\ kp/mm^2 = 2870\ kp/cm^2\ {}^*).$$

Im einzelnen sollen nun bestimmt werden:

a) das größte Biegemoment für die Pedalachse,

b) das erforderliche Widerstandsmoment,

c) der erforderliche Durchmesser d,

d) die vorhandene Abscherspannung infolge der Querkraft!

840. Ein Lagerzapfen hat $l = 80$ mm Länge und soll eine Last von 2,5 Mp aufnehmen bei 950 kp/cm² zulässiger Spannung.

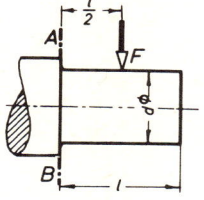

Berechne:

a) das Biegemoment im Schnitt A—B,

b) das erforderliche Widerstandsmoment,

c) den erforderlichen Zapfendurchmesser d,

d) die vorhandene Biegespannung, wenn der Zapfendurchmesser auf volle 10 mm aufgerundet wird!

841. Der skizzierte Freiträger hat Doppel-T-Profil und soll die Lasten

$F_1 = 1500$ kp,

$F_2 = \ \ 900$ kp,

$F_3 = 2000$ kp aufnehmen.

Maße: $l_1 = 2$ m, $l_2 = 1,5$ m, $l_3 = 0,8$ m.

Bestimme:

a) das maximale Biegemoment,

b) das erforderliche Widerstandsmoment für eine zulässige Spannung von 1200 kp/cm²,

c) das erforderliche Doppel-T-Profil nach DIN 1025 und dessen Widerstandsmoment,

d) die im Freiträger auftretende Höchstspannung!

---

*) Siehe Fußnote S. 135.

842. Die Vollachse eines Eisenbahn-
wagens trägt an jedem Zapfen die
Belastung $F = 5750$ kp. Maße: $l_1 =$
250 mm, $l = 1500$ mm, $l_2 = 180$ mm.
Berechne für eine zulässige Spannung von 650 kp/cm²:

a) den Durchmesser D der Achse,

b) den Durchmesser d des Zapfens,

c) die Flächenpressung in den
   Lagern!

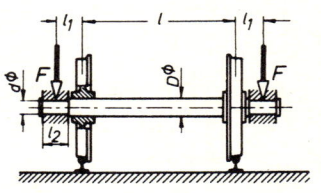

843. Berechne die Querschnittsmaße
h und b des skizzierten Hebels für
den Schnitt x ... x! Höchstlast $F =$
1000 kp. Zulässige Biegespannung
= 800 kp/cm². Gewünschtes Seitenverhältnis des Rechteckquerschnittes: $h/b \approx 3$.

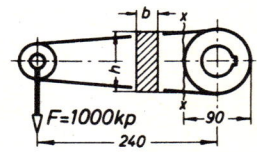

844. Ein Träger mit dem skizzierten
Querschnitt ist durch ein Biegemoment von 500 kpm belastet.

Berechne:

a) die maximale Biegespannung,

b) die Biegespannung an den
   Innenseiten des Profiles!

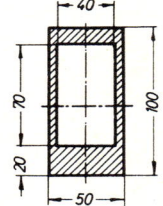

845. Für die gegebene Bauhöhe h_1
= 900 mm, der gegebenen Gurt-
plattenbreite $b = 260$ mm und der
gewählten Stegdicke $t = 10$ mm ist
ein Doppel-T-Querschnitt so zu
dimensionieren, daß er ein maximales Biegemoment von 105 000 kpm
bei 1400 kp/cm² zulässiger Biegespannung aufnehmen kann.

Berechne die fehlende Gurtplatten-
dicke δ!

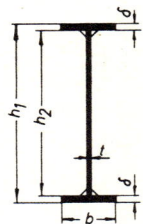

846. Der vorhandene Biegungs-
träger aus 2 U 220 nach DIN 1026
mit $2 \cdot W_x = 2 \cdot 245 \text{ cm}^3 = 490 \text{ cm}^3$
ist durch Aufschweißen von 20 mm
dicken Flachstählen zu verstärken,
so daß er ein maximales Biegemoment von 16 800 kpm bei
1400 kp/cm² zulässiger Spannung
aufnehmen kann.

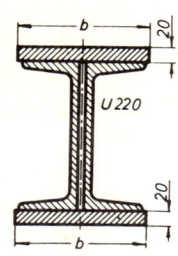

Zu berechnen ist die Plattenbreite b.

847. Welche Belastung in kp kann ein Freiträger aus Eichenholz von
1,8 m freitragender Länge aufnehmen, wenn eine Spannung von
220 kp/cm² nicht überschritten werden soll? Der Freiträger hat Rechteckquerschnitt 12 × 25 cm und liegt hochkant auf! Die Belastung soll
als Punktlast am freien Ende wirken! Eigengewicht vernachlässigen!

848. Ein Freiträger aus I 300 (DIN 1025) von 1,4 m freitragender Länge
ist am äußersten Ende mit 5 Mp belastet.

Wie groß ist die auftretende Biegespannung im gefährdeten Querschnitt?

849. Der skizzierte Freiträger besteht aus 2 U-Profilen nach DIN
1026 und wird durch die Radkräfte
einer Laufkatze belastet.

Kräfte: $F_1 = 1000$ kp, $F_2 = 1250$ kp.
Maße: $l_1 = 1500$ mm, $l_2 = 1850$ mm.
Berechne:

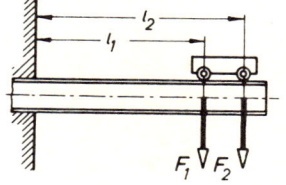

a) das maximale Biegemoment für
   den Freiträger,

b) das erforderliche Widerstandsmoment für eine zulässige
   Spannung von 1400 kp/cm²,

c) das erforderliche Profil nach
   DIN 1026!

850. Ein Rohrmast von 280 mm innerem und 300 mm äußerem Durchmesser steht senkrecht mit freitragender Höhe von 5,2 m.

Wie groß darf die senkrecht zur Rohrachse wirkende Biegekraft F am
Mastende höchstens sein, wenn eine zulässige Spannung von
1200 kp/cm² nicht überschritten werden darf?

851. Berechne das Profil eines I-Freiträgers nach DIN 1025, der am Ende seiner freitragenden Länge von 2,8 m eine reine Biegelast von 1,5 Mp trägt. Es soll eine Biegespannung von 1400 kp/cm² nicht überschritten werden!

852. Für eine Backenbremse sind gegeben: $l_1 = 300$ mm, $l_2 = 100$ mm, $l_3 = 1600$ mm. Höchste Belastung: $F = 50$ kp. Reibzahl $\mu = 0,5$.

Berechne:

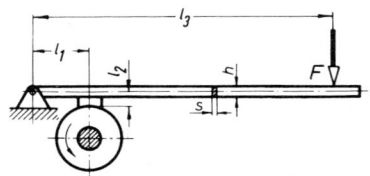

a) das maximale Biegemoment im Bremshebel,

b) die erforderlichen Querschnittsmaße s und h, wenn das Bauverhältnis $s/h = 1/4$ sein soll und die zulässige Spannung 600 kp/cm² beträgt!

853. Der Bremshebel in vorstehender Aufgabe soll nach Skizze gelagert werden.

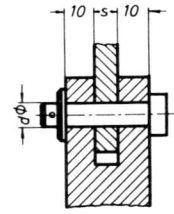

a) Berechne den Bolzendurchmesser d für eine zulässige Biegespannung von 600 kp/cm² unter der Annahme, daß die Stützkraft als Einzellast in der Mitte angreift!

b) Überprüfe die Flächenpressung!

854. Ein Hebel aus Flachstahl (St 37) trägt .nach Skizze die Schwell-Last $F = 75$ kp und soll mit 3 Schrauben an ein Blech angesehlossen werden. $\mu_0 = 0,15$.

Berechne:

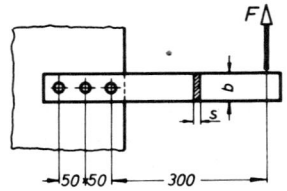

a) die Schrauben für eine zulässige Spannung von 1000 kp/cm², wenn allein die Reibung zwischen den Bauteilen die Belastung aufnehmen soll,

b) die Flachstahlmaße b und s, wenn b/s etwa 10 sein soll und eine zulässige Spannung von 1000 kp/cm² vorgeschrieben ist!

855. Eine Gleitlagerung mit Bund-durchmesser D, Zapfendurchmesser d und der Lagerlänge l wird durch eine Axialkraft $F_a = 62 \text{ kp}$ und durch eine Radialkraft $F_r = 115 \text{ kp}$ belastet. Die Welle besteht aus St 60, sie ist gehärtet und ge-schliffen. Belastungsfall III für Biegung. Lager aus Pb Bz 25 mit einer zulässigen Flächenpressung von 25 kp/cm². Bauverhältnis $l/d \approx 1{,}2$.

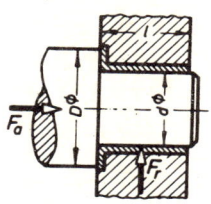

Berechne:

a) den Zapfendurchmesser d aus der zulässigen Flächenpressung,

b) die Lagerlänge l entsprechend dem geforderten Bauverhältnis,

c) den Bunddurchmesser D aus der zulässigen Flächenpressung,

d) die Biegespannung im gefährdeten Querschnitt!

856. Der skizzierte Freiträger aus GG-22 wird bei einer Ausladung $l = 400 \text{ mm}$ durch eine Einzelkraft F schwellend belastet. Die zulässige Zugspannung beträgt 500 kp/cm², die zulässige Druckspannung da-gegen 1800 kp/cm².

Berechne:

a) die Schwerpunktsmaße e_1 und e_2 des skizzierten Profiles im Schnitt $A—B$,

b) das axiale Trägheitsmoment I_r des Querschnittes,

c) die axialen Widerstandsmo-mente W_{r1} und W_{r2},

d) die höchstzulässige Belastung F_{max}, wenn die angegebenen Spannungswerte nicht über-schritten werden sollen,

e) die dieser höchsten Kraft F_{max} entsprechenden Randfaserspan-nungen σ_d und σ_z!

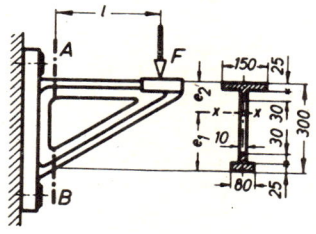

857. Die skizzierte Handkurbel wird mit $F = 15$ kp belastet. Maße: $l_1 = 140$ mm; $l_2 = 300$ mm.

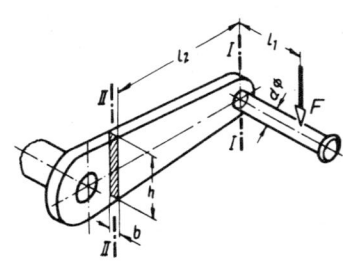

Bestimme für die Querschnitte I—I und II—II:

a) das innere Kräftesystem und die auftretenden Spannungsarten,

b) den Durchmesser d unter der Annahme reiner Biegebeanspruchung und einer zulässigen Spannung von 600 kp/cm²,

c) die Querschnittsmaße h und b, wenn $h : b \approx 6 : 1$ sein soll und die gleichen Annahmen wie unter b) gelten!

858. Für die skizzierte Gleitlagerung einer Hohlwelle mit Bohrungsdurchmesser $d_1 = 4$ mm sind die Maße D, d, l festzulegen.

Axiallast $F_a = 41$ kp, Radiallast $F_r = 126$ kp. Lagerwerkstoff: G Bz 14 mit einer zulässigen Flächenpressung von 25 kp/cm². Bauverhältnis l/d etwa 1,3 gewählt.

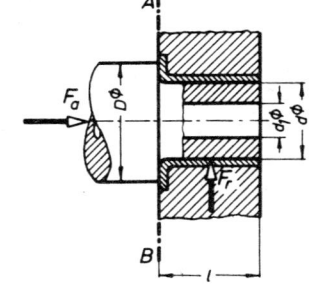

Berechne:

a) die Maße l und d aus der zulässigen Flächenpressung,

b) den Bunddurchmesser D aus der zulässigen Flächenpressung,

c) die Biegespannung des Hohlwellenzapfens im Schnitt A—B!

Freiträger mit Mischlasten

859. Ein freitragender Holzbalken hat aufzunehmen: die Einzellasten $F_1 = 400$ kp und $F_2 = 300$ kp, sowie eine gleichmäßig über die Balkenlänge verteilte Streckenlast von insgesamt 1000 kp. Die zulässige Biegespannung soll 120 kp/cm² betragen. Maße: $l_1 = 0,8$ m; $l_2 = 0,4$ m.

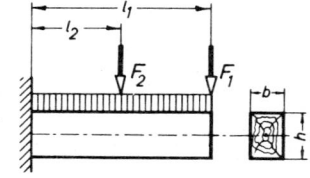

Berechne:

a) das maximale Biegemoment,

b) das erforderliche Widerstandsmoment,

c) die Querschnittsmaße b und h, wenn das Bauverhältnis $b : h \approx 3 : 4$ sein soll!

860. Berechne das erforderliche I-Profil nach DIN 1025 für den Freiträger, wenn die zulässige Biegespannung 1200 kp/cm² betragen soll! Führe mit dem gewählten Profil den Spannungsnachweis!

$F = 200$ kp; $f = 400$ kp/m; $l = 1,2$ m.

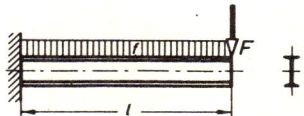

861. Ein I-Freiträger hat 2,5 m tragende Länge und soll eine Last von 500 kp aufnehmen.

a) Welches I-Profil nach DIN 1025 ist zu wählen, wenn die Last am Ende des Freiträgers angreift? Zulässige Biegespannung 1400 kp/cm².

b) Welches I-Profil ist bei gleicher zulässiger Spannung zu wählen, wenn die Last gleichmäßig über die ganze Länge verteilt ist?

c) Berechne die vorhandenen Spannungen für beide Fälle, wenn das Eigengewicht des jeweiligen Trägers zu berücksichtigen ist. Welchen Einfluß hat das Gewicht?

862. Die Laufachse eines Schienenfahrzeuges hat eine Streckenlast $F = 6$ Mp auf der Lagerlänge $l = 180$ mm aufzunehmen.

Berechne:

a) den Zapfendurchmesser d aus der zulässigen Flächenpressung von 20 kp/cm²,

b) das Biegemoment an der Schnittstelle A—B,

c) die dort auftretende Biegespannung!

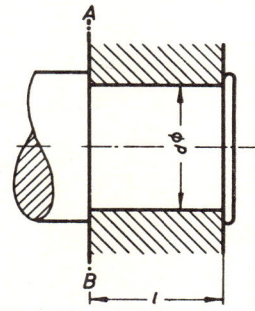

V. Festigkeitslehre

863. Das Konsolblech einer Stahlbaukonstruktion ist als Schweißver-
bindung nach Skizze ausgelegt.
Höchstbelastung: $F = 2,6$ Mp.

Berechne für $a = 8$ mm Schweißnahtdicke:

a) die im gefährdeten Schweiß-
   querschnitt auftretende Biegespannung $\sigma_{schw\,b}$,

b) die Schubspannung $\tau_{schw\,s}$!

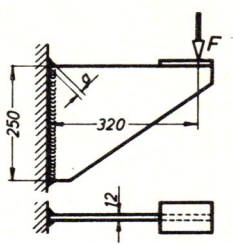

Stützträger mit Einzellasten

864. Für den Stützträger mit Einzellast sind gegeben: $F_1 = 1$ Mp; $F_2 =$
3 Mp; $l = 6$ m; $l_1 = 2$ m; $l_2 = 3$ m.
Ermittle:

a) die Stützkräfte F_A und F_B,

b) das maximale Biegemoment!

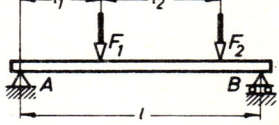

865. Eine Welle wird nach Skizze
durch die Biegekräfte $F_1 = 300$ kp,

$$F_2 = 400 \text{ kp,}$$
$$F_3 = 200 \text{ kp}$$

belastet.
Maße: $l = 500$ mm, $l_1 = 100$ mm,
$l_2 = 120$ mm, $l_3 = 80$ mm.
Ermittle:

a) die Stützkräfte F_A und F_B,

b) die Biegemomente an den Last-
   angriffsstellen I, II, B und III!

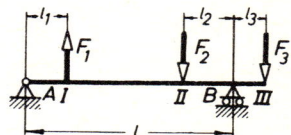

866. Ein Träger auf zwei Stützen hat 5 m Stützweite und wird durch
die Einzelkräfte $F_1 = 1,5$ Mp und $F_2 = 2,4$ Mp belastet. F_1 wirkt im
Abstand $l_1 = 1,4$ m vom linken, F_2 im Abstand $l_2 = 2,9$ m vom rechten
Stützpunkt. Die zulässige Biegespannung beträgt 1400 kp/cm².
Berechne das erforderliche Trägerprofil, wenn zwei nebeneinander
liegende I-Profile nach DIN 1025 vorgesehen sind!

867. Für den skizzierten zweiseitigen Kragträger sind gegeben:

Kräfte: $F_1 = 1000$ kp, $F_2 = 1500$ kp,
$F_3 = 1500$ kp, $F_4 = 1000$ kp.

Maße: $l = 5$ m, $l_1 = 1$ m, $l_2 = 1,5$ m,
$l_3 = 1$ m, $l_4 = 2$ m.

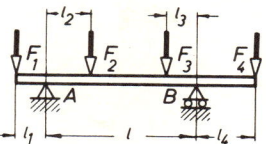

Ermittle:

a) die Stützkräfte F_A und F_B,

b) das maximale Biegemoment!

868. Berechne für den skizzierten einseitigen Kragträger mit den eingezeichneten Belastungen:

a) die Stützkräfte F_A und F_B,

b) das maximale Biegemoment,

c) das erforderliche I-Profil nach DIN 1025 für eine zulässige Spannung von 1200 kp/cm²!

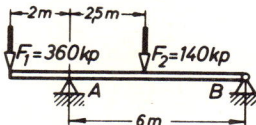

869. Ein Eichenholzbalken ruht hochkant auf zwei Stützen im Abstand von 4,5 m. Er ist 1,8 m vom linken Auflager mit 1,3 Mp senkrecht belastet.

Welche Maße muß der Balken haben, wenn sich die Breite zur Höhe wie 1 : 2,5 verhalten soll und die zulässige Biegespannung 180 kp/cm² beträgt?

870. Zwei biegebeanspruchte Stahlwellen — eine Vollwelle und eine Hohlwelle — haben gleiches Gewicht und gleiche Länge $l = 1$ Meter. Die Vollwelle hat den Durchmesser $d_1 = 100$ mm, die Hohlwelle den Außendurchmesser D_2 und den Innendurchmesser $d_2 = 2/3 \cdot d_1$.

Berechne:

a) die Querschnittsabmessungen beider Wellen,

b) die axialen Widerstandsmomente,

c) die Tragfähigkeiten beider Wellen, wenn sie an ihren Enden abgestützt werden und eine Einzellast F_1 bzw. F_2 in der Mitte tragen!

Die zulässige Biegespannung beträgt 1000 kp/cm².

871. Ein Biegeträger auf zwei Stützen ist 6 m lang. Er wird belastet durch die drei Kräfte: $F_1 = 1500$ kp, $F_2 = 2000$ kp, $F_3 = 1800$ kp. Die Abstände dieser Kräfte vom linken Auflager sind: 150, 300 und 500 cm.

Berechne:

a) die Stützkräfte F_A und F_B,

b) das maximale Biegemoment,

c) das erforderliche I-Profil nach DIN 1025 für eine zulässige Biegespannung von 1200 kp/cm²!

872. Für den skizzierten Stützträger soll das erforderliche U-Profil nach DIN 1026 bestimmt werden, wenn zwei gleichgroße Profile nebeneinanderliegend die Kräfte aufnehmen:

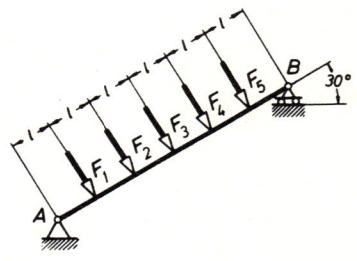

$F_1 = 200$ kp, $F_3 = 200$ kp, $F_5 = 100$ kp,
$F_2 = 300$ kp, $F_4 = 500$ kp, $l = 1,2$ m,
1200 kp/cm² zulässige Spannung!

873. Ein Kragträger wird durch 5 gleichgroße Kräfte $F = 250$ kp im gleichen Abstand $l = 0,6$ m belastet. $\sigma_{zul} = 1200$ kp/cm².

Die Stützlager A und B sollen symmetrisch angeordnet sein und zwar derart, daß der Balken ein möglichst kleines I-Profil nach DIN 1025 bekommt.

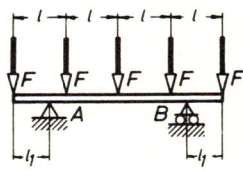

a) Welcher Abstand l_1 von den äußeren Belastungen ist festzulegen?

b) Wie groß ist das maximale Biegemoment?

c) Welches Profil ist zu wählen?

874. Für die eingetragene Belastung ist das Sprungbrett zu dimensionieren! Die zulässige Biegespannung soll 80 kp/cm² betragen. Das Bauverhältnis $h : b$ soll etwa 1 : 10 sein.

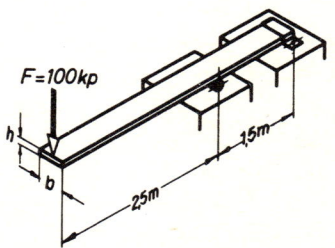

875. Die skizzierte Achse wird durch die Radnabe mit $F = 2000$ kp belastet (als Streckenlast wirkend).

Zulässige Biegespannung:

500 kp/cm².

Berechne:

a) die Stützkräfte F_A und F_B,

b) das maximale Biegemoment,

c) den erforderlichen Wellendurchmesser d,

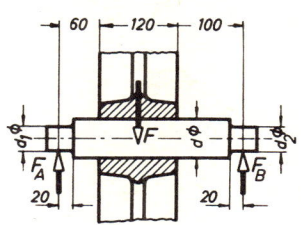

d) die erforderlichen Zapfendurchmesser d_1 und d_2 (aus der zulässigen Biegespannung),

e) die Flächenpressungen in den Lagern A und B!

876. Der Konstrukteur hat die skizzierte Bolzenverbindung zunächst nach Gefühl entworfen mit den Maßen:

$l_1 = 8$ mm; $l_2 = 3,5$ mm; $d = 6$ mm.

Berechne unter der Annahme einer Einzellastwirkung von $F = 120$ kp:

a) die Biegespannung im Bolzen,

b) die Abscherspannung im Bolzen,

c) die größte Flächenpressung!

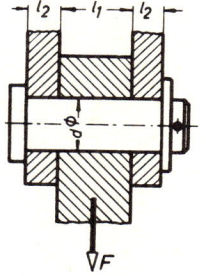

d) Wird die Biegespannung im Bolzen für den vorgesehenen Werkstoff St 50 zulässig sein?

877. Die skizzierte Traverse eines Hebezeuges wird durch $F = 265$ kp belastet.

Berechne:

a) das maximale Biegemoment,

b) die Biegespannung in der Schnittstelle I,

c) die Biegespannung in der Schnittstelle II,

d) die Biegespannung in der Schnittstelle III!

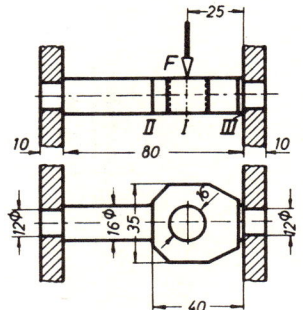

878. Auf einer in A und B fest gelagerten Achse 1 sitzt einseitig die Leitrolle 2, die eine Seilkraft $F = 800$ kp um den Winkel $\alpha = 60°$ umlenkt. Die zulässige Biegespannung beträgt 900 kp/cm².

Maße: $l_1 = 420$ mm, $l_2 = 180$ mm.

Berechne:

a) die resultierende Achslast F_r aus den beiden Seilkräften F,

b) das größte Biegemoment für die Achse,

c) das erforderliche Widerstandsmoment der Achse bei Kreisquerschnitt,

d) den erforderlichen Durchmesser d der Achse,

e) die größte Biegespannung, wenn der Achsendurchmesser auf volle 10 mm erhöht wird!

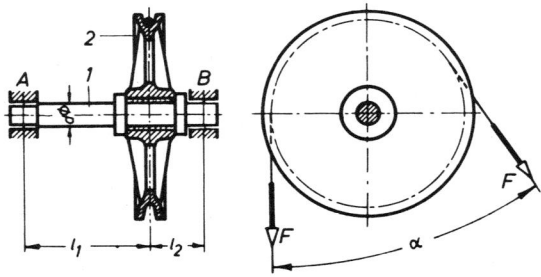

879. Der Hauptträger eines Laufkranes besteht aus 2 I-Profilen nach DIN 1025. Die Belastung durch Nutzlast und Laufkatzengewicht ist $F = 4500$ kp. Die dynamischen Kräfte werden nicht berücksichtigt und deshalb eine geringere zulässige Biegespannung angesetzt mit 850 kp/cm².

Zu berechnen ist das erforderliche Profil und die vorhandene Spannung:

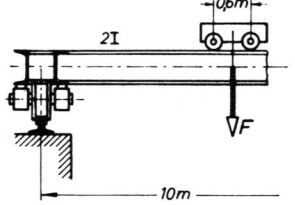

a) ohne Berücksichtigung des Radstandes der Laufkatze,

b) mit Berücksichtigung des Radstandes!

880. Der skizzierte Lagerträger ist mit einer Einzelkraft $F = 1500$ kp belastet. Der gefährdete Querschnitt ist im unteren Bild dargestellt und hat die Maße: $l_1 = 400$ mm; $l_2 = 600$ mm; $h = 160$ mm; $d_1 = 20$ mm; $d_2 = 30$ mm; $d_3 = 20$ mm; $b_1 = 120$ mm; $b_2 = 90$ mm.

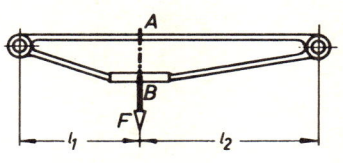

Berechne:

a) die Schwerpunktsmaße e_1 und e_2,

b) das axiale Trägheitsmoment I,

c) die axialen Widerstandsmomente W_1 und W_2,

d) die größte Biegespannung!

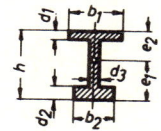

Stützträger mit Mischlasten

881. Der skizzierte Stützträger trägt eine Streckenlast (gleichmäßig verteilte Last) $f = 200$ kp/m auf $l = 6$ m Länge.

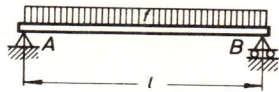

Berechne:

a) die Stützkräfte F_A und F_B,

b) das maximale Biegemoment!

882. Ein Stahlbalken mit Rechteckquerschnitt soll so dimensioniert werden, daß $h/b = 3$ wird. Dabei soll eine Biegespannung von 400 kp/cm² nicht überschritten werden. Stützlänge $l = 10$ m. Bei der Berechnung soll nur das Eigengewicht des Balkens berücksichtigt werden: $\gamma = 7,85$ kp/dm³ !

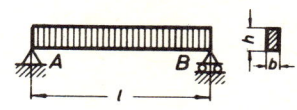

883. Ein Stützträger wird nach Skizze durch eine Streckenlast von insgesamt 1950 kp belastet.

Berechne:

a) die Stützkräfte F_A und F_B,

b) das maximale Biegemoment,

c) das erforderliche I-Profil nach DIN 1025 für eine zulässige Biegespannung von 1200 kp/cm² !

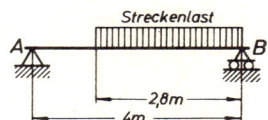

884. Ein Stützbalken hat 5 m Stützlänge und soll die gleichmäßig verteilte Streckenlast von 2 kp/m tragen.

Unter Berücksichtigung des Eigengewichtes ist die vorhandene Biegespannung nachzuprüfen:

für ein Profil $\mathbf{I}$ 80 nach DIN 1025.

885. Eine Achse trägt über die Länge von 200 mm gleichmäßig verteilt eine Last von $F = 80$ kp.

Berechne:

a) die Stützkräfte F_A und F_B,

b) den Abstand l der $M_{b\,max}$-Stelle vom linken Lager,

c) das maximale Biegemoment,

d) den Durchmesser d der Vollachse bei 800 kp/cm² zulässiger Spannung!

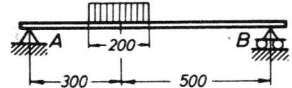

886. Der skizzierte Träger auf zwei Stützen wird belastet mit der Einzellast $F = 600$ kp und der Streckenlast $f = 200$ kp/m.

Bestimme für $l = 6$ m; $l_1 = 1,5$ m; $l_2 = 3$ m; $l_3 = 2,5$ m:

a) die Stützkräfte F_A und F_B,

b) das maximale Biegemoment!

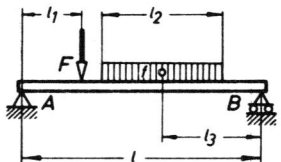

887. Der skizzierte Kragträger trägt die Lasten: $F_1 = 150$ kp, $F_2 = 400$ kp, $F_3 = 200$ kp, $f = 200$ kp/m. Maße: $l_1 = 1$ m; $l_2 = 4,5$ m; $l_3 = 1,5$ m; $l_4 = 2,5$ m; $l_5 = 3$ m.

Berechne:

a) die Stützkräfte F_A und F_B,

b) das maximale Biegemoment,

c) das erforderliche $\mathbf{I}$-Profil nach DIN 1025 für eine zulässige Spannung von 1200 kp/cm²!

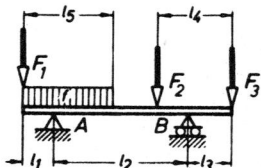

888. Der Träger mit dem skizzierten Profil wird durch die Einzellasten $F = 2000$ kp und die Streckenlast $f = 400$ kp/m belastet.

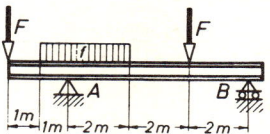

Berechne:

a) das maximale Biegemoment,

b) die Lage des Profilschwerpunktes von der Unterkante,

c) das axiale Trägheitsmoment des Profiles,

d) die Widerstandsmomente W_1 und W_2,

e) die maximale Biegespannung!

f) Wo tritt sie auf?

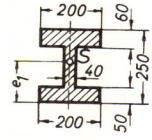

Profilquerschnitt

889. Die Skizze zeigt das Belastungsschema einer Welle.

Bestimme:

a) die Stützkräfte F_A und F_B,

b) das maximale Biegemoment!

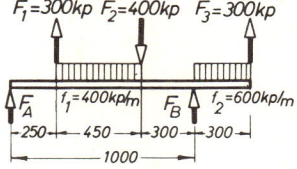

890. Ein Stützbalken aus Holz mit $l_1 = 2,5$ m Stützlänge kragt nach links und rechts um $l_2 = 0,8$ m aus. Er trägt an den Endpunkten die Einzellasten $F_1 = 0,6$ Mp und $F_2 = 0,8$ Mp; auf den Auskragungen liegt eine Streckenlast von je 1,1 Mp und zwischen den Stützen eine Streckenlast von 3 Mp. Der Balken hat Rechteckquerschnitt von 20×25 cm und liegt hochkant auf.

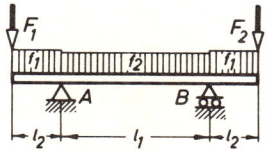

Berechne:

a) die Stützkräfte F_A und F_B,

b) das maximale Biegemoment,

c) die größte Biegespannung im Balken!

891. Ein U-Träger hat 3 m Stützlänge und soll, gleichmäßig verteilt auf die ganze Länge, eine Last von 2500 kp tragen.

Bestimme das erforderliche Profil nach DIN 1026 für eine zulässige Biegespannung von 1400 kp/cm², wenn 2 U-Profile hochkant nebeneinander liegen sollen.

892. Ein Kragträger wird belastet durch die Streckenlasten $f_1 = 600$ kp/m und $f_2 = 300$ kp/m. Außerdem wirken die Einzellasten $F_1 = 3$ Mp, $F_2 = 2$ Mp, $F_3 = 1,5$ Mp.

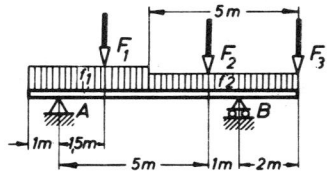

Berechne:

a) die Stützkräfte F_A und F_B,

b) das maximale Biegemoment,

c) das erforderliche I-Profil nach DIN 1025 für eine zulässige Biegespannung von 1400 kp/cm²!

893. Eine Seilrolle ist nach Skizze gelagert und mit $F = 30$ Mp belastet.

Berechne:

a) die Stützkräfte F_A und F_B,

b) das maximale Biegemoment bei Streckenlast,

c) den erforderlichen Bolzendurchmesser d für eine zulässige Spannung von 1400 kp/cm²,

d) die Abscherbeanspruchung des Rollenbolzens,

e) die Flächenpressung zwischen Zuglasche und Bolzen,

f) die Flächenpressung zwischen Lagerbuchse und Bolzen!

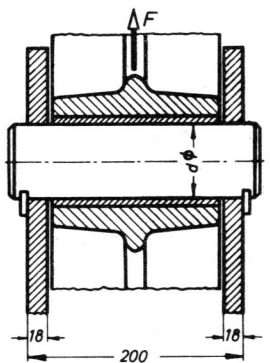

194

894. Eine Bolzenverbindung nach Skizze hat eine Schubkraft von 14 Mp zu übertragen.

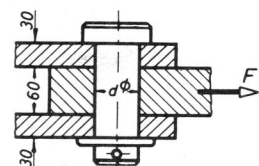

Zulässige Spannungen:

für Abscheren 1200 kp/cm²,

für Biegung 1400 kp/cm².

Berechne:

a) den Bolzendurchmesser d auf Abscheren (nächsthöheres Normmaß),

b) die auftretende Biegespannung unter der Annahme gleichmäßig verteilter Last!

c) Vergleiche die vorhandene Biegespannung mit dem zulässigen Wert und berechne den Bolzendurchmesser gegebenenfalls neu!

d) Berechne die jetzt auftretende Abscherspannung!

e) Berechne die größte Flächenpressung!

895. Die Kettennußachse c eines Flaschenzuges trägt die Kettennuß a, auf der das Stirnrad b befestigt ist. Die an der Kettennuß hängende Last $F_q = 2,5$ Mp (Höchstlast) und die am Stirnrad b angreifende Umfangskraft $F_u = 1,2$ Mp wirken in gleicher Richtung biegend auf die Achse.

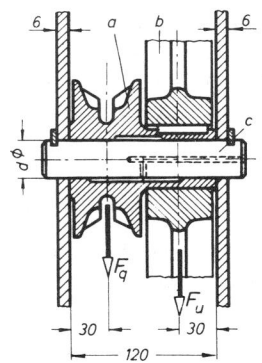

Berechne unter der Annahme gleichmäßig verteilter Last den Durchmesser der Kettennußachse für eine zulässige Spannung von 800 kp/cm²!

Schweißkonstruktionen

896. Ein gebrochener Wellenzapfen wird mit Zentrierung erneuert und nach Skizze mit der Welle verschweißt.

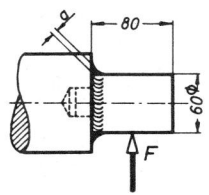

Zapfenwerkstoff: St 50.

Nahtform: Hohlkehlnaht mit Nahtdicke $a = 8$ mm.

Belastung: $F = 1000$ kp; wechselnd.

Beanspruchung: Biegung und Schub.

Die vom Konstrukteur angestrebte Lösung ist durch Nachrechnen der Spannungen zu überprüfen:

a) Wie groß ist die in der Schweißnaht auftretende Biegespannung $\sigma_{schw\,b}$?

b) Wie groß ist die Schubspannung τ_{schw}?

Die Nennspannungen (= rechnerische Spannungen unter Benutzung der üblichen Formeln der Festigkeitslehre) im gefährdeten Querschnitt der Schweißnaht werden mit σ_{schw} bzw. τ_{schw} bezeichnet. Das Maß a (Schweißnahtdicke) wird zur Berechnung des Schweißnahtquerschnittes bzw. zur Berechnung der Nennspannungen in die betrachtete Schnittebene geklappt!

897. Der Konstrukteur soll einen Gabelkopf entwerfen, der eine Umlenkrolle trägt für eine Seilkraft F = 420 kp (schwellend). Er entscheidet sich für eine Schweißkonstruktion nach Skizze: das Gabelstück aus St 37 wird durch eine Flachkehlnaht mit $a = 6$ mm an eine Rundstahlstange mit $d = 45$ mm Durchmesser angeschlossen. Die Stange besteht ebenfalls aus St 37. Berechne zur Überprüfung der gewählten Ausführung die Nennspannungen in der Naht:

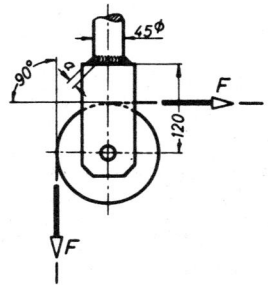

a) die Biegespannung $\sigma_{schw\,b}$,

b) die Zugspannung $\sigma_{schw\,z}$,

c) die Schubspannung τ_{schw},

d) die größte resultierende Normalspannung $\sigma_{schw\,res}$!

Beanspruchung auf Knickung

898. Eine Ventilstößelstange aus St 50 hat 8 mm Durchmesser und ist 250 mm lang. Welche maximale Stößelkraft ist zulässig, wenn eine 10fache Sicherheit gegen Knicken gefordert wird?

899. Eine Presse zum Heraus-
drücken von Lagerbuchsen hat die
in der Schemaskizze eingetragenen
Maße. Über Handhebel und Zahn-
stangentrieb wird der Stempel nach
unten verschoben.

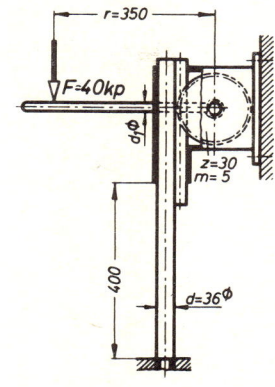

Berechne:

a) den erforderlichen Durchmesser
   d_1 des Handhebels, wenn eine
   zulässige Biegespannung von
   1400 kp/cm² vorgeschrieben ist,

b) die Knicksicherheit im Pressen-
   stempel (St 37) mit Kreisquerschnitt, wenn als freie Knicklänge $s = 2 \cdot l$ eingesetzt
   werden soll!

900. Die Spindel einer Presse hat 80 Mp Druckkraft aufzunehmen. Ge-
windeart: Trapezgewinde nach DIN 103.

Berechne:

a) den erforderlichen Kernquerschnitt des Trapezgewindes für eine
   zulässige Spannung von 1000 kp/cm²,

b) das zu wählende Trapezgewinde,

c) die erforderliche Mutterhöhe m für eine zulässige Flächenpressung
   von 300 kp/cm²,

d) den Schlankheitsgrad λ der Spindel für eine freie Knicklänge s
   $= 1600$ mm,

e) die Knickspannung σ_K für Werkstoff St 50,

f) die vorhandene Druckspannung in der Spindel,

g) die Knicksicherheit S!

901. Eine Lenkstange aus St 50 von 650 mm Länge wird in axialer
Richtung durch eine Höchstkraft $F = 600$ kp belastet.

Wie groß muß der Durchmesser d der Lenkstange bei Kreisquerschnitt
sein, wenn eine 8fache Knicksicherheit gefordert wird?

902. Die Druckspindel der skizzierten Abziehvorrichtung soll nachgerechnet werden. Sie trägt Gewinde M 20 nach DIN 13.

Gegeben:
Handkraft $F = 15$ kp, Wirkabstand $l_1 = 200$ mm, freie Knicklänge der Spindel $s = l_2 = 380$ mm.

Werkstoffe:
Spindel aus St 50 mit einer zulässigen Druckspannung von 600 kp/cm²; Mutter aus Bronze mit einer zulässigen Flächenpressung von 120 kp/cm².

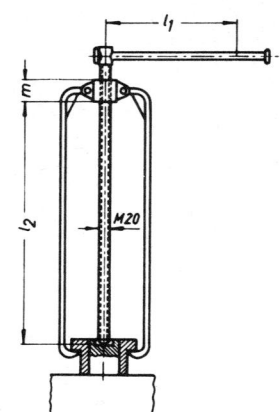

Berechne:

a) Die Druckkraft F in der Spindel mit der Reibzahl für Stahl auf Bronze, trocken *),

b) die Druckspannung im Gewindequerschnitt,

c) die erforderliche Mutterhöhe m,

d) die Sicherheit S der Spindel gegen Knicken!

903. Berechne:

a) die Durchmesser d_1, d_2 der Zugstangen S_1, S_2 für Kreisprofil und 1200 kp/cm² zulässige Spannung,

b) die Spannung in den beiden Rundgliederketten mit 13 mm Gliederdurchmesser,

c) die Druckspannung im Spreizbalken aus St 37 mit Rohrquerschnitt von 60 mm Außen- und 50 mm Innendurchmesser,

d) die Knicksicherheit des Spreizbalkens!

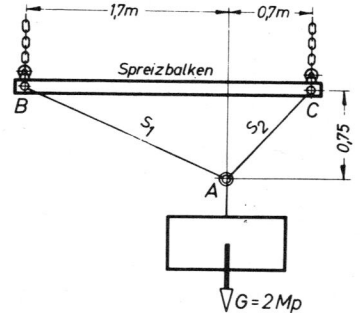

---

*) Siehe Fußnote S. 135.

904. Eine Nähmaschinennadel hat den skizzierten Querschnitt und 28 mm Länge, so daß die freie Knicklänge $s = 2 \cdot l = 56$ mm ist.

Berechne:

a) das axiale Trägheitsmoment für die N-Achse,

b) das axiale Trägheitsmoment für die y-Achse,

c) den Trägheitsradius i_N,

d) den Schlankheitsgrad λ,

e) die Knicklast F_K!

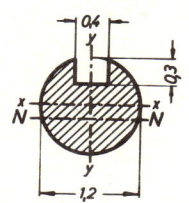

905. Ein Ölbehälter faßt 3000 Liter ($\gamma = 0,85$ kp/dm³). Die Lasten für Rohre, Armaturen und Behälter sowie für Isolierungen werden insgesamt mit 20 % des Füllgewichtes angenommen.

Berechne:

a) das erforderliche I-Profil nach DIN 1025 für eine zulässige Spannung von 1200 kp/cm²,

b) den Durchmesser d der Holzstützen für 10fache Sicherheit!

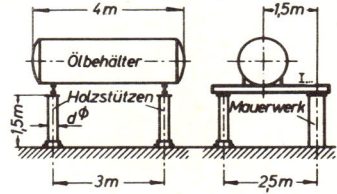

906. Eine Kolbenstange aus St 50 mit Kreisquerschnitt wird durch eine Höchstkraft $F = 6000$ kp auf Knickung beansprucht. Die freie Knicklänge ist $s = l = 1350$ mm; die geforderte Knicksicherheit $S = 3,5$.
Berechne den erforderlichen Durchmesser d der Kolbenstange!

907. Die Schubstange des Hydraulik-Hubgerätes zum Schwenken des Arbeitstisches, der 1200 kp Belastung trägt, hat eine freie Knicklänge $s = 400$ mm.

Berechne den erforderlichen Kreisquerschnitt, wenn eine 6fache Knicksicherheit gefordert wird!
Werkstoff der Schubstange: St 37.

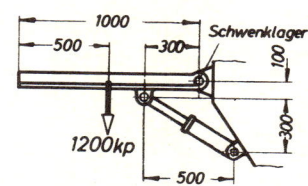

V. Festigkeitslehre

908. Die Pleuelstange eines Verbrennungsmotors besteht aus St 50 und hat die Maße: $l = 370$ mm, $H = 40$ mm, $h = 30$ mm, $b = 20$ mm, $s = 15$ mm. Sie wird durch eine Kraft $F = 1600$ kp auf Knickung beansprucht.

Berechne die vorhandene Knicksicherheit S!

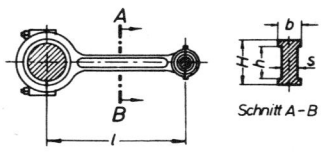

909. Für die gezeichnete Stellung eines Bremsgestänges ist der Durchmesser d der 550 mm langen Stange aus St 37 zu berechnen! Hebelkraft $F_1 = 400$ kp. Gefordert wird eine 10fache Sicherheit gegen Ausknicken.

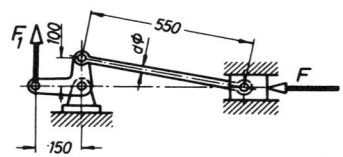

910. Eine wechselnd auf Zug/Druck beanspruchte Stange von 300 mm freier Knicklänge aus St 50 wird mit 2000 kp belastet. Die Spannung soll wegen Dauerbruchgefahr 600 kp/cm² nicht überschreiten. Aus dieser Bedingung sollen zunächst die Querschnittsabmessungen festgelegt und anschließend die Sicherheit gegen Knicken nachgeprüft werden für

a) Rechteckquerschnitt mit $h/b = 3,5$ und

b) Quadrat-Querschnitt.

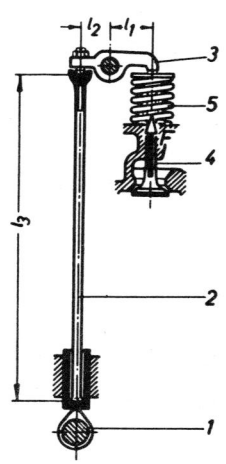

911. Die skizzierte Ventilsteuerung eines Verbrennungsmotors mit hängenden Ventilen besteht aus der Nockenwelle 1, der Stößelstange 2, dem Kipphebel 3, dem Ventil 4 und der Ventilfeder 5.

Am rechten Ende wird der Kipphebel mit $F = 400$ kp belastet.

Maße: $l_1 = 40$ mm; $l_2 = 28$ mm; $l_3 = 305$ mm.

Berechne:

a) die Belastung der Stößelstange,

b) die Knickkraft bei 3facher Knicksicherheit,

c) das erforderliche Trägheitsmoment I_{erf},

d) den Außendurchmesser D und den Innendurchmesser d der Stößelstange mit Rohrquerschnitt, wenn $D/d = 10/8$ sein soll! Werkstoff: hochlegierter Stahl mit einem Grenzschlankheitsgrad $\lambda_0 = 70$,

e) den Trägheitsradius des gefundenen Stößelstangenquerschnittes,

f) den Schlankheitsgrad der Stößelstange.

912. Der Spindelbock soll eine größte Last von $F = 1500$ kp heben. Die Skizze zeigt die am weitesten ausgefahrene Stellung. Die Füße aus 60×5 mm Rohr bilden in der Stützebene ein gleichseitiges Dreieck.

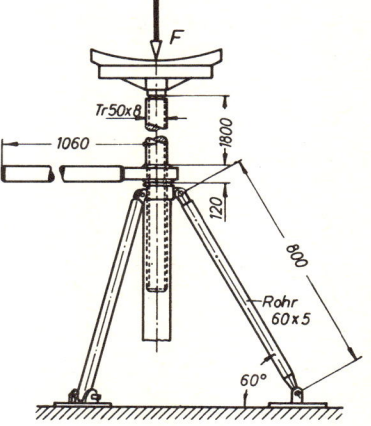

Berechne:

a) die Druckspannung in der Trapezgewindespindel,

b) die Flächenpressung im Gewinde bei 120 mm Mutterhöhe,

c) den Schlankheitsgrad der Spindel (freie Knicklänge $s = l$ gesetzt),

d) die Knicksicherheit der Spindel aus St 50,

e) die Belastung einer Rohrstütze,

f) deren Druckspannung,

g) deren Schlankheitsgrad,

h) die Knicksicherheit der Rohrstützen, Werkstoff St 37,

i) die zum Heben der Last erforderliche Handkraft F_h ohne Berücksichtigung der Reibung an der Mutterauflage, Werkstoff der Mutter: Bronze,

k) die Handkraft zum Heben, wenn die Reibung an der Mutterauflage berücksichtigt wird!

Annahme: Stahl auf Bronze, Reibradius $r_a = 1,4 \cdot$ Gewinderadius r.

913. Eine Hebebühne trägt eine Last
$F = 3000$ kp und wird durch den
Hydraulikzylinder a gehoben, wobei die Kolbenstange maximal 1,8 m
frei steht. Die Hubbewegung wird
von der Kolbenstange über ein
Konsolblech b auf die seitlich ge-
führten U-Profilstützen übertragen.

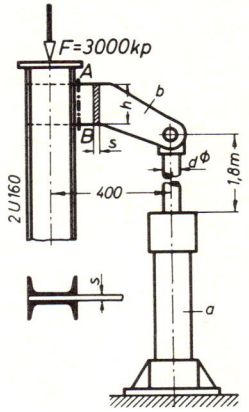

Berechne:

a) den Durchmesser der Hydraulik-
Schubstange aus St 50 für eine
6fache Knicksicherheit,

b) die Querschnittsmaße h und s
des Konsolbleches für eine
zulässige Spannung von
1200 kp/cm² und ein Bauverhältnis von $h : s$ etwa 10 : 1 !

914. Eine Spindelpresse hat eine
Druckkraft von $F = 4000$ kp zu
übertragen.

Werkstoffe: Spindel aus St 50,
Mutter aus Bz. Spindellänge = freie
Knicklänge = 0,8 m.

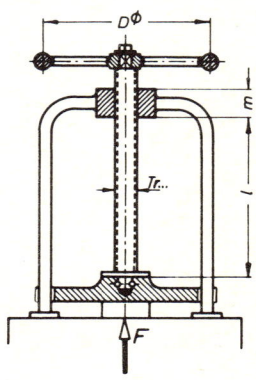

Berechne:

a) den erforderlichen Kernquerschnitt der Spindel bei einer zulässigen Spannung von
600 kp/cm²,

b) das erforderliche Trapezgewinde
nach DIN 103,

c) den Schlankheitsgrad der Spindel,

d) die Knicksicherheit der Spindel,

e) die Mutterhöhe m für eine
zulässige Flächenpressung von
100 kp/cm²,

f) den Handrad-Durchmesser D für eine Handkraft $F_1 = 30$ kp, wenn
damit die Druckkraft $F = 4000$ kp erzeugt werden soll und nur die
Gewindereibung berücksichtigt wird ($\mu' = 0,1$)!

915. Eine Schraubenwinde ist für eine Tragkraft von 5 Mp und eine größte Hubhöhe von 1,4 Meter ausgelegt.

Werkstoffe: Spindel aus St 50, Mutter aus GG. Freie Knicklänge s = 1,4 m.

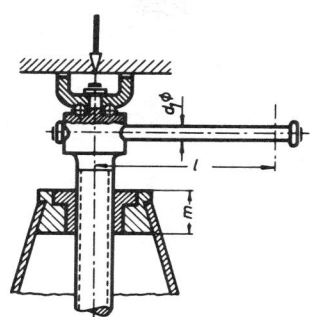

Berechne:

a) den erforderlichen Kernquerschnitt der Spindel bei einer zulässigen Spannung von 600 kp/cm²,

b) das erforderliche Trapezgewinde nach DIN 103 (Klammerwerte vermeiden!),

c) den Schlankheitsgrad der Spindel,

d) die Knicksicherheit der Spindel,

e) die Mutterhöhe m für eine zulässige Flächenpressung von 80 kp/cm²,

f) die Hebellänge l für eine Handkraft von 30 kp ohne Berücksichtigung der Rollreibung an der Kopfauflage ($\mu' = 0{,}16$ ermittelt!),

g) den Hebeldurchmesser d_1 für eine zulässige Spannung von 600 kp/cm²!

916. Ein Dreibein aus Nadelholzstämmen von 150 mm Durchmesser und 4,5 m Länge bildet in seiner Stützebene ein gleichseitiges Dreieck von 3 m Seitenlänge.

Welche Last kann höchstens an den Flaschenzug des Dreibeins gehängt werden, wenn eine 10fache Knicksicherheit gefordert wird?

Omegaverfahren

917. Ein geschweißter Knickstab aus 2 L 90 × 9 nach DIN 1028, Werkstoff St 37, Lastfall H, hat eine freie Knicklänge von 2 m. Die zulässige Spannung ist mit 1400 kp/cm² vorgeschrieben.

Berechne die höchste zulässige Belastung des Knickstabes.

918. Eine Stütze mit Rohrprofil aus St 37 soll bei 4 m Knicklänge eine Last von 30 Mp aufnehmen. Die zulässige Spannung beträgt 1400 kp/cm².

Welche Wanddicke δ ist erforderlich, wenn der Rohr-Außendurchmesser $D = 120$ mm gewählt wird?

919. In einem Lagerhaus wird eine Säule mit $F = 8,4$ Mp in Achsrichtung belastet. Die freie Knicklänge ist $s = 3$ m.

Bestimme das erforderliche I-Profil nach DIN 1025; St 37; zulässige Spannung 1400 kp/cm²!

920. Für die vorstehende Säule ist die quadratische Fußplatte zu bestimmen:

a) Wie groß muß sie werden beim Aufstellen auf Ziegelmauerwerk mit 12 kp/cm² zulässiger Flächenpressung?

b) Wie groß muß der Fuß des Fundamentblockes werden, wenn der Baugrund höchstens mit 3 kp/cm² belastet werden darf?

921. Während der Dauer von Bauarbeiten muß eine Versorgungsleitung von 200 mm Durchmesser in eine Höhe von 3,2 m über Grund verlegt werden. Alle 4 m soll eine Stütze aus gleichschenkligem Winkelstahl nach DIN 1028 gesetzt werden. Zulässige Spannung für den Werkstoff St 37: 1400 kp/cm².

Wähle das erforderliche Profil und prüfe die Spannungen nach dem ω-Verfahren nach!

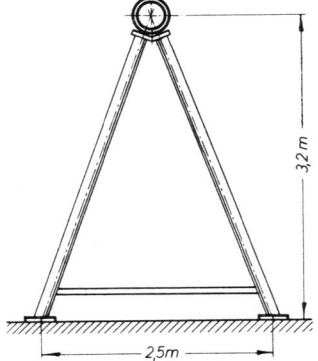

922. Eine Baustütze soll aus einem nahtlosen Flußstahlrohr nach DIN 2448 durch Aufschweißen einer Fuß- und einer Kopfplatte hergestellt werden. Zur Verfügung steht Rohr mit 108 mm (4¹/₄'') Außendurchmesser und 6 mm Wanddicke in den Qualitäten St 35.29 ($\sigma_{zul} = 1400$ kp/cm² im Lastfall H) und St 55.29 ($\sigma_{zul} = 2100$ kp/cm²).

Welche Last kann die Baustütze bei einer Knicklänge von 4,5 m in jeder der beiden Werkstoffqualitäten aufnehmen?

923. Die Hubhöhe eines vorhandenen Wandkranes reicht nicht mehr aus. Sie soll durch umgekehrte Aufhängung vergrößert werden. Stab 2 besteht aus Flachstahl 120 × 10 mm und ist an Stab 1, bestehend aus 2 U 240 und an Stab 3, bestehend aus 2 U 160 mit je 4 Schrauben M 16 in 17 mm Löchern angeschlossen. In der alten Aufhängung mußte Stab 2 eine Zuglast von 10 000 kp aufnehmen können.

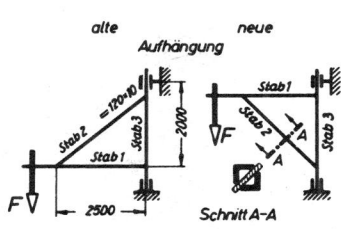

a) Wie ändert sich die Beanspruchung in den Stäben 1, 2 und 3?

b) Berechne die Systemlänge für Stab 2; sie soll gleich der Knicklänge gesetzt werden!

c) Der vorhandene Stab 2 ist durch Aufschweißen von 2 Winkelstählen nach DIN 1028 so zu verstärken, daß er den Anforderungen nach dem ω-Verfahren genügt. Zulässige Spannung 1400 kp/cm². Anordnung der Verstärkung nach Skizze.

Bemerkung: Wir wählen die Winkelprofile so, daß durch die Schweißarbeit die Randzonen des vorhandenen Flachstahles nicht beschädigt werden, da beim Ausknicken über die x-Achse hier die größten Spannungen auftreten. Nach dieser Überlegung sind nur die Profile 60 × 60 × ? oder 65 × 65 × ? verwendbar.

Um Korrosionsschäden zu vermeiden, sind die Hohlräume luftdicht abzuschließen.

924. Wie groß darf die freie Knicklänge des kleinsten für tragende Teile zulässigen Winkelprofiles 50 × 5 (DIN 1028) sein, und wie hoch darf dabei die Druckbelastung werden?

925. Ein Laufsteg ist alle drei Meter unterstützt. Die größte Belastung der Lauffläche beträgt 250 kp/m².

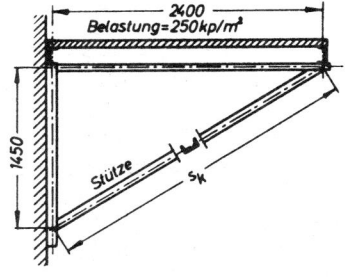

Berechne die Stützstrebe für die Unterstützungsrahmen, wenn U-Profil nach DIN 1026 verwendet werden soll!

Die vorhandenen Spannungen sind nach dem Omegaverfahren nachzuweisen (St 37 mit 1400 kp/cm² zulässiger Spannung)!

926. Eine vorhandene Baustütze aus $\text{I}\,200$ DIN 1025 trägt bei einer freien Knicklänge von 4,00 m eine mittige Last von 6 Mp.

Werkstoff St 37 im Lastfall H mit $\sigma_{zul} = 1400$ kp/cm².

a) Welche Last kann sie aufnehmen, wenn ein Ausknicken nur über die x-Achse möglich wäre?

b) Wie breit müssen Flachstähle von 8 mm Dicke sein, die hochkant auf der x-Achse des Profiles angeordnet werden, damit für die y-Achse etwa die gleiche Knicksicherheit vorhanden ist wie für die x-Achse?

c) In einer Nachrechnung ist die maximale Belastbarkeit nach der Verstärkung des Profiles für die beiden Hauptachsen (x- und y-Achse) zu bestimmen!

Zusammengesetzte Beanspruchung

Biegung und Zug bzw. Druck

927. Berechne für den nach Skizze belasteten Schraubenbolzen:

a) die im Schnitt A—B auftretende Abscherspannung,

b) die Zugspannung,

c) die im gefährdeten Querschnitt auftretende Biegespannung,

d) die im Schnitt A—B auftretende höchste Normalspannung!

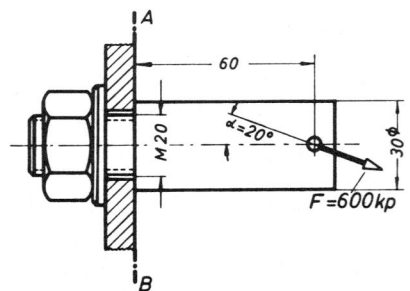

928. Der skizzierte eingemauerte Freiträger besteht aus 2 $\text{U}\,80$ DIN 1026 und wird nach Skizze außermittig durch eine Zugkraft $F = 1000$ kp belastet.

Berechne für den Freiträger:

a) das innere Kräftesystem im gefährdeten Querschnitt,

b) die auftretende Abscherspannung,

c) die auftretende reine Zugspannung,

d) die auftretende reine Biegespannung,

e) die größte resultierende Normalspannung!

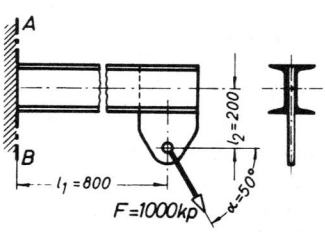

929. Ein Konsolträger aus GG hat den skizzierten gefährdeten Querschnitt. Die Flanschbreite b soll so berechnet werden, daß die auftretenden Randfaserspannungen oben und unten (Zug- und Druckspannungen) den jeweils zulässigen Wert erreichen und zwar 500 kp/cm² Zugspannung und 1500 kp/cm² Druckspannung.

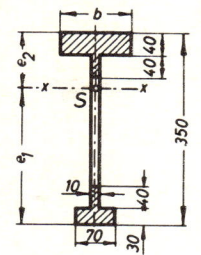

930. Seil- und Rohrquerschnitt des Auslegers sind für die skizzierte Stellung zu bestimmen.

Berechne im einzelnen:

a) die Kraft F_s im waagerechten Seil,

b) die Stützkraft in B,

c) die Anzahl der Drähte von 1,5 mm Durchmesser im Seil, wenn die zulässige Spannung 30 kp/mm² beträgt,

d) den erforderlichen Rohrquerschnitt, wenn $D/d = 10/9$ und $\sigma_{b\,zul} = 1000$ kp/cm² sein soll und nur auf Biegung gerechnet wird,

e) die größte resultierende Normalspannung!

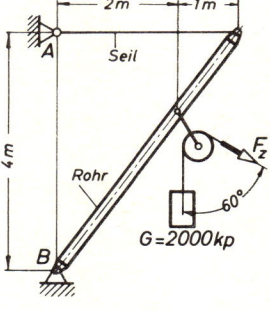

931. Der skizzierte Anschluß eines gebogenen ∪ 120 DIN 1026 wird einmal nach Bild 1 geschraubt, das andere Mal nach Bild 2 geschweißt ausgeführt.

Bestimme für $l = 450$ mm für beide Fälle die höchste zulässige Belastung F_{max}, wenn jeweils eine Normalspannung von höchstens 600 kp/cm² im Schnitt A—B auftreten darf!

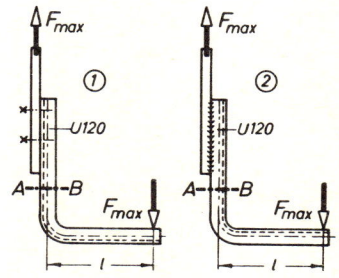

V. Festigkeitslehre

932. Ein U-Profil hat $F = 18$ Mp Zuglast zu übertragen und ist einseitig an ein Knotenblech von $s = 16$ mm Dicke angeschlossen. Die zulässige Zugspannung soll 1400 kp/cm² betragen. Die Nietlöcher bleiben unberücksichtigt.

a) Berechne das erforderliche U-Profil nach DIN 1026 unter der Annahme reiner Zugbeanspruchung!

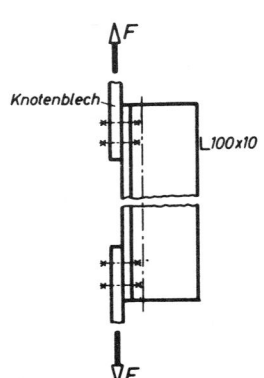

b) Berechne für das gewählte Profil:
- α) die reine Zugspannung,
- β) die Biegespannung in den Randfasern,
- γ) die größte resultierende Normalspannung!

c) Wähle das nächstgrößere Profil und bestimme dafür ebenfalls:
- α) die reine Zugspannung,
- β) die Biegespannung,
- γ) die größte resultierende Normalspannung!

d) Vergleiche mit der zulässigen Spannung!

933. Zwischen zwei Knotenblechen von 16 mm Dicke hängt ein Zugstab aus einem Winkelprofil 100×10. Der Stab ist mit den Knotenblechen durch Schrauben M 24 verbunden. Die Bohrungen bleiben unberücksichtigt.

Berechne:

a) die höchste zulässige Zugkraft F_{max} bei 1400 kp/cm² zulässiger Spannung,

b) die höchste zulässige Zugkraft F_{max}, wenn der Zugstab durch einen zweiten Winkel gleicher Größe verstärkt wird, so daß die Biegebeanspruchung ausgeschlossen wird,

c) die prozentuale Mehrbelastbarkeit nach Verstärkung des Zugstabes,

d) die Anzahl der erforderlichen Schrauben M 24 für den verstärkten Zugstab, wenn die zulässige Abscherspannung 1120 kp/cm² beträgt! (Mit Schaftquerschnitt rechnen!)

208

934. Der skizzierte Winkelhebel soll dimensioniert werden.

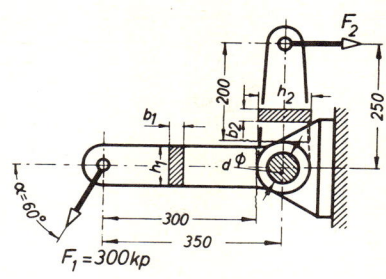

Berechne:

a) die Hebelkraft F_2,

b) die Querschnittsmaße h_1 und b_1 unter der Annahme reiner Biegebeanspruchung! Die zulässige Biegespannung beträgt 1200 kp/cm², das Bauverhältnis h/b soll 4 sein.

c) die Querschnittsmaße h_2 und b_2 bei gleicher zulässiger Spannung und gleichem Bauverhältnis,

d) die resultierende Normalspannung im Querschnitt $h_1 \cdot b_1$!

935. Nach Skizze ist an einem Träger I 120 DIN 1025 ein Blech von 14 mm Dicke angeschlossen, so daß sich ein einseitiger Kraftangriff ergibt.

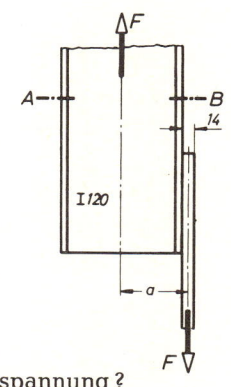

a) Bestimme das im Schnitt A—B auftretende innere Kräftesystem!

b) Welche größte Kraft darf diese Verbindungsart übertragen, wenn eine Normalspannung von 1400 kp/cm² nicht überschritten werden soll?

c) Wie groß ist die dabei auftretende Zugspannung?

d) Wie groß ist die Biegespannung?

e) Wie groß sind die resultierenden Randfaserspannungen?

f) Um wieviel Millimeter verschiebt sich die Nullinie des Querschnittes?

936. Eine Zuglasche wird nach Skizze belastet.

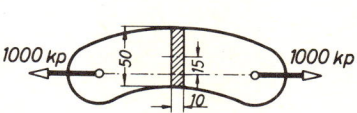

Berechne:

a) die auftretende Zugspannung,

b) die Biegespannung,

c) die resultierende größte Zugspannung,

d) die resultierende größte Druckspannung!

937. Das skizzierte Blech, z-förmig gebogen, ist an einer Blechwand angeschweißt und wird durch eine Zugkraft $F = 90$ kp belastet.

Berechne für die Schnitte A bis H die auftretenden Spannungen!

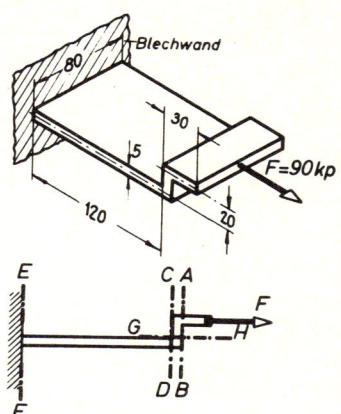

938. Für die skizzierte Schraubzwinge sind zu berechnen:

a) die höchste zulässige Klemmkraft F_{max} der Zwinge, wenn im eingezeichneten Querschnitt eine Zugspannung von 600 kp/cm² und eine Druckspannung von 850 kp/cm² nicht überschritten werden sollen,

b) das zum Festklemmen mit F_{max} erforderliche Drehmoment M_t, wobei die Reibung zwischen Klemmteller und Gewindespindel nicht berücksichtigt werden soll,

c) die erforderliche Handkraft F_h zum Festklemmen, wenn diese am Knebel im Abstand $r = 60$ mm von der Spindelachse angreift,

d) die Mutterhöhe m für eine zulässige Flächenpressung von 30 kp/cm²,

e) die Knicksicherheit der Spindel, wenn die freie Knicklänge $s = 100$ mm gesetzt wird!

Spindelwerkstoff: St 50.

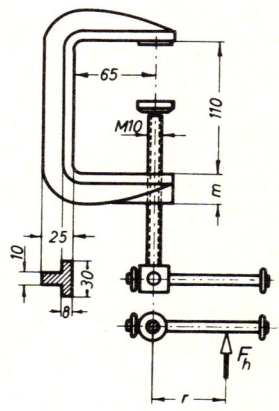

Biegung und Torsion *)

939. Berechne für den skizzierten Schalthebel mit Schaltwelle:

a) die Profilmaße b und h, wenn das Bauverhältnis $h/b = 5$ und die zulässige Spannung 600 kp/cm² betragen darf,

b) die in diesem Querschnitt auftretende Abscherspannung unter der Annahme gleichmäßiger Spannungsverteilung,

c) das von der Schaltwelle zu übertragende Drehmoment,

d) den erforderlichen Wellendurchmesser d, wenn nur auf Verdrehung gerechnet werden soll mit einer zulässigen Torsionsspannung von 200 kp/cm²,

e) die im gefährdeten Querschnitt auftretende Biegespannung,

f) die dort auftretende Vergleichsspannung, wenn σ_b wechselnd und τ_t schwellend wirken!

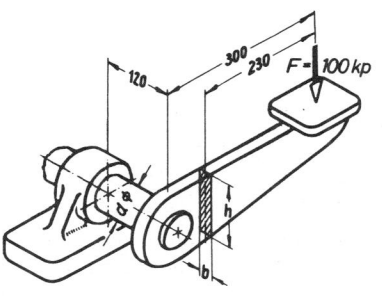

940. Die Handkurbel einer Bauwinde wird mit einer Handkraft F_h = 30 kp angetrieben. Eingriffswinkel $\alpha_{n0} = 20°$.

Berechne:

a) das die Welle belastende Drehmoment,

b) das maximale Biegemoment,

c) das Vergleichsmoment,

d) den erforderlichen Wellendurchmesser für eine zulässige Biegespannung von 600 kp/cm²!

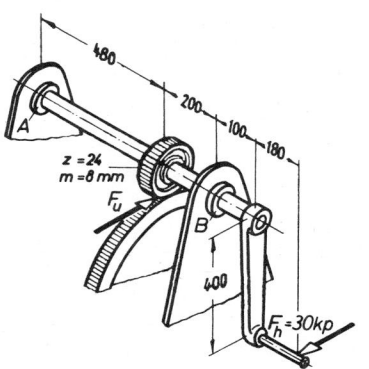

---

*) Bei Biegung wechselnd und Torsion schwellend wurde stets mit dem Anstrengungsverhältnis $\alpha = 0{,}7$ gerechnet (siehe auch Lehrbuch bzw. Techniker-Handbuch, Band 1).

941. Eine Fräsmaschinenspindel wird durch die Umfangskraft $F_u =$ 600 kp am Fräser von 180 mm Durchmesser auf Biegung und Verdrehung beansprucht. Die Frässpindel hat 120 mm Außendurchmesser und eine Bohrung von 80 mm.

Berechne:

a) das die Spindel belastende maximale Biegemoment,

b) das Drehmoment,

c) die auftretende Biegespannung,

d) die auftretende Torsionsspannung,

e) die auftretende Vergleichsspannung!

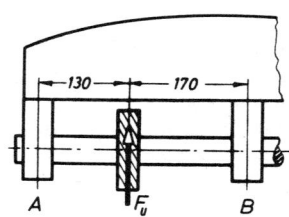

942. Eine Welle trägt nach Skizze fliegend das Haspelrad eines Stirnrad-Flaschenzuges. Der Durchmesser des Teilkreises am Haspelrad beträgt 240 mm. An der Haspelradkette wird mit $F = 50$ kp gezogen.

Berechne:

a) das die Welle belastende Drehmoment infolge der Handkraftwirkung,

b) das die Welle belastende maximale Biegemoment,

c) das Vergleichsmoment,

d) den Wellendurchmesser für eine zulässige Spannung von 800 kp/cm²!

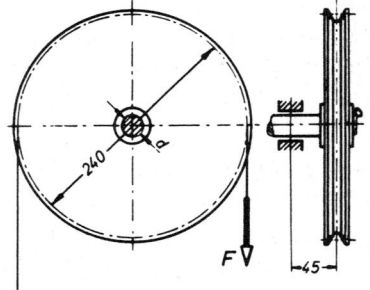

943. Ein Kurbelzapfen wird nach Skizze durch $F = 800$ kp belastet.

Berechne:

a) das maximale Biegemoment,

b) das Torsionsmoment,

c) das Vergleichsmoment,

d) den Wellendurchmesser für eine zulässige Biegespannung von 800 kp/cm²!

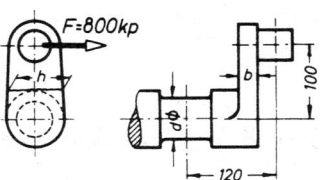

212

944. Die Nabe eines Zahnrades ist mit einem als Rundkeil wirkenden Zylinderstift mit der Welle verbunden, wobei ein Drehmoment von 150 kpcm schwellend übertragen werden soll. Die Welle wird außerdem wechselnd durch ein Biegemoment von 95 kpcm belastet. Welle aus St 50; Nabe aus GG-18.

Berechne:

a) die zulässige Biegespannung für die Welle, wenn die Kerbwirkungszahl $\beta_k = 1,8$ ist und mit 2facher Sicherheit gegen Dauerbruch gerechnet werden soll,

b) das die Welle belastende Vergleichsmoment,

c) den erforderlichen Wellendurchmesser d_1,

d) die erforderliche Länge l des Zylinderstiftes für eine zulässige Flächenpressung von 300 kp/cm² und einen Stiftdurchmesser $d_2 = 5$ mm,

e) die Abscherspannung im Zylinderstift!

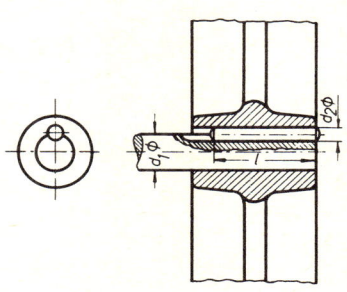

945. Der skizzierten Getriebewelle wird ein Drehmoment von 100 kpm zugeleitet. Die Kräfte $F_1 = 800$ kp und $F_2 = 1200$ kp beanspruchen die Welle auf Biegung.

Berechne:

a) die Stützkräfte (Lagerkräfte) F_A und F_B,

b) die Durchmesser d_2, d_a, d_b, wenn die zulässige Biegespannung 800 kp/cm² (wechselnd) und die zulässige Torsionsspannung 600 kp/cm² (schwellend) ist (also $\alpha = 0,77$),

c) die in den Lagern auftretende Flächenpressung!

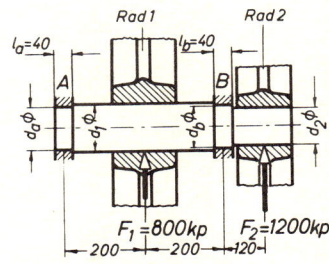

946. Die Kurbelwelle eines Fahrrades besteht aus der Pedalachse 1, dem Kurbelarm 2, der Welle 3 und dem Wellenlager 4. Die Pedalachse soll mit $F = 80$ kp belastet sein.

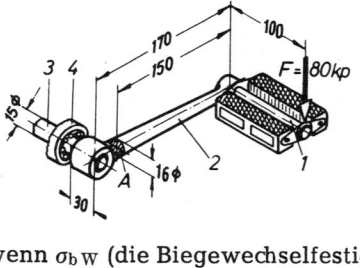

Berechne:

a) die Biegespannung im Kurbelarm 2 an der Querschnittsstelle A,

b) die Sicherheit gegen Dauerbruch, wenn $\sigma_{b W}$ (die Biegewechselfestigkeit) für den Werkstoff 60 kp/mm² ist und ohne Kerbwirkung gerechnet werden soll,

c) die Torsionsspannung im Querschnitt A,

d) die Vergleichsspannung im Querschnitt A, wenn σ_b und τ_t schwellend wirken,

e) die tatsächliche Dauerbruchsicherheit gegenüber der Biegewechselfestigkeit $\sigma_{b W}$,

f) die Biegespannung in der Welle 3 an der Lagerstelle 4,

g) die dort auftretende Torsionsspannung,

h) die Vergleichsspannung, wenn σ_b wechselnd und τ_t schwellend wirken!

947. Eine Getriebewelle wird nach Skizze durch die Biegekräfte $F_1 = 400$ kp und $F_2 = 600$ kp belastet. Sie hat ein Drehmoment von 2000 kpcm zu übertragen. Maße: $l_1 = 80$ mm; $l_2 = 400$ mm; $l_3 = 100$ mm.

Berechne:

a) die Stützkräfte F_A und F_B in den Lagern,

b) das maximale Biegemoment,

c) das Vergleichsmoment, wenn die Welle auf Biegung wechselnd und auf Torsion schwellend belastet wird,

d) den Wellendurchmesser d für eine zulässige Biegespannung von 600 kp/cm²!

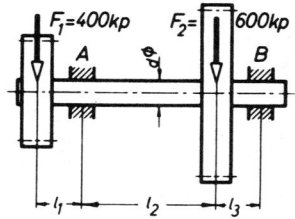

948. Die skizzierte Welle 1 mit Kreisquerschnitt wird über einen Hebel 2 mit Rechteckquerschnitt auf Biegung und Verdrehung beansprucht. Maße: $l_1 = 280$ mm; $l_2 = 200$ mm; $l_3 = 170$ mm; $d = 30$ mm.

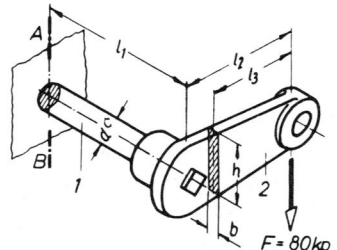

Berechne:

a) die Querschnittsmaße b und h für ein Verhältnis $h/b = 4$ und eine zulässige Spannung von 1000 kp/cm²,

b) die größte Biegespannung in der Schnittebene A—B der Welle 1,

c) die Verdrehspannung,

d) die Vergleichsspannung!

949. Das skizzierte Drei-Wellen-Stirnradgetriebe mit geradverzahnten Rädern wird durch einen Flanschmotor mit 4 kW Antriebsleistung bei 960 U/min angetrieben. Festgelegt sind die Zähnezahlen mit $z_1 = 19$; $z_3 = 25$ und die Übersetzungen mit $i_1 = 3,2$; $i_2 = 2,8$ sowie die Moduln mit $m_{1/2} = 6$ mm; $m_{3/4} = 8$ mm.
Die Zahnräder tragen Normverzahnung mit $\alpha = 20°$ Eingriffswinkel.
Die Wirkungsgrade bleiben unberücksichtigt.

Berechne:

a) das Drehmoment an der Welle I,

b) den Teilkreisdurchmesser d_{01},

c) die Zähnezahl z_2,

d) die Umfangskraft F_{u1},

e) die Normalkraft F_{n1},

f) die Stützkräfte F_A und F_B,

g) das $M_{b\,max}$ der Welle I,

h) das Vergleichsmoment M_v,

i) den erforderlichen Wellendurchmesser der Welle I mit $\sigma_{b\,zul} = 500$ kp/cm²,

k) das Drehmoment $M_{t\,II}$,

l) die Teilkreisdurchmesser d_{02} und d_{03},

m) die Zähnezahl z_4 und den Teilkreisdurchmesser d_{04},

n) die Umfangskraft F_{u3},

o) die Stützkräfte F_C und F_D,

p) $M_{b\,max}$ für Welle II,

q) das M_v für Welle II,

r) den Wellendurchmesser d_{II} der Welle II für eine zulässige Spannung von 500 kp/cm²!

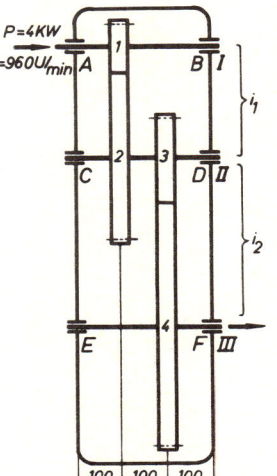

Verschiedene Aufgaben aus der Festigkeitslehre

950. Eine Zugkraft wird nach Skizze durch einen Sicherheitsscherstift von der quadratischen Zugstange auf die Hülse übertragen.

Berechne:

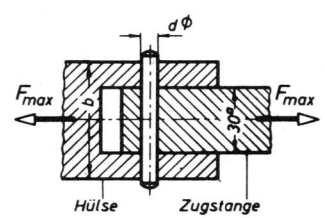

a) den erforderlichen Durchmesser d des Scherstiftes, wenn dieser bei $F_{max} = 6000$ kp zu Bruch gehen soll (Werkstoff St 60),

b) die bei Bruchlast im gefährdeten Stangenquerschnitt auftretende Zugspannung,

c) die erforderliche Hülsenbreite b, wenn die Flächenpressung zwischen Scherstift und Hülse 3500 kp/cm² nicht überschreiten soll!

951. Berechne für den skizzierten Zugbolzen:

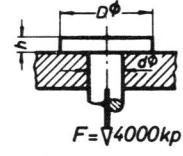

a) den Schaftdurchmesser d, wenn die Zugspannung 1000 kp/cm² nicht überschreiten soll,

b) den Kopfdurchmesser D aus der Bedingung, daß die Flächenpressung an der Kopfauflage 150 kp/cm² nicht überschreiten soll,

c) die Kopfhöhe h bei einer zulässigen Abscherspannung von 600 kp/cm²!

952. Trommel und Stirnrad einer Bauwinde sind durch 4 Schrauben verbunden. Höchstlast: 4000 kp. **Bestimme die Schraubengröße unter der Annahme, daß ihr Kernquerschnitt nur durch das Drehmoment** auf Abscheren beansprucht wird und die zul. Spannung 900 kp/cm² beträgt.

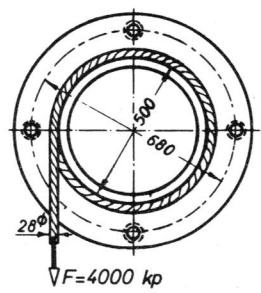

953. Eine Welle hat 4 PS bei 450 U/min zu übertragen. Das Wellenende ist durch einen Zylinderstift mit einer Abtriebshülse verbunden.

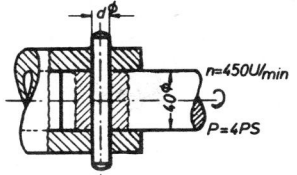

Berechne:

a) die Umfangskraft an der Welle,

b) den Durchmesser d des Zylinderstiftes, wenn die zulässige Abscherspannung 300 kp/cm² betragen soll!

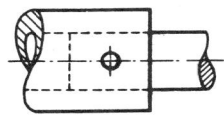

954. An der Hohlwelle C greift ein Drehmoment $M_t = 2200$ kpcm an. Dadurch drückt der mit C verbundene Hebel H auf den statisch bestimmt gelagerten Flachstab AB.

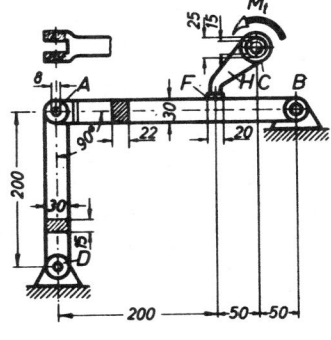

Berechne:

a) die Torsionsspannung an der Außenwand der Hohlwelle C bei 15 mm Innen- und 25 mm Außendurchmesser,

b) die Torsionsspannung an der Wellen-Innenwand,

c) die Flächenpressung der Hebelauflage in F,

d) die Stützkräfte in A und B,

e) das maximale Biegemoment im Flachstab,

f) die im Flachstab auftretende größte Biegespannung,

g) die Abscherspannung im Bolzen A, der 8 mm Durchmesser hat,

h) die Knicksicherheit des Flachstabes AD mit dem Querschnitt 30×15 mm,

i) den Bolzendurchmesser im Lager B bei gleicher Ausführung wie Lager A und einer zulässigen Abscherspannung von 350 kp/cm²!

217

955. Bestimme für den Bolzen:

a) die Zugkomponente der Kraft $F = 3\,\text{Mp}$,

b) die Biegekomponente,

c) die Zugspannung im Bolzen,

d) die Biegespannung im Schnitt x—x,

e) die Abscherspannung,

f) den erforderlichen Durchmesser D, wenn die zulässige Flächenpressung an der Kopfauflage 1200 kp/cm² sein soll,

g) die Kopfhöhe h, wenn im Kopf eine Abscherspannung von 600 kp/cm² eingehalten werden soll!

956. Ein Rohr aus St 37 mit 60 mm Außendurchmesser und 50 mm Innendurchmesser hat 1 m Länge. Es soll auf seine größte Belastbarkeit untersucht werden:

a) für Zugbeanspruchung,

b) für Abscherbeanspruchung,

c) für Biegung,

d) für Torsion,

e) für Knickung bei 6facher Sicherheit!

Die zulässigen Spannungen sind:

1400 kp/cm² für Zug und Biegung; 1200 kp/cm² für Abscheren; 1000 kp/cm² für Torsion.

957. In der skizzierten Stellung wird der Kolben eines Steuerungssystems durch die Hubkraft F_1 gehoben gegen die Kolbenkraft $F = 500$ kp.

Reibzahl zwischen Kolben und Zylinder: $\mu = 0{,}1$.

Maße: $l_1 = 100$ mm; $l_2 = 250$ mm; $l_3 = 300$ mm.

Berechne:

a) die Stangenkraft F_s,

b) die Hubkraft F_1,

c) die Lagerkraft F_D,

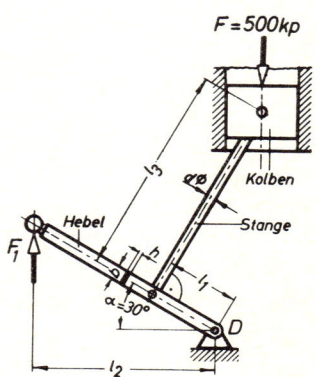

218

d) den erforderlichen Durchmesser der Stange aus St 50 bei 10facher Knicksicherheit,

e) das vom Hebel zu übertragende maximale Biegemoment,

f) die Querschnittsmaße h und b bei Rechteck-Vollprofil, wenn $h : b = 3 : 1$ sein soll und die zulässige Biegespannung 1000 kp/cm² beträgt!

958. Zwei Flachstahlenden 120 $\times$ 8 aus St 37 sollen stumpf aneinandergeschweißt werden. Für eine zulässige Schweißnahtspannung von 1400 kp/cm² ist die zulässige **statische (ruhende) Belastung F zu berechnen!**

Bemerkung: Aus Versuchen weiß man, daß die statische Festigkeit der Schweißnaht gleich der des Mutterwerkstoffes ist: der Bruch liegt neben der Naht! Das ist jedoch nicht der Fall bei dynamischer Belastung!

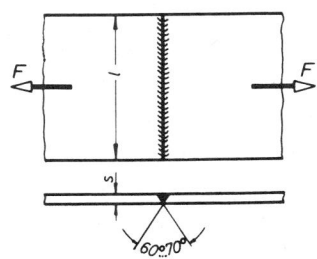

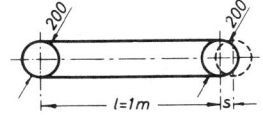

959. Welcher Spannweg ist erforderlich, um im Lederriemen eine Vorspannkraft von 20 kp zu erzeugen?

Riemenquerschnitt 50 mm $\times$ 5 mm, Elastizitätsmodul $E = 500$ kp/cm².

960. Der Zahn eines Geradzahn-Stirnrades wird nach Skizze belastet.

a) Bestimme für den gefährdeten Querschnitt A—B das innere Kräftesystem und gib die auftretenden Spannungsarten an!

b) Entwickle die Beanspruchungsgleichung für den gefährdeten Querschnitt! Benutze dazu die **eingetragenen Bezeichnungen: l, e, b, F, Winkel α, Winkel β!**

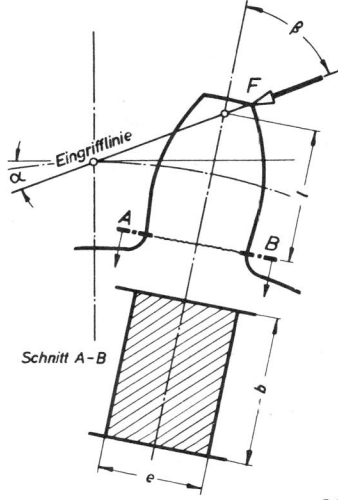

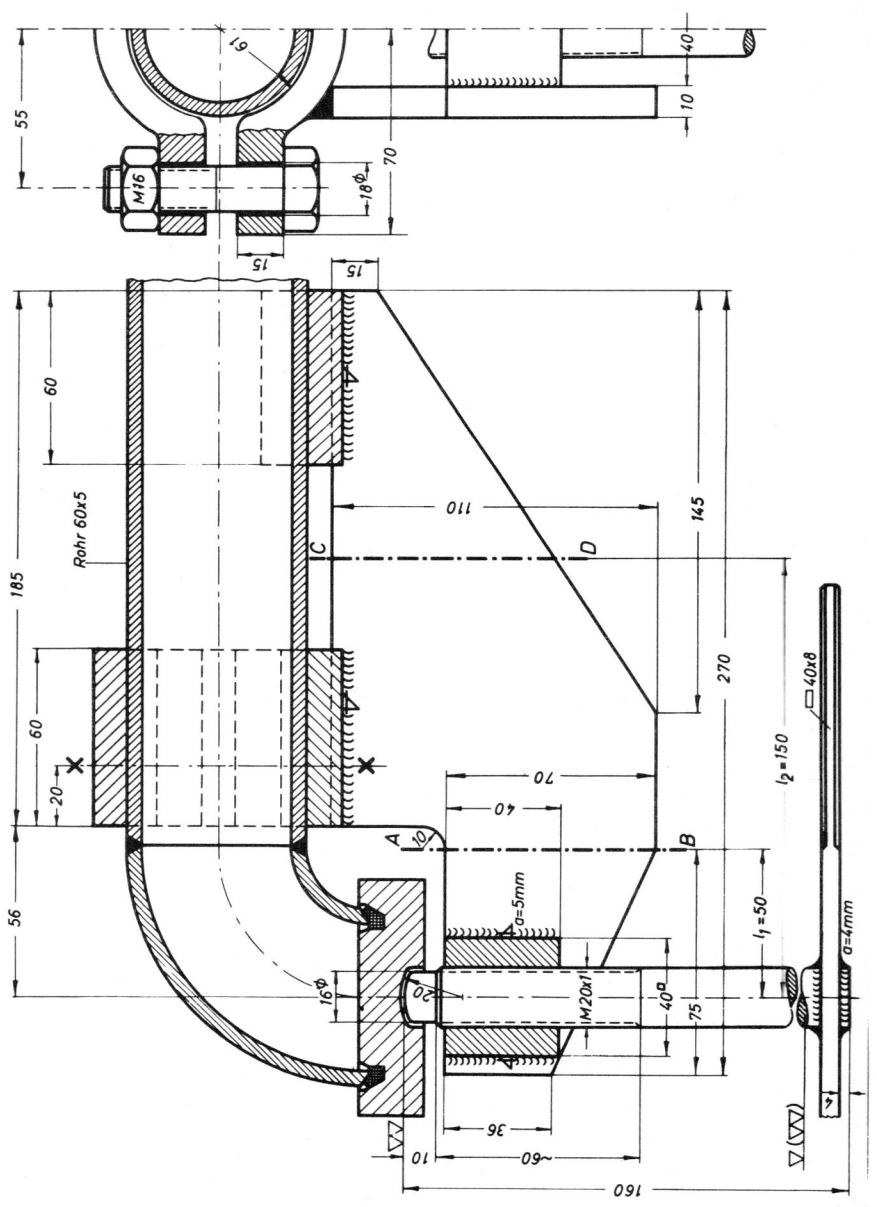

961. Ein Techniker hat eine Vorrichtung zum Spannen von Rohrstücken 60 $\times$ 5 entworfen. Die Rohre sollen mit 80 kp/cm² Wasserdruck (Überdruck) abgedrückt werden.

Die Vorrichtung soll durch Berechnung überprüft werden:

a) Berechne das die Spindel M 20 $\times$ 1 belastende Drehmoment M_t, wenn am Schließhebel mit einer Handkraft $F_h = 50$ kp am Hebelarm von etwa 100 mm das Rohr abgedichtet werden soll!

b) Berechne die Schraubenlängskraft $F_1 =$ Schließkraft in der Spindel, wenn im Gewinde eine Reibzahl $\mu' = 0,25$ angenommen wird und die Berührung der Spindel mit der Abschlußplatte reibungsfrei gedacht sein soll (Spitzenlagerung)!

c) Berechne die Druckkraft F auf die Abschlußplatte, die durch den Wasserdruck von 80 at hervorgerufen wird!

d) Berechne die höchste Druckspannung in der Spindel beim Anziehen mit dem oben berechneten Drehmoment!

e) Berechne die Flächenpressung im Gewinde bei 40 mm Mutterhöhe!

f) Berechne die Biegespannung im Schnitt A—B!

g) Berechne die Stützkräfte in den Schellenlagern des Rohres!

h) Berechne die erforderlichen Befestigungsschrauben für die Halteschelle, wenn im Kernquerschnitt höchstens 1000 kp/cm² Zugspannung auftreten sollen!

i) Berechne die Schraubenlängskraft in den Schrauben, wenn der Konstrukteur die Stützbleche im Schnitt C—D abgeschnitten hätte, wie er es zunächst vorhatte!

k) Berechne die Biegespannung im Schnitt C—D in der jetzigen Ausführung!

l) Berechne die Biegespannung und die Abscherspannung in der Rohrschweißnaht!

Teil VI : HYDRAULIK

Fortpflanzung des Druckes

1001. Eine Hydraulikanlage arbeitet mit einem Druck von 160 kp/cm². Der Arbeitszylinder soll eine Schubstangenkraft von 8000 kp aufbringen.

Berechne unter Vernachlässigung der Reibung den Durchmesser des Zylinders!

1002. Eine Schlauchleitung mit der Nennweite NW 15 soll an der Öffnung durch Daumendruck abgesperrt werden.

Berechne die Schließkraft bei einem Wasserdruck von 4,5 at!

1003. Der skizzierte Windkessel an der Druckseite einer Kolbenpumpe wird durch Druckstöße von 15 kp/cm² belastet.

Berechne die Kraft, die den Windkessel vom Flansch abzuheben versucht!

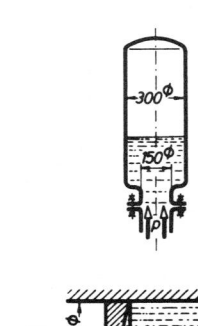

1004. Die zwischen den beiden Kolben eingeschlossene Flüssigkeit steht unter einem Überdruck von 6 at.

Berechne unter ·Vernachlässigung der Reibung die beiden Schubstangenkräfte F_1 und F_2!

1005. Ein Druckluftkessel soll auf Dichtigkeit geprüft werden. Dazu wird er mit Wasser von 40 at Überdruck abgedrückt.

Innendurchmesser $d = 450$ mm,

Wandstärke $s = 6$ mm,

Länge $l = 1100$ mm.

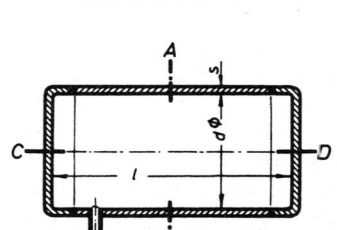

Berechne (unter der Annahme gleichmäßiger Spannungsverteilung):

a) die im Querschnitt A—B des Kessels auftretende Spannung σ_1,

b) die im Längsschnitt C—D des Kessels auftretende Spannung σ_2!

c) Wo liegt der gefährdete Querschnitt?

d) Bei welchem Innendruck reißt der Kessel, wenn die Zugfestigkeit des Werkstoffes etwa 60 kp/mm² ist?

1006. Ein Stahlrohr mit der Nennweite NW 1000 soll einen Wasserdruck von 8 at aufnehmen. Die dabei auftretende Spannung im Werkstoff soll 650 kp/cm² nicht überschreiten.

Berechne die erforderliche Wandstärke ohne Berücksichtigung der Schwächung durch die Naht!

1007. Der Hubzylinder eines Muldenkippers hat einen Zylinderdurchmesser von 210 mm und einen Hub von 930 mm. Zu Beginn des Kippens muß er eine Kraft von 52 Mp aufbringen.

Berechne:

a) den Öldruck im Zylinder zu Beginn des Hubes,

b) die Fördermenge der Pumpe in l/min für eine Hubzeit von 20 Sekunden!

1008. Ein Hydraulik-Hebebock arbeitet mit einem Flüssigkeitsdruck von 80 at. Er soll eine größte Last von 20 Mp heben können.

Berechne ohne Berücksichtigung der Reibung den Durchmesser der beiden Kolben, wenn am Antriebskolben eine Kraft von 300 kp wirksam ist!

1009. Der skizzierte Druckübersetzer soll mittels Druckluft von $p_1 = 6$ at Überdruck im kleineren Zylinder einen Flüssigkeitsdruck erzeugen.

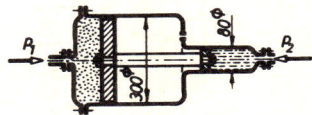

Berechne für die gegebenen Maße den entstehenden Flüssigkeitsdruck p_2!

VI. Hydraulik

1010. Zwei mit Druckwasser gefüllte Speicher sind durch ein Ventil
verbunden, das durch den unter-
schiedlichen Wasserdruck geöffnet
bzw. geschlossen wird. Die Flüssigkeit im Raum I steht unter 30 at
Überdruck, sie drückt auf den
200 mm großen Ventilteller.

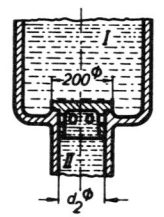

Wie groß muß der Durchmesser d_2
sein, damit das Ventil bei 60 at
Überdruck im Raum II sich öffnet?
(Eigengewicht des Ventils vernachlässigt.)

1011. Ein Tauchkolben von 60 mm
Durchmesser wird durch eine
Lippendichtung mit 8 mm Dichtungs-
höhe durch den Wasserdruck abge-
dichtet. Der Kolben wird mit einer
Kraft $F = 650$ kp belastet.

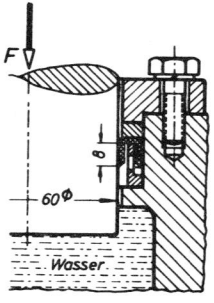

Welcher Wasserdruck wird durch
die Kolbenkraft erzeugt:

a) ohne Berücksichtigung der Reibung zwischen Kolben und
Dichtung,

b) mit Berücksichtigung der Reibung? (Für $\mu = 0,12$ siehe
Formelsammlung.)

1012. An einer hydraulischen Presse werden folgende Werte gemessen:

Durchmesser des Pumpenkolbens	$d_1 = 20$ mm
Durchmesser des Preßkolbens	$d_2 = 280$ mm
Dichtungshöhe am Pumpenkolben	$h_1 = 8$ mm
Dichtungshöhe am Preßkolben	$h_2 = 20$ mm

Die Reibzahl für die Lippendichtungen ist 0,12. Der Pumpenkolben
wird über den Pumpenhebel mit einer Kraft $F_1 = 200$ kp belastet. Sein
Hub beträgt $s_1 = 30$ mm.

Berechne:

a) den inneren Flüssigkeitsdruck p,

b) die auftretende Preßkraft F_2,

c) den Weg s_2 des Preßkolbens je Hub des Pumpenkolbens,

d) die aufgewandte Hubarbeit A_a,
e) den Wirkungsgrad der Presse,
f) die Nutzarbeit A_n je Hub,
g) die erforderliche Anzahl der Pumpenhübe für einen Weg des Preß-kolbens von 28 mm!

Hydrostatischer Druck

1013. Eine Baugrube ist durch eine Spundwand trockengelegt. Der Wasserspiegel liegt 3,5 m über dem Boden der Grube.
Berechne:
a) die Seitenkraft auf eine 40 cm breite Bohle,
b) die Lage des Angriffspunktes über dem Boden,
c) das Biegemoment in der Spundbohle an der Einrammstelle!

1014. In der Wand eines Behälters ist 4,5 m unter dem Flüssigkeits-spiegel eine Öffnung von 80 mm Durchmesser.
Mit welcher Kraft muß von außen ein Verschlußdeckel angepreßt werden?

1015. Berechne den hydrostatischen Druck in einer Meerestiefe von 6000 m! ($\gamma = 1,03$ kp/dm³ für Salzwasser.)

1016. In einem Bassin von 2,4 m Wassertiefe ist der Abfluß durch eine runde Platte von 160 mm Durchmesser abgedeckt.
Berechne die Kraft, die die Platte auf die Öffnung preßt!

1017. Ein Behälter, der mit Natronlauge gefüllt ist, hat einen Flüssig-keitsspiegel von 3,25 m über dem Boden.
Berechne den Bodendruck in kp/cm² und kp/m² für eine Wichte der Natronlauge von 1,7 kp/dm³!

1018. Ein Druck wird mit 300 mm Wassersäule angegeben.
Wieviel kp/cm² sind das?

1019. Die Wichte des Quecksilbers ist 13,59 kp/dm³. Wie hoch muß eine Quecksilbersäule sein, die einen Druck erzeugt von:
a) einer technischen Atmosphäre (1 at),
b) einer physikalischen Atmosphäre (1 atm)?

1020. Eine Beobachtungskugel für Tiefseeforschung besteht aus zwei stählernen Halbkugeln von 1,1 m Radius, die durch den Wasserdruck aneinandergepreßt werden. (Wichte für Salzwasser 1,03 kp/dm³.)

Berechne die Kraft, die beide Schalen zusammendrückt, wenn die Tauchtiefe 11 000 m beträgt!

1021. Eine offene U-Röhre ist mit Wasser und Öl so gefüllt, wie die Skizze zeigt. Öl- und Wassersäule sind im Gleichgewicht.

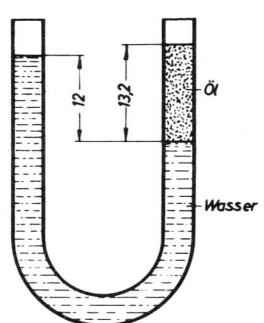

Berechne:

a) die Wichte des Öls,

b) die Höhe der Wassersäule über der Trennfläche, wenn anstelle des Öls das gleiche Volumen Teeröl mit einer Wichte von 1,1 kp/dm³ verwendet würde!

Auftrieb

1022. Welche Kraft ist nötig, um eine Hohlkugel von 40 cm Durchmesser, die 500 p wiegt, unter Wasser zu halten?

1023. Ein mit Benzin gefüllter Behälter von 300 kp Leergewicht und einem Volumen von 10 m³ schwimmt unter Wasser.

Welchen Auftrieb hat der Behälter unter Wasser, d. h. welche Nutzlast könnte er tragen, wenn er unter Wasser im Gleichgewicht ist? (Wichte für Benzin 0,7 kp/dm³; für Salzwasser 1,03 kp/dm³.)

1024. Das skizzierte Rad wird liegend eingeformt.

Berechne die Auftriebskraft, die durch den hydrostatischen Druck am Oberkasten auftritt!

Wichte für Gußeisen 7,2 kp/dm³.

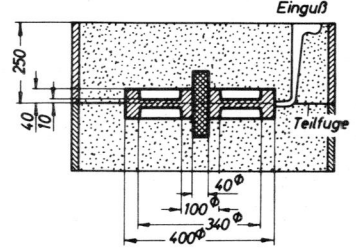

Ausfluß aus Gefäßen

1025. Im Boden einer hölzernen Wasserrinne ist ein Astloch von 20 mm Durchmesser. Die Höhe des Wassers in der Rinne beträgt 0,9 m.

Berechne:

a) die Ausflußgeschwindigkeit,

b) die Wassermenge, die 24stündlich bei einer Ausflußziffer von 0,64 verlorengeht!

1026. Ein Becken von 200 m³ Fassungsvermögen wird durch ein Rohr mit der Nennweite NW 50 gefüllt, das an einen Wassergraben angeschlossen ist, dessen Wasserspiegel sich 7,5 m über der Rohrmündung befindet. Die Ausflußziffer beträgt 0,815.

Berechne die Zeit für die Füllung unter Vernachlässigung der Rohrverluste!

1027. Eine ausgerundete Düse mit einer Ausflußziffer von 0,96 soll 60 l Wasser je Minute durchfließen lassen, dessen gleichbleibende Druckhöhe 3,6 m beträgt.

Wie groß ist der Durchmesser der Öffnung zu wählen?

1028. Aus einer Öffnung fließen in 106,5 Sekunden 1,8 m³ Wasser, das unter einer gleichbleibenden Druckhöhe von 4 m steht. Die Öffnung hat einen Durchmesser von 50 mm.

Berechne die Größe der Ausflußziffer!

1029. Der Schwerpunktsabstand der Öffnungsfläche eines Lecks liegt 6 m unter dem Wasserspiegel. Die scharfkantige Öffnung hat annähernd Kreisquerschnitt mit 80 mm Durchmesser, so daß die Ausflußziffer 0,63 wird.

Berechne:

a) die Geschwindigkeit (Strahlgeschwindigkeit) mit der das Wasser einfließt,

b) die wirkliche Wassermenge Q_e,

c) die Wassermenge, wenn der Wasserspiegel im Schiff bis auf 4 m unter den Wasserspiegel der Oberfläche gestiegen ist!

1030. Mit welcher Geschwindigkeit tritt Wasser mit einem Überdruck von 6 at bei einem Rohrbruch aus der Leitung?

1031. Eine Baugrube, die durch eine Spundwand vom Fluß abgetrennt wurde, läuft durch eine Öffnung von 100 mm Durchmesser, deren Mittelpunkt sich 2,3 m unter dem Wasserspiegel befindet, langsam voll. Die Grube hat eine Grundfläche von 2 m × 8 m, der Boden liegt 4 m unter dem Wasserspiegel.

Berechne:

a) die Austrittsgeschwindigkeit,

b) die sekundliche Wassermenge bei einer Ausflußziffer von 0,64,

c) die Zeit, bis der Wasserspiegel in der Grube den Mittelpunkt der Öffnung erreicht hat,

d) die Zeit zur vollständigen Füllung der Grube!

1032. Die Düse einer Pelton-Strahlturbine wandelt Wasser mit einer Druckhöhe von 280 m in Wasser mit Bewegungsenergie um. Der Querschnitt der Düse ist kreisförmig mit 150 mm Durchmesser. Die Ausflußziffer beträgt 0,98.

Berechne:

a) die Austrittsgeschwindigkeit,

b) die wirkliche Wassermenge je Sekunde,

c) die Leistung des Wassers!

1033. Eine geradlinige Wasserleitung aus Stahlrohr mit einer Nennweite NW 80 und 230 m Länge soll 11 m³ Wasser je Stunde fördern.

Berechne:

a) die Strömungsgeschwindigkeit im Rohr,

b) die Widerstandshöhe der Leitung in Meter Wassersäule für eine Widerstandszahl $\lambda = 0,028$!

1034. Eine Rohrleitung aus Stahlrohr hat eine Nennweite NW 125 und 350 m Länge. Sie soll je Stunde 280 m³ Wasser fördern.

Berechne:

a) die erforderliche Strömungsgeschwindigkeit im Rohr,

b) den notwendigen Druckunterschied zwischen Rohranfang und -ende für eine Widerstandszahl $\lambda = 0,015$!

1035. Es sollen 120 l Wasser je Minute durch eine 300 m lange Rohrleitung fließen. Die Strömungsgeschwindigkeit soll 2 m/s nicht überschreiten. Der Höhenunterschied der beiden Rohrenden beträgt 20 m.

Berechne:

a) den Rohrdurchmesser (ganzzahlig aufgerundet),
b) die erforderliche Strömungsgeschwindigkeit,
c) die Widerstandshöhe der Leitung mit $\lambda = 0,025$,
d) die Geschwindigkeitshöhe des Wassers,
e) den Druck, den die Pumpe an der Druckseite anzeigt,
f) die Förderleistung in PS für den Fall, daß das Wasser der Pumpe zuläuft!

1036. Es soll Wasser auf eine Höhe von 15 m gepumpt werden und dort mit einer Geschwindigkeit von 12 m/s das Rohr verlassen.

Berechne unter Vernachlässigung der Leitungsverluste:

a) die Geschwindigkeitshöhe,
b) die gesamte Druckhöhe,
c) den Wasserdruck in kp/cm² am Fuße der Leitung!

1037. Ein Rohr von der Nennweite NW 30 hat an einer Stelle eine Verengung auf 20 mm Durchmesser. Die Geschwindigkeit im Rohr ist 4 m/s und der zugehörige hydraulische Druck ist 0,1 at Überdruck.

Berechne:

a) die Strömungsgeschwindigkeit in der Verengung,
b) den hydraulischen Druck in der Verengung!

1038. Durch eine Rohrleitung von der Nennweite NW 80 fließt Wasser mit einer Geschwindigkeit von 4 m/s und einem hydraulischen Druck von 0,5 m WS.

Auf welchen Durchmesser muß das Rohr stellenweise verengt werden, damit in diesem Querschnitt ein Unterdruck, d. h. eine negative Druckhöhe entsteht? Der Unterdruck soll 4 m Wassersäule betragen.

Ergebnisse

Teil I. Statik in der Ebene

1. a) 720 kpcm
   b) 120 kp
2. 70 kpm
3. 22,2 kp
4. 3,3 m
5. 344 kp
6. a) 30,2 mm
   b) 33,2 kpm
7. a) 51,2 mm
   b) 547 kp
8. a) 462 kpcm
   b) 50,8 kp
   c) 165 kpcm
   d) 4,78 kp
29. a) 150 kp
    b) 36,9°
30. a) 74,3 kp
    b) 41,7°
31. a) 32 kp
    b) 49,4°
32. a) 9400 kp
    b) 20°
33. a) 62,6 kp
    b) 128,2°
34. a) 131,8 kp
    b) 9,4°
35. a) 181,5 kp
    b) 6,32°
36. a) 56,25 kp
    b) 26,4°
37. a) 29,2 kp
    b) 53,2°
    c) im II. Quadranten
38. a) 224 kp
    b) 135,8°
    c) im II. Quadranten
39. a) 84.5 kp
    b) 73,1°
    c) im IV. Quadranten

40. $F_1 = 20,5$ kp;
    $F_2 = 14,3$ kp
41. $F_1 = 3600$ kp;
    $F_2 = 5090$ kp
42. a) $F_{r\,y} = 4180$ kp
    b) $F_{r\,x} = 5360$ kp
43. $F_{A\,x} = 1530$ kp;
    $F_{A\,y} = 2100$ kp
44. $F_1 = 585$ kp;
    $F_2 = 390$ kp
45. $F_1 = 113,2$ kp;
    $F_2 = 130,3$ kp
46. $F = 4450$ kp oder
    $F = 6350$ kp
47. $F_1 = 51,3$ kp;
    $F_2 = 78$ kp
48. $F_1 = 2640$ kp;
    $F_2 = 1960$ kp
49. $F_1 = 850$ kp;
    $F_2 = 1472$ kp
50. a)

$$G_1 = \frac{G}{\sin\alpha + \cos\alpha\tan\beta}$$

$$G_2 = \frac{G}{\sin\beta + \cos\beta\tan\alpha}$$

   b) $G_1 = 5,4$ kp;
      $G_2 = 28,15$ kp
51. a) $F_A = 184$ kp;
       $F_B = 286,5$ kp
    b) F_A im III., F_B im
       III./IV. Quadranten
52. a) $F_{g\,1} = 107,5$ kp;
       $F_{g\,2} = 12$ kp
    b) $F_{g\,1}$ im III., $F_{g\,2}$ im
       I. Quadranten
53. a) 2,63 kp
    b) 17,25 kp

54. 8480 kp
55. a) $F_z = 2840$ kp;
       $F_d = 4010$ kp
    b) $F_{z\,x} = 2660$ kp;
       $F_{z\,y} = 1000$ kp
    c) $F_{d\,x} = 2660$ kp;
       $F_{d\,y} = 3000$ kp
56. 78,3 kp
57. 4360 kp; 5040 kp
58. $F_w = 8$ kp;
    $F = 23,4$ kp
59. a) 783 kp
    b) 514 kp; 995 kp
60. $F_A = 61,5$ kp;
    $F_B = 43$ kp
61. $F_s = 290$ kp;
    $F = 295$ kp
62. a) $F_k = 3140$ kp
    b) $F_s = 3210$ kp;
       $F_n = 628$ kp
    c) 642 kpm
63. a) 2340 kp
    b) 11 250 kp
64. a) 50 kp
    b) 103 kp
65. a) $G = 14,5$ kp
    b) 6,17 kp
66. a) $F_1 = 1805$ kp;
       $F_2 = 2420$ kp
    b) $F_{k\,1} = 730$ kp;
       $F_{d\,1} = 1650$ kp
    c) $F_{k\,2} = 1770$ kp;
       $F_{d\,2} = 1650$ kp
67. b) $F_A = 1,37$ kp;
       $F_B = 3,29$ kp;
       $F_C = 6,57$ kp;
       $F_D = 9,53$ kp;
       $F_E = 5,2$ kp;
       $F_F = 10$ kp

68. a) $G_2 = G \sin \alpha + \sqrt{G_1{}^2 - G^2 \cos^2 \alpha}$; $\sin(\alpha + \beta) = \dfrac{G}{G_1} \cdot \cos \alpha$

    b) $G_2 = 28$ kp
    c) $\beta = 14°$

69. $S_1 = -7420$ kp
    $S_2 = +7200$ kp
    $S_3 = -3080$ kp
    $S_4 = -4340$ kp
    $S_5 = -2400$ kp
    $S_6 = -4340$ kp
    $S_7 = +5260$ kp

70. $S_1 = -1125$ kp
    $S_2 = +1230$ kp
    $S_3 = -1000$ kp
    $S_4 = +1125$ kp
    $S_5 = -3020$ kp
    $S_6 = +1230$ kp
    $S_7 = 0$
    $S_8 = -1230$ kp
    $S_9 = 0$
    $S_{10} = -1230$ kp
    $S_{11} = 0$
    $S_{12} = +1230$ kp
    $S_{13} = -3020$ kp
    $S_{14} = +1125$ kp
    $S_{15} = -1000$ kp
    $S_{16} = +1230$ kp
    $S_{17} = -1125$ kp

71. $S_1 = -3600$ kp
    $S_2 = +3730$ kp
    $S_3 = 0$
    $S_4 = -5400$ kp
    $S_5 = +2060$ kp
    $S_6 = +3730$ kp
    $S_7 = -500$ kp
    $S_8 = -7200$ kp
    $S_9 = +2340$ kp
    $S_{10} = +5600$ kp

72. a) $F_r = 16,5$ kp
    b) $l_0 = 5,45$ cm

73. a) $F_r = 60$ kp
    b) 3120 mm
    c) nach unten

74. a) $F_r = 15\,400$ kp
    b) 3610 mm

75. a) $F_r = 310$ kp
    b) $l_0 = 2,89$ m

76. a) 180 kp
    b) 541 mm
    c) nach unten

77. a) 3500 kp
    b) $l_0 = 968$ mm
    c) 2500 kp
    d) $l_0 = 444$ mm
       nach links

78. a) $F_r = 154,6$ kp
    b) $\alpha = 2,25°$, wenn
       das obere Trum
       waagerecht läuft
    c) $l_0 = 132$ mm
    d) 20,4 kpm
    e) beide sind gleich

79. a) 3100 kp
    b) 23,8°
    c) 2,98 m

80. a) 316 kp
    b) 83,6°
    c) 220 mm

81. a) $l = 2,23$ m
    b) $F_A = 84,6$ kp
    c) 67,75°

82. a) $l_0 = 51,5$ mm
    b) $F_A = 22,8$ kp

83. a) $F = 57,8$ kp
    b) $F_1 = 76,5$ kp
    c) $\alpha = 40,9°$

84. a) 35,35 kp
    b) senkrecht
    c) 79 kp
    d) 26,55°

85. a) waagerecht
    b) 48 kp
    c) 93,3 kp
    d) $F_{Bx} = 48$ kp,
       $F_{By} = 80$ kp

86. a) $F_B = 547$ kp
    b) $F_C = 556$ kp
    c) 73,7°

87. a) $F_k = 1345$ kp
    b) $F_A = 1217$ kp
    c) $F_{Ax} = 1200$ kp;
       $F_{Ay} = 200$ kp

88. a) $F_A = 1845$ kp
    b) $F_B = 1990$ kp
    c) $F_{Bx} = 1845$ kp;
       $F_{By} = 750$ kp

89. a) $F_A = 133$ kp
    b) $F_B = 643$ kp
    c) 78,1°

90. a) 1470 kp
    b) $F_A = 2340$ kp
    c) $F_{Ax} = 1205$ kp;
       $F_{Ay} = 2055$ kp
    d) $\alpha = 68°$
    e) 1332 kp

91. a) $F_k = 2500$ kp
    b) $F_s = 2140$ kp
    c) 2,3°

92. a) $F_B = 25,2$ kp
    b) $F_A = 58,1$ kp
    c) 65,5°

93. a) $F_A = 78,3$ kp
    b) $F_B = 48,5$ kp
    c) 51,8°
    d) 90°

94. a) $F_A = 63$ kp
    b) $F_B = 73,5$ kp

95. a) $F_h = 20,2$ kp
    b) $F_A = 126,5$ kp;
       $F_{Ax} = 20,2$ kp;
       $F_{Ay} = 125$ kp
    c) $F = 10,7$ kp
    d) $F_x = 10,1$ kp;
       $F_y = 3,6$ kp
    e) $F_n = 58,9$ kp

96. a) $F_z = 60$ kp
    b) $F_A = 54,9$ kp

97. a) $F_k = 242$ kp
    b) $F_A = 333$ kp
    c) 45,3°

Ergebnisse

98. a) $F_n = 74,7$ kp
   b) $F_A = 77,3$ kp
   c) $F_B = 135$ kp
   d) $F_C = 211$ kp
   e) $F_{C\,x} = 20$ kp;
      $F_{C\,y} = 209,7$ kp

99. a) $F_s = 32,7$ kp
   b) $F_A = 68,9$ kp
   c) $7,1°$

100. a) $F = 7,2$ kp
   b) $F_A = 4,55$ kp;
      $F_D = 4$ kp
   c) $3,46$ kp

101. a) $F_A = F_F = 100$ kp;
   b) $44,5$ kp
   c) $F_B = 109,5$ kp
      $F_{B\,x} = 44,5$ kp;
      $F_{B\,y} = 100$ kp
   d) $78,5$ kp
   e) $F_E = 52$ kp;
      $F_{E\,x} = 15,5$ kp;
      $F_{E\,y} = 49,5$ kp
   f) $F_h = 8,45$ kp
   g) $F_K = 72,3$ kp;
      $F_{K\,x} = 51,6$ kp;
      $F_{K\,y} = 50,5$ kp;
      $\alpha_K = 44,5°$

102. a) $F_A = 14,05$ kp;
      $F_{A\,x} = 13,15$ kp;
      $F_{A\,y} = 4,93$ kp
   b) $F_B = 76,22$ kp;
      $F_{B\,x} = 13,15$ kp;
      $F_{B\,y} = 75,07$ kp

103. a) $F_A = 6,32$ kp;
      $F_{A\,x} = 2$ kp;
      $F_{A\,y} = 6$ kp
   b) $F_B = 4,47$ kp;
      $F_{B\,x} = 2$ kp;
      $F_{B\,y} = 4$ kp

104. a) $F_A = 186,5$ kp;
      $F_B = 117,7$ kp;
      $\alpha_A = 63,4°$;
      $\alpha_B = 45°$
   b) $F_A = 250$ kp;
      $F_B = 354$ kp;
      $\alpha_A = 0°$; $\alpha_B = 45°$

105. a) $F_A = 81$ kp;
      $F_{A\,x} = 40,5$ kp;
      $F_{A\,y} = 70$ kp
   b) $F_B = 53,5$ kp;
      $F_{B\,x} = 40,5$ kp;
      $F_{B\,y} = 35$ kp

106. a) $F_A = 352$ kp
   b) $F_B = 445$ kp
   c) $46,9°$

107. a) $F_A = 4030$ kp
   b) $F_B = 4900$ kp;
      $F_{B\,x} = 4030$ kp;
      $F_{B\,y} = 2800$ kp
   c) $34,8°$

108. a) $F_B = 5,7$ kp
   b) $F_A = 9$ kp
   c) $50,8°$

109. a) $F_A = 1260$ kp
   b) $39,4°$
   c) $F_B = 1260$ kp

110. a) $F_A = 2550$ kp
   b) $F_B = 1520$ kp
   c) $F_{B\,x} = 1275$ kp;
      $F_{B\,y} = 825$ kp

111. a) $F_r = 6750$ kp;
      $F_{r\,x} = 1270$ kp;
      $F_{r\,y} = 6620$ kp
   b) $F_A = 8100$ kp
   c) $F_B = 8670$ kp
   d) $17,2°$

112. a) $F_2 = 2,07$ kp
   b) $F_A = 10,15$ kp
   c) $F_{A\,x} = 8,48$ kp;
      $F_{A\,y} = 5,59$ kp

113. a) $F_A = 1470$ kp
   b) $F_B = 1855$ kp
   c) $\alpha = 52,5°$

114. a) $F_A = 177$ kp
   b) $F_{A\,x} = 39,4$ kp;
      $F_{A\,y} = 172,8$ kp
   c) $F_B = 268$ kp

115. a) $F_d = 35,9$ kp
   b) $F_A = 37,4$ kp
   c) $22,1°$

116. a) $F_2 = 6,36$ kp
   b) $F_A = 33,1$ kp
   c) $F_{A\,x} = 26,36$ kp;
      $F_{A\,y} = 20$ kp

117. a) $F_{R\,1} = F_{R\,2} = 1600$ kp;
      $F_A = 2400$ kp
   b) $F_{R\,1} = F_{R\,2} = 1600$ kp
      $F_A = 2400$ kp

118. $F_A = 6600$ kp;
      $F_B = F_C = 5900$ kp

119. a) $11,3°$
   b) $F_s = 1960$ kp
   c) $F_A = 5145$ kp;
      $F_B = 4655$ kp

120. $F_{A1} = 1960$ kp;
      $F_{A2} = 1400$ kp;
      $F_z = 760$ kp

121. a) $F_A = 420$ kp
   b) $F_B = F_C = 672$ kp

122. a) $F_U = F_O = 900$ kp
   b) $F_z = 932$ kp

123. $F_A = 11,93$ kp;
      $F_B = 3,67$ kp;
      $F_C = 73,4$ kp

124. $F_A = 40$ kp;
      $F_B = 120$ kp;
      $F_2 = 56,6$ kp

125. $F_A = 22,5$ kp;
      $F_B = F_C = 15,9$ kp

126. $F = 31,3$ kp;
      $F_{V1} = F_{V2} = 84$ kp

127. $F_A = 594$ kp;
      $F_B = 613$ kp;
      $F_C = 1151$ kp

128. $F_1 = 279$ kp;
      $F_2 = 140$ kp;
      $F_3 = 75$ kp

129. $F_{D1} = 132$ kp;
      $F_{D2} = 370$ kp;
      $F = 227$ kp

130. a) $F = 40,4$ kp;
      $F_A = 42,3$ kp;
      $F_B = 22,1$ kp
   b) $F = 40,4$ kp;
      $F_A = 18,3$ kp;
      $F_B = 1,9$ kp
   c) $F = 35$ kp;
      $F_A = F_B = 12$ kp

131. a) $F_A = 54,4$ kp;
$F_B = 30,6$ kp
b) $F_k = 12,6$ kp
c) $F_C = 33,1$ kp;
$F_{Cx} = 12,6$ kp;
$F_{Cy} = 30,6$ kp

132. $F_A = 71,45$ kp;
$F_B = 13,55$ kp;
$F_k = 5,58$ kp;
$F_C = 14,75$ kp;
$F_{Cx} = 5,58$ kp;
$F_{Cy} = 13,55$ kp

133. a) $F_A = 52,2$ kp;
$F_B = 36$ kp;
$F_C = 62,7$ kp;
$F_D = 28,8$ kp;
$F_E = 34,6$ kp;
$F_F = 20,2$ kp;
$F_H = 17,85$ kp
b) $F_A = 22$ kp;
$F_B = 15,1$ kp;
$F_C = 26,3$ kp;
$F_D = 12,1$ kp;
$F_E = 14,5$ kp;
$F_F = 8,5$ kp;
$G = 10,5$ kp

134. $F_s = 400$ kp;
$F_A = F_B = 225$ kp

135. a) $F_A = 15,6$ kp
b) $F = 10$ kp
c) $F_C = 21,8$ kp;
$F_D = 9,8$ kp

136. a) $F = 13$ kp;
$F_A = 14,7$ kp;
$F_B = 6,7$ kp
b) $F = 13$ kp;
$F_A = 11,5$ kp;
$F_B = 3,5$ kp

137. $F_A = 885$ kp;
$F_B = 365$ kp

138. a) $F_A = 2070$ kp;
$F_B = 1380$ kp
b) F_A ist gegensinnig zu F, F_B ist gleichsinnig mit F

139. $F_A = 283$ kp;
$F_B = 217$ kp

140. $F_A = 144$ kp;
$F_B = 76$ kp

141. a) $15,25$ kp
b) $164,8$ kp

142. a) $F_A = 1750$ kp
b) $F_B = 350$ kp

143. $F_A = 579$ kp;
$F_B = 271$ kp

144. $F_A = 1400$ kp;
$F_B = 3600$ kp

145. a) $F_A = 3270$ kp;
$F_B = 16\,330$ kp
b) $F_C = 7420$ kp;
$F_D = 21\,880$ kp
c) $F_A = 1850$ kp;
$F_B = 11\,750$ kp;
$F_C = 6650$ kp;
$F_D = 16\,650$ kp

146. $F_A = 765$ kp;
$F_B = 2465$ kp

147. $F_A = 100$ kp nach unten!
$F_B = 50$ kp nach unten!

148. $F_A = 1800$ kp;
$F_B = 1200$ kp

149. $F_A = 290$ kp;
$F_B = 1520$ kp

150. $F_A = 59,1$ kp;
$F_B = 30,9$ kp

151. a) $F_v = 740$ kp;
$F_h = 650$ kp
b) $F_{v'} = 707$ kp;
$F_{h'} = 683$ kp

152. a) $F_A = 180$ kp
b) $F_B = 156$ kp
c) $F = 12,8$ kp
d) $F_C = 168,8$ kp
e) $F_{Cx} = 84,4$ kp;
$F_{Cy} = 146,2$ kp

153. a) $F_A = 340$ kp;
$F_B = 160$ kp
b) $F_C = 100$ kp;
$F_D = 189$ kp
c) $F_{Dx} = 100$ kp;
$F_{Dy} = 160$ kp

154. $F_A = 234$ kp;
$F_B = 266$ kp;
$F_C = 166$ kp;
$F_D = 314$ kp;
$F_{Dx} = 166$ kp;
$F_{Dy} = 266$ kp

155. a) $x = 485$ mm
b) $F_D = 70,5$ kp
c) $F_D = 70,5$ kp

156. a) $F_A = 695$ kp;
$F_B = 539$ kp
b) $F_{Ax} = 270$ kp;
$F_{Bx} = 270$ kp
c) $F_{Ay} = 633$ kp;
$F_{By} = 467$ kp

157. a) $F_W = 220$ kp
b) $F_L = 121$ kp
c) $68,15°$

158. a) $F_A = 1087$ kp
b) $F_B = 905$ kp
c) $71,9°$

159. a) $F_A = 450$ kp
b) $F_k = 497$ kp
c) $\alpha = 65°$
d) $F_B = 62$ kp
e) $F_C = 253$ kp
f) $F_{Cx} = 210$ kp;
$F_{Cy} = 142$ kp

Die Maßeinheit für die Stabkräfte in den Aufgaben 160 bis 175 ist kp!

160. a) $F_A = F_B = 800$ kp
b)

Stab	Zug	Druck
1	—	1060
2	900	—
3	400	—
4	900	—
5	—	1060

Ergebnisse

161. a) $F_A = F_B = 1200$ kp
   b)

Stab	Zug	Druck	Stab
1	—	2300	11
2	1875	—	10
3	—	470	9
4	—	1950	8
5	1040	—	7
6	1000	—	6

162. a) $F_A = F_B = 6000$ kp
   b)

Stab	Zug	Druck	Stab
1	—	2250	17
2	2460	—	16
3	—	2000	15
4	2250	—	14
5	—	6040	13
6	2460	—	12
7	—	—	11
8	—	2460	10
9	—	—	9

163. a) $F_A = F_B = 8400$ kp
   b)

Stab	Zug	Druck
1	—	9400
2	4200	—
3	9400	—
4	—	8400
5	—	6270
6	11200	—
7	6270	—
8	—	14000
9	—	3135
10	15400	—
11	3135	—
12	—	16800
13	—	—
14	16800	—

164. a) $F_A = F_B = 8400$ kp
   b)

Stab	Zug	Druck
1	9400	—
2	—	4200
3	—	9400
4	8400	—
5	6270	—
6	—	11200
7	—	6270
8	14000	—
9	3135	—
10	—	15400
11	—	3135
12	16800	—
13	—	—
14	—	16800

165. a) $F_A = F_B = 1400$ kp
   b)

Stab	Zug	Druck
1	—	1400
2	—	2130
3	2350	—
4	—	—
5	—	400
6	—	2130
7	—	1025
8	2880	—
9	—	—
10	—	3040
11	157	—
12	2880	—
13	—	400
14	—	3040
15	385	—
16	2740	—
17	—	—

166. a) $F_A = F_B = 2000$ kp
   b)

Stab	Zug	Druck
1	—	8250
2	8000	—
3	—	4120
4	—	4120
5	—	2000
6	—	4120
7	5000	—

167. a) $F_A = 2833$ kp
   $F_B = 1167$ kp
   b)

Stab	Zug	Druck
1	3890	—
2	—	4060
3	—	—
4	3890	—
5	—	1740
6	—	2320
7	600	—
8	1890	—
9	—	3400

168. $F_A = 7000$ kp
   $F_B = 11000$ kp

Stab	Zug	Druck
1	—	10000
2	10450	—
3	1000	—
4	—	10000
5	—	1740
6	12200	—
7	—	12600
8	—	4670
9	8400	—

169. a) $F_A = 5890$ kp
$\quad\quad F_B = 3340$ kp
b) $F_{Bx} = 2290$ kp
$\quad\quad F_{By} = 2430$ kp
c)

Stab	Zug	Druck
1	6200	—
2	—	6200
3	—	3000
4	—	3840
5	6200	—

170. a) 2900 kp
b) $F_A = 3380$ kp
$\quad\quad F_B = 3800$ kp
c) $F_{Bx} = 3640$ kp
$\quad\quad F_{By} = 1070$ kp
d)

Stab	Zug	Druck
1	3030	—
2	—	5420
3	2190	—
4	—	5420
5	1860	—

171. a) $F_A = 2400$ kp
$\quad\quad F_B = 3125$ kp
b)

Stab	Zug	Druck
1	1535	—
2	—	1620
3	—	1200
4	2200	—
5	230	—
6	—	2770
7	—	615

172. a) $F_A = 5730$ kp
$\quad\quad F_B = 4100$ kp
b) $44,3°$
c)

Stab	Zug	Druck
1	—	3400
2	3800	—
3	500	—
4	—	3400
5	—	1740
6	5430	—
7	—	3140

173. a) $F_A = 3840$ kp
b) $F_B = 3320$ kp
c) $27,5°$
d)

Stab	Zug	Druck
1	—	5820
2	5630	—
3	—	—
4	—	5820
5	3340	—
6	—	265
7	—	785
8	—	2780
9	—	345
10	—	—
11	—	600

174. a)

Stab	Zug	Druck
1	—	2020
2	2090	—
3	—	—
4	—	3025
5	1150	—
6	2090	—
7	—	280
8	—	4030
9	1310	—
10	3125	—

175. a) $F_A = 5667$ kp
$\quad\quad F_B = 8850$ kp
b)

Stab	Zug	Druck
1	2225	—
2	—	2140
3	—	1200
4	2225	—
5	2440	—
6	—	4280
7	—	1800
8	4450	—
9	5900	—
10	—	8800
11	—	3740
12	9150	—
13	—	4700
14	—	9220
15	480	—

235

Ergebnisse

Teil II. Schwerpunktslehre

Die Lösung wird übersichtlicher, leichter und sicherer, wenn bei allen Aufgaben zur Schwerpunktsermittlung nach folgendem Rechenschema gearbeitet wird!

201.

n	A_n [cm²]	y_n [cm]	$A_n \cdot y_n$
1	9,0	0,9	8,1
2	7,05	4,15	29,3
Σ	16,05		37,4

$$y_0 = \frac{37,4}{16,05} = 2,33 \text{ cm}$$

$$y_0 = 23,3 \text{ mm}$$

202. $y_0 = 318$ mm
203. $x_0 = 8,7$ mm;
$\quad y_0 = 15,2$ mm
204. $y_0 = 206$ mm
205. $x_0 = 2,09$ mm
206. $y_0 = 116,3$ mm
207. $y_0 = 167$ mm
208. $y_0 = 89$ mm
209. $y_0 = 365$ mm
210. $y_0 = 231$ mm
211. $y_0 = 179$ mm
212. $y_0 = 153$ mm
213. $y_0 = 123$ mm
214. $y_0 = 220$ mm
215. $y_0 = 140$ mm
216. $y_0 = 193$ mm
217. a) 2,76 mm
$\quad$ b) im Profil
218. a) 9,6 mm
$\quad$ b) unterhalb
219. 65,8 mm
220. $x_0 = 11,9$ mm
221. $y_0 = 22$ mm
222. $y_0 = 25,2$ mm
223. $x_0 = 5,4$ mm
224. $x_0 = 33,5$ mm
225. $x_0 = y_0 = 11,15$ mm
226. $x_0 = 22,9$ mm
227. $x_0 = 7,85$ mm;
$\quad y_0 = 10,3$ mm
228. $x_0 = 7,2$ mm
229. $x_0 = 10,1$ mm
230. $x_0 = 4,2$ mm
231. $x_0 = 12,5$ mm
232. $x_0 = 5,47$ mm;
$\quad y_0 = 9,48$ mm

233. $y_0 = 15,6$ mm
234. $x_0 = 6,43$ mm;
$\quad y_0 = 5,03$ mm
235. $x_0 = 1,275$ m;
$\quad y_0 = 0,341$ m
236. $x_0 = 1,06$ m
237. $x_0 = 1,7$ m
238. $x_0 = 0,835$ m
239. 128 dm²
240. 492 cm²
241. 157 dm²
242. a) 12,45 m²
$\quad$ b) 293 kp
243. a) 0,156 m²
$\quad$ b) 0,406 kp
244. 970 cm²
245. 13,5 m²
246. 69,2 dm³
247. 47,75 dm³
248. 2,53 dm³
249. a) 775 cm³
$\quad$ b) 6,09 kp
250. a) 82,7 cm³
$\quad$ b) 99,3 p
251. a) 18,4 cm³
$\quad$ b) 2,12 kp
252. 12,6 cm³
253. a) 460 cm³
$\quad$ b) 620 p
254. 78,5 cm³
255. a) 70,8 cm²
$\quad$ b) 595 p
256. a) 1,24 dm³
$\quad$ b) 9,05 kp
257. 41,1 cm³
258. a) 105,5 cm³
$\quad$ b) 264 p

259. a) 218 l
$\quad$ b) 105,6 l
260. a) 1055 cm³
$\quad$ b) 8,3 kp
261. a) 3,56 dm³
$\quad$ b) 25,6 kp
$\quad$ c) 9,44 dm³
262. 4,72 m³
263. 3,85 m³
264. 2,82 m³
265. $S = 1,275$
266. $S = 1,39$
267. 673 kp
268. a) $F = 231$ kp
$\quad$ b) ≈ 4920 kpcm
269. $F = 1600$ kp
270. a) 45,45 kp bzw.
$\quad$ 72,72 kp
$\quad$ b) 62,5 kp bzw.
$\quad$ 137,5 kp
$\quad$ c) 160 kp bzw.
$\quad$ 220 kp
271. a) 27,4 dm³
$\quad$ b) 197 kp
$\quad$ c) $a = 1,295$ m
$\quad$ d) $F = 52,5$ kp
$\quad$ e) 5720 kpcm
$\quad$ f) Kippkraft wird
$\quad$ kleiner, weil die
$\quad$ Stange steiler
$\quad$ steht und der Ab-
$\quad$ stand l größer
$\quad$ wird.
272. a) $G = 18\,700$ kp
$\quad$ b) $h = 1,08$ m
273. $F = 251$ kp

274. $l = 1765$ mm

275. a) $2 l = 2,32$ m
b) $S_l = 1,62$
c) 17 800 kp bzw. 2370 kp
d) 5200 kp bzw. 15 630 kp

Teil III. Reibung

301. $\mu_0 = 0,189$; $\mu = 0,178$
302. $\mu_0 = 0,5$; $\mu = 0,3$
303. $\mu_0 = 0,344$; $\mu = 0,231$
304. a) 0,466
b) μ
305. $21,8°$
306. $27°$
307. a) 0,625
b) 0,543
c) 0,306
d) 0,1765
e) 0,0733
f) 0,0524
g) 0,0262
308. a) $2,87°$
b) $4,87°$
c) $6,85°$
d) $9,65°$
e) $12,4°$
f) $19,3°$
g) $32,2°$
309. a) 2,5 m/s
b) 21 kp
c) 0,7 PS
310. a) $F = 30$ kp
b) $F_1 = 26$ kp
c) $h = 1,67$ m
d) $h_1 = 1,92$ m
e) 109,2 kpm
311. 18,15 kp
312. a) 4000 kp
b) 3280 kp
c) 2400 kp
d) 1970 kp

276. 22,5 kp/m

277. a) $\alpha = 47°$
b) $\alpha = 28,2°$
c) keinen Einfluß

278. a) $S = 2,71$
b) $41,4°$

313. a) 7200 kp
b) 5760 kp
c) 1800 kpm bzw. 1440 kpm

314. a) $F_{nA} = 85,2$ kp; $F_{nB} = 401$ kp
b) $F_{nA} = 300$ kp; $F_{nB} = 280$ kp
c) $F_{rA} = 10,2$ kp; $F_{rB} = 48,1$ kp
d) $F_{rA} = 36$ kp; $F_{rB} = 33,6$ kp
e) $F_{vI} = 58,2$ kp; $F_{vII} = 69,6$ kp

315. 4,8 kp

316.[1]) a) $F = 12\,566$ kp
b) 2615,5 kp
c) 261,55 kp
d) 12 580 kp
e) 2,08 %

317. a) $F = 4,06$ kp
b) $F = 2,7$ kp

318. a) 370 kp
b) 2170 kp
c) 17 %
d) 30,1 PS
e) 5,77 PS

319. $\alpha = 68,5°$

320. a) 2,51 m
b) Gewicht hat keinen Einfluß
c) $\alpha = 74,4° = 90° - \varrho_0$

321. a) $F_{n1} = 15$ kp; $F_{r1} = 3$ kp

279. a) $34,3°$
b) ja; je größer das Gewicht, desto größer darf der Böschungswinkel sein, ehe Kippen eintritt.

b) $F_{n2} = 16,3$ kp; $F_{r2} = 9,8$ kp
c) 2,88 PS

322. a) $F_n = 40$ kp; $F_r = 4,4$ kp
b) $F_{nA} = 42,7$ kp; $F_{rA} = 4,7$ kp
c) $F_B = 77$ kp
d) $F_C = 118$ kp

323. a) 0,875 kp
b) 3,98 kp
c) $F = 1,89$ kp, Zugfeder
d) 5,94 kp

324.[1]) a) 0,25
b) 2320 kp
c) 8030 kp
d) $F_{r0} = 2010$ kp
e) 3,35fach
f) 10 270 kp
g) keinen
h) $\mu_0 = 0,075$

325. a) $F = 52,8$ kp; $F_{nA} = 51,4$ kp; $F_{nB} = 25$ kp; $F_{rA} = 7,2$ kp; $F_{rB} = 3,5$ kp
b) $F = 37,4$ kp; $F_{nA} = 16$ kp; $F_{nB} = 2,7$ kp; $F_{rA} = 2,24$ kp; $F_{rB} = 0,38$ kp
c) $F = 31,15$ kp; $F_{nA} = F_{nB} = 12$ kp; $F_{rA} = F_{rB} = 1,93$ kp

[1]) Siehe Erläuterungen S. 254.

Ergebnisse

326. a) $F_{nA} = 30,2$ kp;
$F_{rA} = 6,65$ kp
b) $F_{nB} = 15,2$ kp;
$F_{rB} = 3,35$ kp
c) $F_v = 34$ kp

327. a) $F_A = 15,6$ kp;
$F_B = 12$ kp
b) $F_{nC} = 21,8$ kp;
$F_{rC} = 4,15$ kp
c) $F_{nD} = 9,8$ kp;
$F_{rD} = 1,85$ kp
d) $F_2 = 16$ kp

328. a) $l = 96$ mm
b) ja
c) je länger die
Buchse ist, desto
leichter gleitet sie,
weil die Normal-
kräfte und damit
auch die Reib-
kräfte kleiner
werden.

329. a) 9,1 kp
b) 60,6 kp

330. a) 28,8 kp
b) 167 kpcm

331. a) 50 kp
b) 119 kp

332. a) 119,3 kpm
b) 1860 kp

333. a) 8150 kpcm
b) 1165 kp
c) 885 kp

334. 4770 kp

335. a) 227 kpcm
b) 76,5 kp
c) $F = 62,8$ kp

336. a) 27,5 kp
b) 183,3 kp
c) 191 kp
d) 28,6 kp
e) $F = 123$ kp

337. a) 448 kp
b) 373 kp
c) 225 kp

338. a) 425 Mp
b) 96,8 Mp
c) $a = 0,127$ m/s²

339. 7,2 kp

340. a) $F_2 = 29,4$ kp
b) $F_2 = 4,14$ kp
c) $F_2 = 0$ kp

341. a) $F_1 = 39,4$ kp
b) $F_2 = 398$ kp
c) $F_3 = 354$ kp
d) $F_4 = 95,3$ kp

342. a) $\sin(\alpha - 108°) = \dfrac{G}{F} \cdot \sin 18° = 0,309\,\dfrac{G}{F}$

$\sin(82° - \beta) = \dfrac{G}{F} \cdot \sin 8° = 0,139\,\dfrac{G}{F}$

b) je größer das Ge-
wicht G wird,
desto größer wird
α und desto
kleiner wird β
c) je größer die Kraft
F wird, desto klei-
ner wird α und
desto größer
wird β

343. a) 1065 kp
b) 218 kpm

344. a) 19,5 kpcm
b) 0,87 PS
c) 2,3 kcal/min

345. a) $P_a = 148,35$ kW;
$P_r = 1,65$ kW
b) 453 kpcm
c) $F_A = 2980$ kp;
$F_B = 540$ kp
d) $\mu_1 = 0,044$
e) $M_A = 393$ kpcm;
$M_B = 60$ kpcm
f) $Q_A = 20,5$ kcal je
min;
$Q_B = 3,1$ kcal/min

346. a) $M_r = 102,2$ kpcm;
$F_r = 14,6$ kp
b) 83,4 kp
c) $F = 19$ kp
d) $F_A = 102$ kp;
$F_{Ax} = 63,6$ kp;
$F_{Ay} = 79,9$ kp
e) $n_2 = 890$ U/min
f) 10,2 kpcm
g) 0,093 kW
h) 3,1 %

347. a) 26,6 PS
b) 1,48 %

348. a) 853 kpcm
b) 1,79 PS
c) 640 kpcm
d) 1,34 PS
e) 14,15 kcal/min

349. a) 79 kpcm
b) 0,392 PS
c) 248 kcal

350. a) $F_A = 3860$ kp
b) $F_{Bx} = 3860$ kp
c) $F_{By} = 2000$ kp
d) $F_{rA} = F_{rBx} = 463$ kp;
$F_{rBy} = 240$ kp
e) $M_A = M_{Bx}$
$= 1850$ kpcm;
$M_{By} = 480$ kpcm
f) 4180 kpcm
g) 15,5 kp

351. a) 0,096 cm
b) 2,2°

352. 0,6 kp

353. a) 26,6 kp
b) die Verschiebe-
kraft wird größer

354. a) 3,5 kp
b) 119 kpcm

355. a) 900 kpcm
b) 750 kpcm

356. a) 225 kp
b) 686 mm

357. a) 1275 kp
b) 99 kp

358. a) $e^{\mu\alpha} = 5,6$
b) zwischen 10,7 kp und 336 kp
c) 49,3 kp bzw. 276 kp

359. a) 2,79 rad
b) $e^{\mu\alpha} = 2,31$
c) 38,5 kp
d) 50,5 kp
e) 9,3 kW

360. a) 26,6 kp
b) 4,03 rad $\triangleq$ 231°

361. a) $e^{\mu\alpha} = 2,57$; 973 kp
b) $e^{\mu\alpha} = 16,9$; 148 kp
c) $e^{\mu\alpha} = 111,32$; 22,5 kp

362. a) 12,57 rad
b) $e^{\mu\alpha} = 9,6$
c) $S_2 = 16,7$ kp

363. a) 3120 kp
b) 1240 kp
c) $e^{\mu\alpha} = 31$
d) 15,65 rad $\triangleq$ 897°
e) 2,5 Windungen

364. a) $\varrho' = 4,58°$
b) 3800 kp

365. a) $\mu' = 0,124$; $\varrho' = 7,08°$
b) 1257 kp
c) 26,8 kp
d) 8,7 kp

366. a) 1333 kp
b) 390 kpcm

367. 2460 kp

368. a) $\mu' = 0,124$; $\varrho' = 7,08°$
b) 375 kpcm
c) 396 kpcm
d) 771 kpcm
e) 20,3 kp

369. a) $\mu' = 0,0829$; $\varrho' = 4,75°$
b) 243 kpm
c) 570 kp
d) $F_2 = 2040$ kp
e) 56,5 %
f) nein

370. a) $\mu' = 0,124$; $\varrho' = 7,08°$
b) $M_g = 1910$ kpcm
c) $F_{u\,1} = 545$ kp
d) 0,418
e) 4535 kpcm
f) $F_u = 1295$ kp
g) 0,176
h) 0,114
i) 2,22 PS
k) 19,5 PS

371. a) $F_r = 13,2$ kp; $F_n = 33$ kp; $F_D = 22,3$ kp
b) 198 kpcm
c) $F_r = 17$ kp; $F_n = 42,6$ kp; $F_D = 32,4$ kp
d) 255 kpcm
e) $l_2 = 0$
f) $l_2 = 625$ mm

372. a) 1790 kpcm
b) 94,3 kp
c) 188,6 kp
d) $G = 34,6$ kp; $F_A = 181$ kp

373. a) $F_A = 390$ kp
b) $F_n = 377,2$ kp; $F_r = 188,6$ kp
c) 3580 kpcm
d) 20 PS

374. a) 133 kp
b) 1330 kp
c) 1337 kp
d) $e = 6$ mm
e) $F_A = 1337$ kp
f) keinen

375. a) $F_{rA} = 92,5$ kp; $F_{nA} = 192$ kp; $F_C = 170$ kp
b) $F_{r\,B} = 70,5$ kp; $F_{n\,B} = 147$ kp; $F_D = 120$ kp
c) $M_A = 1480$ kpcm; $M_B = 1130$ kpcm
d) 2610 kpcm
e) 50 kp

376. a) 930 kpcm
b) 2790 kpcm
c) 87 kp
d) 174 kp
e) $F = 65$ kp
f) 139 kp

377. a) $\alpha = 3,93$ rad
b) $e^{\mu\alpha} = 3,25$
c) $F_2 = 62,5$ kp
d) $F_1 = 203$ kp
e) 140,5 kp
f) 2100 kpcm

378. a) 46,7 kp
b) $e^{\mu\alpha} = 3,25$
c) 67,5 kp
d) 20,8 kp
e) $F = 19,6$ kp
f) $F_D = 88,5$ kp
g) keinen

379. a) $e^{\mu a} = 1,96$
b) $F_1 = 219$ kp; $F_2 = 112$ kp
c) 107 kp
d) 1070 kpcm
e) $F_A = 308$ kp
f) 6,5 kp

Ergebnisse

Teil IV. Dynamik

Bei diesen Aufgaben wurde für die Erdbeschleunigung g der Wert $g = 10$ m/s²
verwendet!

401. 71 mm/min

402. 14,85 km/h = 4,12 m/s

403. 1,03 m/s

404. 40 m/min = 0,67 m/s

405. a) 320
b) 2,14 min

406. a) 0,083 m/min
b) 45 min

407. 1,06 m/s

408. 30 km

409. a) 16,94 m
b) 13,05 min
c) 46 mm/min

410. 3,13 m/s; 4,9 m/s

411. a) 632 m
b) 1,58 m/min

412. a) 40 min
b) 66,6 min
c) 13,4 min

413. 71,5 s

414. 19,8 m/min

415. 5,13 m/s

416. 2780 U/min

417. 259 m/s

418. a) 229 U/min
b) 80 mm/min

419. a) 335 U/min
b) 0,12 mm/U

420. a) 18 mm/min
b) 18,1 min

421. 47 mm

422. a) 260 U/min
b) 218,4 s

423. 273 mm

424. a) 61 U/min
b) 3,28 mm/U
c) 0,273 mm/Z

425. a) 198 m/min
b) 504 mm/min
c) 19,05 s

426. a) 310 mm
b) 1432/1850 U/min

427. 5,43 min

428. a) 175 mm/min
b) 0,246 mm/U

429. a) 1025 U/min
b) 107,3 1/s

430. 1,45 · 10^{-4} 1/s
1,75 · 10^{-3} 1/s
1,05 · 10^{-1} 1/s

431. 1,12/1,68/2,24 m/s

432. a) 15 m/s = 54 km/h
b) 65,5 cm
c) 45,8 1/s

433. a) 2,52 1/s
b) 0,38 m/s
c) 0,505 1/s, 0,838 1/s
d) 27,2 m/min

434. a) 3,75 U/min
b) 0,393 1/s
c) 2,12 m/s
= 127 m/min

435. 5,4

436. 105 U/min

437. 195

438. $z_2 = 50$

439. 4,44/6/10,4 mm

440. a) 406 U/min
b) 91,5 mm
c) 6,8 m/s

441. a) $v_r = 5,23$ m/s
$\omega_1 = 94,2$ 1/s
$d_2 = 444$ mm

442. a) 149,5 U/min
b) 4,11 m/s
15,65/54,8 1/s
c) 523 U/min
d) 3,5

443. a) 1775 U/min
b) $d_1 = 184,8$ mm
c) $v_r = 9,3$ m/s

444. a) 16
b) 60 U/min
c) 0,94 m/s
= 56,5 m/min

445. 120 U/min

446. 740 U/min

447. 36 m

448. 20 s

449. 1,2 m/s²

450. 104,5 km/h
128 m

451. 1,54 m/s²

452. 108 s

453. 1 m/s²

454. a) 3 km/h
b) 0,93 m/s²

455. a) 188,4 m
b) 25,1 s
c) 132 m
d) 17,6 s
e) 354,9 m

456. a) 111 km/h
b) 20,5 s

457.[1]) 62 km/h

458. a) 3650 m
b) 73 s

459. 72,8 km/h

460. a) 40,87 s
b) 21,65 s

461. 62,5 km/h

462. a) 1,375 s
b) 1,17 m

463. a) 0,54 m/s²
b) 2,22 s

464. a) 5,625 s
b) 2,43 m/s²

465. a) 5,42 m/s
b) 4,9 m
c) 33,85 s

466. $l = 28,5$ m

467. a) 8,64 m/s
b) 5,5 m/s

468. a) 16,4 m/s
b) 10,45 m/s

Siehe Erläuterungen
Seite 254.

469. 52,5 mm
470. a) 6500 m
     b) 68,4 m/s
471. a) 209°; 151°; 14,5°
     b) 450 mm
     c) 18,6 m/min
     d) 25,7 m/min
472. a) 100 mm
     b) 36,9 U/min
473. 7,22 m/s
474. a) 356,8 s
     b) 40,4 km/h
475. a) 3 s
     b) 33,75 m
     c) 2,12 s
     d) 30 m/s
     e) 33,75 m
476. 1,54 m/s
477. a) 26,16 m/s
     b) 11,16 m/s
478. 2,54 mm
479. a) 80 m
     b) 4 s
480. 3,6 m
481. a) 80 m
     b) 40 m/s
482. a) 72 000 m
     b) 120 s
     c) 8,65 s
483. 24,5 m/s
484. a) 20 m/s
     b) 40 m/s
     c) 80 m
485. a) 0,4 s; 0,8 m
     b) 1 m/s abwärts
     c) 0,175 m
486. a) 975 kp
     b) 37 100 kpm
487. a) 56 kp
     b) 196 kpcm
488. a) 3600 kpm
     b) 144 kp
489. a) 200 kp
     b) 79,6
490. 6,25 kW

491. a) 2 118 000 kpm
     b) 23,5 PS = 17,3 kW
492. 141 kpm/s = 1,88 PS
     = 1,38 kW
493. a) 254 kp
     b) 64,4 kW
494. 1083 kW
495. 1195 kp
496. 235 kpm/s = 3,14 PS
     = 2,3 kW
497. a) 2815 kp
     b) 34,3 mm²
498. 2,14 m/s = 7,7 km/h
499. a) 720 Mpm
     b) 24 000 kpm/s
     = 320 PS
     = 235 kW
500. a) 500 U/min
     b) 1570 kpm/s
     c) 0,5 kpm/s
501. 38,5 Mp
502. 25,15/39,1 PS
503.   I. 1030 U/min;
          45,2 kpm
      II. 1638 U/min;
          28,5 kpm
     III. 3600 U/min;
          12,9 kpm
504. a) 200
     b) 0,658
     c)   I. 1420 U/min;
             58,4 kpcm
         II. 94,7 U/min;
             638 kpcm
        III. 30,5 U/min;
             1885 kpcm
        IV. 7,1 U/min;
             7700 kpcm
505. a) 525 U/min
     b) 2870 kp
506. a) 1,77/60 kpm
     b) 42,3
507. 0,82
508. a) 782 kp
     b) 506 000 kg/h

509. a) 0,597
     b) 0,702
510. a) 370 kpm/s
     = 4,93 PS
     = 3,63 kW
     b) 0,906
511. a) 2,05 PS
     b) 0,755
512. 249 m³/h
513. 70,8 m/min
514. 163,5 kW
515. a) 2100 kp
     b) 14 mm²
     c) 24,4 m/min
516. 30,1 PS = 22,2 kW
517. a) 0,92 kW
     b) 8,95 kp
518. a) 1,85 kp
     b) 8,5 : 1000
519. a) 22,1
     b) 10 kp
     c) 21 kpcm
     d) 1,05 PS
520. a) 0,357 m/s²
     b) 2,7 m/s
521. a) 69,4 m/s²
     b) 520 kp
522. 10 kg
523. 3 m/s²
524. a) 0,0125 m/s²
     b) 1560 kp
525. a) 0,263 m/s²
     b) 0,725 m/s
526. a) 170 Mpm
     b) 1130 kp
527. a) 110,5 PS
     b) 25 050 Mpm
528. a) 7840 kpm
     b) 87 m
529. a) 192 kpm
     b) 0,392 m/s
     c) 0,303 m/s
530. a) 4,5 m
     b) 9,5 m/s
     c) 0,95 s

Ergebnisse

531. a) $6 \cdot 10^6$ Mpm
    b) 176 000 m³

532. a) 173 400 kpm/s
      = 2310 PS
    b) 115,5 m³/s

533. a) 5 cm
    b) 10 cm

534. a) $v = \sqrt{2 \cdot g \cdot l}$
    b) $h = 3/4 \cdot l$

535. a) 10,05 kpm
    b) 4,95 m/s
    c) 8,26 kpm

536. a) 20,5 m/s
    b) 10,5 Mpm

537. 55,2 m

538. 0,344

539. a) 6000 kcal
    b) 7 kWh
    c) 21 kW

540. a) 2870 kcal/kWh
    b) 1,25 kg/kWh
    c) 300 t

541. 0,383

542. 22,1 kg

543. a) 358 000 kpm
    b) 840 kcal

544. a) 0,566 s
    b) 0,5 s
    c) 0,3 s
    d) 30

546. a) 7000 kp
    b) 0,33 m/s²
    c) 600 m

547. a) 10 m/s
    b) 150 kp

548. a) 500 m/s
    b) 5 m/s²
    c) 25 000 m

549. 12 s

550. a) 46,8 s
    b) 273 m

551. a) 0,0163 s
    b) 74 Mp

552. a) 925 kp
    b) 33,3 m
    c) 30 800 kpm
    d) 72 kcal

553. 12,7 km/h

554. a) 650 kp
    b) 5,4 PS = 4 kW

555. 0,143 m/s²

556. 4 m/s²

557. 6 m/s²

558. 4,25 m/s²

559. a) 1585 kp
    b) 24,85 PS = 18,3 kW
    c) 2,5 m/s²

560. $a = g \cdot \dfrac{r_1 - 3 \cdot \mu \cdot r_2}{3\,r_1 - \mu \cdot r_2}$
    = 3,24 m/s²

561. 5,73 m/s²

562. a) $F_V = 445$ kp;
      $F_H = 655$ kp
    b) $F_V = 360$ kp;
      $F_H = 740$ kp

563. a) 649 kp
    b) 126 kp

564. a) 33,3 kp ↓
    b) 200 kp →;
      6,66 kp ↑
    c) 500 kp ←;
      133 kp ↓

565. a) 2,4 m/s²
    b) 3 m/s²
    c) 6,31 m/s
    d) 6,64 m

566. a) $F_V = 560$ kp;
      $F_H = 440$ kp
    b) 0,68

567. a) 3,52 m/s
    b) 325 kp

568. 640 Mp

569. 7550 kp

570. 2240 kp

571. a) 39 U/min
    b) 25 m/s²

572. a) 32,6 m/s
      = 117,4 km/h
    b) 138,5 mm

573. a) 560 kp
    b) 1060 kp
      31,7°
    c) 0,525

574. a) 27,75°
    b) 5,27 m/s²
    c) 101 km/h

575. a) 13,7 km/h
    b) 30,7 km/h
    c) 4,43 m

576. a) $F_A = 770$ kp;
      $F_B = 330$ kp
    b) 90 kp
    c) $F_A = 833$ kp;
      $F_B = 357$ kp
    d) $F_A = 707$ kp ↑
      $F_B = 303$ kp ↑

577. a) $h = 14,6$ mm
    b) 95,5 U/min
    c) 68,6 U/min

578. a) $1,25 \cdot 10^{-2}$ kgm²;
      106 mm
    b) $1,25 \cdot 10^{-2}$ kgm²;
      107 mm

579. a) 4,6 kgm²
    b) 146,5 kp
    c) 17,72 cm

580. $1,086 \cdot 10^{-3}$ kgm²

581. 0,019 kgm²

582. a) 1114 kgm²
    b) 1852 kp
    c) 0,776 m

583. 0,0262 kgm²

584. a) 7,28 kgm²
    b) 29,1 kpm²
    c) 43 kp

585. a) 313 m
    b) 320 m

586. 2520 U/min

587. a) 1642 kpm
    b) 43,5
    c) 524 s

588. a) $\sqrt{g/l}$
     b) $2\sqrt{g \cdot l}$

589. a) $2{,}5 \ 1/\text{s}^2$
     b) $239 \ \text{U/min}$
     c) $10 \ \text{m/s}$

590. a) $25{,}1 \ 1/\text{s}^2$
     b) $2{,}51 \ \text{m/s}$

591. a) $330 \ \text{U/min}$
     b) $162{,}5 \ \text{U/min}$

592. a) $314 \ 1/\text{s}$
     b) $28{,}2 \ \text{s}$

593. a) $7{,}54 \ 1/\text{s}^2$
     b) $2{,}74 \ \text{kpm}$
     c) $1{,}01 \ \text{kW}$

594. a) $13{,}3 \cdot 10^6 \ \text{kgm}^2$
     b) $6 \cdot 10^{-4} \ 1/\text{s}^2$
     c) $1{,}8 \cdot 10^{-2} \ 1/\text{s}$
     d) $43 \ \text{kp}$
     e) $116 \ \text{s}$

595. a) $3{,}46 \ \text{m/s}^2$
     b) $10{,}2 \ \text{kp}$

596. a) $47{,}7 \ 1/\text{s}^2$
     b) $9{,}55 \ \text{m/s}^2$
     c) $7{,}57 \ \text{m/s}$

597. $12{,}1 \ \text{kpcm}$

598. a) $318 \ \text{kgm}^2$
     b) $1 \ \text{m}$

599. a) $1{,}2 \ \text{kpcm}$
     b) $0{,}12$

600. a) $23{,}5 \ \text{kpm}$
     b) $15{,}7 \ 1/\text{s}^2$

601. a) $38{,}4 \ \text{kpm}$
     b) $8{,}12 \ \text{kpm}$
     c) $0{,}41 \ \text{s}$

602. a) $1{,}675 \ \text{s}$
     b) $27{,}9$
     c) $438 \ \text{kpm}$
     d) $41 \ \text{kcal/h}$

Teil V: Festigkeitslehre

651. Schnitt A—B hat zu übertragen:
eine im Schnitt liegende Querkraft $F_q = 1200 \ \text{kp}$; sie erzeugt Schubspannungen τ (Abscherspannung τ_a),
ein senkrecht auf der Schnittebene stehendes Biegemoment $M_b = F_h \cdot l = 1200 \ \text{kp} \cdot 4 \ \text{cm} = 4800 \ \text{kpcm}$; es erzeugt Normalspannungen σ (Biegespannung σ_b).

652. Schnitt A—B hat zu übertragen:
eine senkrecht zum Schnitt stehende Normalkraft $F_n = 564 \ \text{kp}$; sie erzeugt Normalspannungen σ (Zugspannungen σ_z),
eine im Schnitt liegende Querkraft $F_q = 205 \ \text{kp}$; sie erzeugt Schubspannungen τ (Abscherspannungen τ_a),
ein senkrecht zum Schnitt stehendes Biegemoment $M_b = F_y \cdot 6 \ \text{cm} = 1230 \ \text{kpcm}$; es erzeugt Normalspannungen σ (Biegespannungen σ_b).

653. Schnitt x—x hat zu übertragen:
eine senkrecht zum Schnitt stehende Normalkraft $F_n = 500 \ \text{kp}$; sie erzeugt Normalspannungen σ (Zugspannungen σ_z).
Schnitt y—y hat zu übertragen:
eine senkrecht zum Schnitt stehende Normalkraft $F_n = 500 \ \text{kp}$; sie erzeugt Normalspannungen σ (Zugspannungen σ_z) und
ein senkrecht zum Schnitt stehendes Biegemoment $M_b = F \cdot l = 500 \ \text{kp} \cdot 5 \ \text{cm} = 2500 \ \text{kpcm}$; es erzeugt Normalspannungen σ (Biegespannungen σ_b).

Ergebnisse

654. a) eine senkrecht zum Schnitt stehende Normalkraft $F_n = F_{Lx} = 1000$ kp; sie erzeugt Normalspannungen σ (Druckspannungen σ_d),
eine im Schnitt liegende Querkraft $F_q = F_{Ly} = 2470$ kp; sie erzeugt Schubspannungen τ (Abscherspannungen τ_a),
ein senkrecht zum Schnitt stehendes Biegemoment $M_b = F_q \cdot 1,05$ m $= 2470$ kp $\cdot$ 1,05 m $= 2594$ kpm; es erzeugt Normalspannungen σ (Biegespannungen σ_b).

b) eine senkrecht zum Schnitt stehende Normalkraft $F_n = F_x = 1000$ kp; sie erzeugt Normalspannungen σ (Druckspannungen σ_d),
eine im Schnitt liegende Querkraft $F_q = F_y = 1732$ kp; sie erzeugt Schubspannungen τ (Abscherspannungen τ_a),
ein senkrecht zum Schnitt stehendes Biegemoment $M_b = F_q \cdot 1,3$ m $= 1732$ kp $\cdot$ 1,3 m $= 2250$ kpm; es erzeugt Normalspannungen σ (Biegespannungen σ_b).

655. Schnitt x—x hat zu übertragen:
eine in der Schnittfläche liegende Querkraft $F_q = 500$ kp; sie erzeugt Schubspannungen τ (Abscherspannungen τ_a),
eine senkrecht auf der Schnittfläche stehende Normalkraft $F_n = 1000$ kp; sie erzeugt Normalspannungen σ (Druckspannungen σ_d),
ein senkrecht auf der Schnittfläche stehendes Biegemoment $M_b = 100\,000$ kpcm $= 1000$ kpm; es erzeugt Normalspannungen σ (Biegespannungen σ_b).

656. Es überträgt

Schnitt A—B: eine senkrecht zum Schnitt stehende Normalkraft $F_n = 90$ kp; sie erzeugt Normalspannungen σ (Zugspannungen σ_z).

Schnitt C—D: eine senkrecht zum Schnitt stehende Normalkraft $F_n = 90$ kp; sie erzeugt Normalspannungen σ (Zugspannungen σ_z),
ein senkrecht zum Schnitt stehendes Biegemoment $M_b = 180$ kpcm; es erzeugt Normalspannungen σ (Biegespannungen σ_b).

Schnitt E—F: wie Schnitt C—D.

Schnitt G—H: eine im Schnitt liegende Querkraft $F_q = 90$ kp; sie erzeugt Schubspannungen τ (Abscherspannung τ_a),
ein senkrecht zum Schnitt stehendes Biegemoment $M_b = 157,5$ kpcm; es erzeugt Normalspannungen σ (Biegespannungen σ_b).

661. 334 kp/cm²

662. 15 mm

663. 1270 kp

664. M 12 mit A_k $= 0{,}743$ cm²

665. 222 Drähte

666. 1,2 mm

667. 2500 kp

668. 16 mm

669. M 33 mit A_k $= 6{,}36$ cm²

670. ca. 40 Mp

671. 13 kp/cm²

672. 64 400 kp

673. 500 kp/cm²

674. M 16 mit A_k $= 1{,}41$ cm²

675. 12 mm

676. a) 42 200 kp
b) 32 800 kp

677. a) $F_z = 17$ kp
b) 965 kp/cm²

678. 160 mm

679. ☐ 60 × 6;
860 kp/cm²

680. a) 296 kp/cm²
b) 427 kp/cm²
c) 148 kp/cm²

681. a) $s = 10$ mm
b) $h = 40$ mm
c) $D = 70$ mm

682. 1135 kp/cm²

683. z. B. 2 L 50 × 5 mit $A = 4{,}8$ cm² und $\sigma_z = 1450$ kp/cm²

684. 13,6 mm

685. a) 787 kp/cm²
b) 5,3

686. 48,7 kp/mm² $= 4870$ kp/cm²

687. ca. 4

688. 4350 m

689. 3500 kp

690. a) M 12· mit $A_k = 0{,}743$ cm²
b) 1030 kp/cm²
c) ca. 1,6 kpm

691. a) M 27 mit $A_k = 4{,}19$ cm² (für $\mu_0 = 0{,}1$)
b) ☐ 40 × 7 mit $\sigma_z = 520$ kp/cm²

692. $\sigma_1 \approx 800$ kp/cm²; $\sigma_2 \approx 440$ kp/cm²

693. a) 220 kp/cm²
b) 357 kp/cm²

694. a) 715 kp/cm²
b) 243 kp

695. a) 500 kp/cm²
b) ca. 1410 kp

696. a) 1200 kp/cm²
b) 0,057 %
c) 0,069 mm

697. 2,86 mm

698. a) 30 mm
b) 570 kp/cm²
c) 0,027 %
d) 1,63 mm
e) 326 kpcm

699. a) 0,0272
b) 16,3 kp/cm²
c) 81,5 kp

700. a) 8,33 kp/cm²
b) 27,6 mm
c) 12,5 kpcm

701. a) 1375 kp/cm²
b) 88,5 Mp $= 88\ 500$ kp

702. a) 1280 kp/cm²
b) $0{,}625 \cdot 10^{-3}$
c) $2{,}05 \cdot 10^6$ kp/cm²

703. a) 0,2 %
b) 42 kp/mm² $= 4200$ kp/cm²
c) 8,4 kp

704. a) 12,5 kp/mm² $= 1250$ kp/cm²
b) 0,48 mm

705. 885 kp/cm²; 3,4 mm

706. a) 27,5 Mp
b) 0,067 %
c) 5,36 mm
d) 7300 kpcm

707. a) 66,7 %
b) 0,25 kp/mm² $= 25$ kp/mm²
c) 37,5 kp/cm²

708. a) 16 kp/cm²
b) 28,2 mm
c) 50 kpm $= 5000$ kpcm

709. a) $F = 2590$ kp
b) 28 mm

710. a) 1090 kp/cm²; 1153 kp/cm²
b) 44 mm

711. a) 5630 kp
b) L 40 × 4 mit $A = 3{,}08$ cm²
c) 1070 kp/cm²
d) 1,53 mm

712.[1]) $\sigma_1 = \sigma_3 = 415$ kp/cm²; $\sigma_2 = 555$ kp/cm²

713. a) $n = 27$
b) $\Delta l_1 \approx 6$ mm

714. $a = 200$ mm

715. $l = 515$ mm; $b = 322$ mm

716. $l = 45$ mm; $d = 28$ mm

717. $l = 60$ mm

718. $D = 57{,}5$ mm

719. a) $d = 22$ mm
b) $D \approx 34$ mm

720. $d = 47$ mm
$D = 62$ mm; $l = 57$ mm

---

[1]) Siehe Erläuterungen S. 254 und Techniker-Handbuch Bd. 1. S. 339.

Ergebnisse

721. a) $F_a = 6550$ kp
b) 32,3 mm
c) M 39

722. a) 4780 kp
b) $m = 50$ mm

723. a) Tr 28 $\times$ 5 mit
$A_k = 3,98$ cm^2
b) $m = 93,5$ mm
c) 8,1 PS

724. a) 360 kp/cm^2
b) $m = 110$ mm

725. a) Tr 50 $\times$ 8 mit
$A_k = 13,53$ cm^2
b) 400 mm

726. a) 990 kp
b) 165 kp/cm^2

727. $p = 1,46$ kp/cm^2;
$F = 142$ kp

728. a) M 12 mit
$A_k = 0,743$ cm^2
b) 0,112 mm
c) $D \approx 38$ mm
d) $m \approx 45$ mm

729. a) $d_i = 187$ mm
b) $d_f = 446$ mm

730. a) $s = 20$ mm
b) $a = 612$ mm

731. 25 kp/cm^2

732. $D = 95$ mm

733. a) 50 mm
b) 50 kp/cm^2

734. a) $D = 108$ mm;
$d \approx 38$ mm
b) ≈ 25 kp/cm^2

735. $= 133$ kp/cm^2

736. a) $d = 25$ mm
b) $b \approx 4$ mm
c) $z = 22$ Kämme
(schlecht, deshalb
Durchmesser „d"
vergrößern! Bei-
spiel zeigt, daß
der Konstrukteur
nicht schematisch
vorgehen darf!
Siehe auch Ma-
schinenelemente!)

246

737. $z = 5$

738. 5850 kp

739. ca. 9,5 mm

740. 20 400 kp

741. a) 42 600 kp
b) ca. 14 mm

742. $\tau_a = 286$ kp/cm^2;
$D \approx 45$ mm

743. 4,5 mm

744. a) 3890 kp/cm^2
b) 2780 kp/cm^2
c) 5830 kp/cm^2

745. a) $F_z = 178$ kp
b) 2225 kp/cm^2
c) 3180 kp/cm^2
d) 930 kp/cm^2

746. 26 200 kp

747. a) $l_v = 100$ mm
b) ≈ 42 kp/cm^2

748. a) $s = 9$ mm,
$h = 27$ mm
b) $d = 23$ mm

749. $s = 2,5$ mm

750. a) 630 kp
b) $b = 6$ mm

751. a) $d_1 = 13$ mm
b) 1440 kp/cm^2
c) $b \approx 40$ mm

752. a) $d_1 = 17$ mm
b) 588 kp/cm^2
c) $a > 12,5$ mm

753. $F_n = 5450$ kp

754. a) $d = 14$ mm,
$d_1 = 15$ mm mit
$A_1 = 1,77$ cm^2
b) $\square$ 45 $\times$ 8
c) $\sigma_l = 960$ kp/cm^2
d) 650 kp/cm^2
e) 960 kp/cm^2

755. a) 1050 kp/cm^2
b) 3030 kp/cm^2
c) 1360 kp/cm^2

756. $F_{max} = 4870$ kp (aus
der zulässigen Zug-
spannung!)

757. a) $F_n = 2000$ kp
b) 440 kp/cm^2
c) 1470 kp/cm^2
d) $b = 120$ mm

758. a) 11,5 cm^2
b) 145 mm
c) $n_a = 3$ Niete
d) $n_l = 4$ Niete
e) 1950 kp/cm^2
f) 660 kp/cm^2
g) 2200 kp/cm^2

759. a) $F_1 = 9200$ kp,
$F_3 = 12\,600$ kp
b) S_1: L 45 $\times$ 5 mit
$A = 4,3$ cm^2
S_2: L 40 $\times$ 4 mit
$A = 3,08$ cm^2,
S_3: L 50 $\times$ 6 mit
$A = 5,69$ cm^2
c) S_1: 5 Niete 10 ϕ,
S_2: 3 Niete 10 ϕ,
S_3: 4 Niete 12 ϕ
d) $\sigma_{l\,1} = 2090$ kp/cm^2,
$\sigma_{l\,2} = 2460$ kp/cm^2,
$\sigma_{l\,3} = 3030$ kp/cm^2
(also $n = 5$!)

760. a) 2 L 40 $\times$ 5
b) 2 L 60 $\times$ 8
c) $n_1 = 4$ Niete 10 ϕ
d) $n_2 = 5$ Niete 16 ϕ
e) 2270 und
2360 kp/cm^2
f) 1550 und
1570 kp/cm^2
g) $n = 4$ Niete 22 ϕ

761. a) L 50 $\times$ 8
b) 1490 kp/cm^2
c) 2,83 mm
d) 3 Niete 16 ϕ
($d_1 = 17$ mm ϕ)

762. a) 825 kp/cm^2
b) 2250 kp/cm^2

763. a) $F_1 = 13,4$ Mp,
$F_2 = 10,25$ Mp
b) $\square$ 70 $\times$ 7
c) $l = 85$ mm
d) $n = 4$

764. a) $\sigma_z = 417$ kp/cm²
b) $\tau_{\text{schw}} = 175$ kp/cm²

765. $d = 4$ mm gewählt

766. a) $A = 28,3$ cm²,
$W_p = 42,4$ cm³
b) $D = 100$ mm,
$d = 80$ mm
c) $W_p = 116$ cm³

767. a) 43 cm³
b) 86 cm³
c) 171 cm³
d) 342 cm³
e) 151 cm³
f) 682 cm³

768. a) $I_x = 9240$ cm⁴
b) $W_x = 770$ cm³

769. a) $I_x = 31,7$ cm⁴,
$I_y = 172$ cm⁴
b) $W_x = 12,7$ cm³,
$W_y = 43$ cm³

770. a) $I_x = I_y = 77,3$ cm⁴
b) $W_x = W_y$
$= 25,8$ cm³

771. a) $I_x = 2,69$ cm⁴,
$I_y = 1,162$ cm⁴
b) $W_x = 1,345$ cm³,
$W_y = 0,775$ cm³

772. a) $I_x = 41\,240$ cm⁴
b) $W_x = 1370$ cm³

773. a) $I_x = 233$ cm⁴,
b) $W_x = 41,2$ cm³

774. a) $e_1 = 34,8$ mm,
$e_2 = 45,2$ mm
b) $I_x = 174$ cm⁴
$I_y = 70$ cm⁴
c) $W_{x1} = 50$ cm³,
$W_{x2} = 38,5$ cm³,
$W_y = 28$ cm³

775. a) $e_1 = 27$ mm,
$e_2 = 73$ mm
b) $I_x = 92,6$ cm⁴,
$I_y = 12,6$ cm⁴
c) $W_{x1} = 34,3$ cm³,
$W_{x2} = 12,7$ cm³,
$W_y = 5,04$ cm³

776. a) $I_x = 325,5$ cm⁴,
$I_y = 859$ cm⁴
b) $W_x = 93$ cm³,
$W_y = 143$ cm³

777. a) $e_1 = 100$ mm,
$e_2 = 300$ mm
b) $I_x = 24\,477$ cm⁴
c) $W_{x1} = 2415$ cm³,
$W_{x2} = 822$ cm³

778. a) $e_1 = 118$ mm,
$e_2 = 422$ mm
b) $I_x = 118\,320$ cm⁴,
c) $W_{x1} = 10\,000$ cm³,
$W_{x2} = 2810$ cm³

779. a) $e_1 = 27$ mm
b) $I_x = 1871$ cm⁴,
$I_y = 303$ cm⁴
c) $W_x = 234$ cm³,
$W_{y1} = 112$ cm³,
$W_{y2} = 57,2$ cm³

780. a) $e_1 = 28,3$ mm,
$e_2 = 51,7$ mm,
$e_1{'} = 13,33$ mm,
$e_2{'} = 36,67$ mm
b) $I_x = 75,63$ cm⁴,
$I_y = 22,65$ cm⁴
c) $W_{x1} = 26,7$ cm³,
$W_{x2} = 14,6$ cm³,
$W_{y1} = 17,05$ cm³,
$W_{y2} = 6,2$ cm³

781. a) $e_1 = 244$ mm,
$e_2 = 331$ mm
b) $I_x = 398\,940$ cm⁴,
$I_y = 165\,650$ cm⁴
c) $W_{x1} = 16\,350$ cm³,
$W_{x2} = 12\,050$ cm³,
$W_y = 9470$ cm³

782. a) $e_1 = 189$ mm,
$e_2 = 261$ mm,
$e_1{'} = 283$ mm,
$e_2{'} = 167$ mm
b) $I_x = 112\,600$ cm⁴,
$I_y = 108\,020$ cm⁴
c) $W_{x1} = 5960$ cm³,
$W_{x2} = 4320$ cm³,
$W_{y1} = 3810$ cm³,
$W_{y2} = 6460$ cm³

783. a) $e_1 = 63$ mm,
$e_2 = 37$ mm
b) $I_x = 278$ cm⁴
c) $W_{x1} = 44$ cm³,
$W_{x2} = 75$ cm³

784. a) $e_1 = 384$ mm,
$e_2 = 216$ mm,
$e_1{'} = 157$ mm,
$e_2{'} = 243$ mm
b) $I_x = 228\,700$ cm⁴,
$I_y = 41\,710$ cm⁴
c) $W_{x1} = 5960$ cm³,
$W_{x2} = 10\,600$ cm³
$W_{y1} = 2655$ cm³,
$W_{y2} = 1720$ cm³

785. a) $e_1 = 403$ mm,
$e_2 = 227$ mm
b) $I_x = 197\,885$ cm⁴
c) $W_{x1} = 4910$ cm³,
$W_{x2} = 8710$ cm³

786. a) $I_x = 170\,530$ cm⁴,
$I_y = 10\,704$ cm⁴
b) $W_x = 4670$ cm³,
$W_y = 537$ cm³

787. a) $e_1 = 393$ mm,
$e_2 = 127$ mm
b) $I_x = 59\,840$ cm⁴
c) $W_{x1} = 1523$ cm³,
$W_{x2} = 4720$ cm³

788. a) $e_1 = 133,5$ mm,
$e_2 = 116,5$ mm
b) $I_{N1} = 17\,870$ cm⁴,
$I_{N2} = 63\,000$ cm⁴
c) $W_{N1} = 1340$ cm³,
$W_{N1}'' = 1535$ cm³
d) $W_{N2} = 2520$ cm³

789. a) $e_1 = 129$ mm,
$e_2 = 121$ mm
b) $I_x = 21\,200$ cm⁴
c) $W_{x1} = 1640$ cm³,
$W_{x2} = 1750$ cm³

790. a) $e_1 = 179$ mm,
$e_2 = 96$ mm
b) $I_x = 3250$ cm⁴
c) $W_{x1} = 167$ cm³,
$W_{x2} = 402$ cm³

Ergebnisse

791. a) $I_x = 1030$ cm^4
b) $W_x = 120$ cm^3

792. a) $e_1 = 82,5$ mm,
$e_1' = 14,3$ mm
b) $I_x = 2490$ cm^4,
$I_y = 298$ cm^4,
c) $W_{x1} = 302$ cm^3,
$W_{x2} = 212$ cm^3,
$W_{y1} = 55$ cm^3,
$W_{y2} = 53,5$ cm^3

793. a) 1,33 cm^4
b) $I_x = 3530$ cm^4,
$I_y = 962$ cm^4
c) $W_x = 160$ cm^3,
$W_y = 80$ cm^3

794. a) $I_x = 164\,000$ cm^4,
$I_y = 39\,700$ cm^4
b) $W_x = 5466$ cm^3,
$W_y = 1985$ cm^3

795. a) $I_x = 13\,388$ cm^4,
$I_y = 15\,814$ cm^4
b) $W_x = 1030$ cm^3,
$W_y = 878$ cm^3

796. a) $I_x = 9810$ cm^4,
$I_y = 20\,930$ cm^4
b) $W_x = 755$ cm^3,
$W_y = 1050$ cm^3

797. a) $I_x = 227\,700$ cm^4
b) $W_x = 7345$ cm^3
c) $M_b = 95\,830$ kpm

798. a) $I_x = 157\,764$ cm^4,
$I_y = 12\,940$ cm^4
b) $W_x = 5259$ cm^3,
$W_y = 740$ cm^3

799. a) ca. 20 000 cm^4
b) 27 250 cm^4
c) 4360 cm^4
d) $I_x = 51\,500$ cm^4
e) $W_x = 2580$ cm^3

800. a) I_x ca. 26 000 cm^4
b) $W_x = 1700$ cm^3
c) ca. 16 % des vollen
Querschnittes

801. a) $I_x = 1322$ cm^4
b) $W_x = 220$ cm^3
c) $M_b = 308\,000$ kpcm
$= 3080$ kpm

802. a) $I_x = 8220$ cm^4
b) $W_x = 747$ cm^3
c) 670 kp/cm^2
d) 610 kp/cm^2

803. $l = 6,4$ cm

804. a) $e = 75,6$ mm
b) 240,5 cm^4, 113 cm^4
c) $I_x = 353,5$ cm^4,
$I_y = 38,6$ cm^4
d) $W_{x1} = 47$ cm^3,
$W_{x2} = 56,7$ cm^3,
$W_y = 15,5$ cm^3

805. a) $I_x = 23\,380$ cm^4
b) $W_x = 1170$ cm^3

806. a) $l = 160$ mm
b) $W_x = 780$ cm^3,
$W_y = 730$ cm^3

807. a) $I_x = 6150$ cm^4
b) $W_x = 410$ cm^3

808. $b = 335$ mm

809. $d = 330$, 262, 165, 131,
114 mm $(d_1 : d_2 : d_3$
$: d_4 : d_5 = 1 : 1,26$
$: 1,59 : 1,26 : 1,15;$
siehe Aufgabe 811!)

810. $d_1 = 3,32$ cm ≈ 40 mm;
$d_2 = 5,23$ cm ≈ 60 mm;
$d_3 = 7,37$ cm ≈ 80 mm

811. der Durchmesser der
folgenden Welle (d_2)
ist stets größer als
derjenige der vorher-
gehenden (d_1). Es ist:
$$d_2/d_1 = \sqrt[3]{i};$$
$$d_2 = d_1 \cdot \sqrt[3]{i}$$

812. a) ca. 287 mm
b) ca. 77 000 PS

813. a) $M_t = 2542$ kpcm
b) $W_p = 8,47$ cm^3
c) $d = 35$ mm
d) 7,55 kp/m
e) $d = 38,5$ mm
f) 3,37 kp/m
g) ca. 55,5 %
h) 257 kp/cm^2

814. $d_1 = 10$ mm
$d_2 = 16$ mm

815. a) $d = 16$ mm
b) $l = 820$ mm
c) $d_1 \approx 27,5$ mm
d) $\varphi = 24,6°$

816. a) ≈ 25 mm
b) 1,43°/m

817. a) 1240 kp/cm^2 und
930 kp/cm^2
b) 39°

818. a) $d \approx 250$ mm
b) $\approx 0,16°$/m

819. a) $d = 289$ mm
b) 505 kp/cm^2

820. a) $d = 23,6$ mm
b) $l_1 = 810$ mm

821. a) $d = 90$ mm
b) 3,54°

822. a) $d = 9$ mm gewählt
b) $l = 180$ mm

823. $\varphi = 3,22°$

824. ca. 25 mm

825. $D = 170$ mm,
$d = 113,5$ mm

826.[1] $D = 90$ mm

827. 1° 25'

828. ca. 80 mm

829. 0,78 PS

830. a) 73,5 mm
b) $d = 30$ mm,
$D = 75$ mm
c) ca. 12,5 %

831. a) $b = 4,55$ mm
b) 79,2 kpcm
c) $b = 13,5$ mm

---

[1] Siehe Erläuterungen
Seite 254.

832. a) $\tau_{\text{schw I}} = 20$ kp/cm²
b) $\tau_{\text{schw II}} = 0{,}755$ kp/cm²
c) $\tau_{\text{schw II}}$ ist nur ca.
4 % von $\tau_{\text{schw I}}$,
brauchte also
nicht überprüft zu
werden

833. ca. 150 kp/cm²

834. hochkant:
53 300 kpcm,
flach: 26 650 kpcm

835. $F_{\text{max}} = 146$ p

836. $l = 17{,}3$ mm

837.[1]) a) 400 kp/cm²
b) $p_1 = 45$ kp/cm²
c) $p_2 = 270$ kp/cm²
d) $p_{\text{max}} = 315$ kp/cm²

838. a) 14 700 kpcm
b) 12,25 cm³
c) $a = 42$ mm
d) $a_1 = 47$ mm
e) Ausführung c)

839. a) 500 kpcm
b) 0,174 cm³
c) $d = 12$ mm
d) 44 kp/cm²

840. a) 10 000 kpcm
b) 10,53 cm³
c) $d = 48$ mm
d) 800 kp/cm²

841. a) 5950 kpm
b) 496 cm³
c) I 280 DIN 1025 mit
$W_x = 542$ cm³
d) 1100 kp/cm²

842. a) $D = 130$ mm
b) $d \approx 93$ mm
c) 34 kp/cm²

843. $h = 76$ mm,
$b = 25{,}3$ mm; ausge-
führt etwa ☐ 80 × 25

844. a) 983 kp/cm²
b) 810 kp/cm² und
410 kp/cm²

845. $\delta \approx 30$ mm

[1]) Siehe Erläuterungen
Seite 254.

846. $b \approx 178$ mm

847. 1525 kp

848. 1070 kp/cm²

849. a) 3810 kpm
b) 271 cm³
c) U 180 DIN 1026 mit
$2 \cdot W_x = 300$ cm³

850. $F_{\text{max}} \approx 1500$ kp

851. I 240 DIN 1025 mit
$W_x = 354$ cm³

852. a) 8100 kpcm
b) $h \approx 70$ mm,
$s \approx 17$ mm

853. a) $d \approx 16$ mm
b) 115,5 kp/cm²

854. a) M 20 DIN 13 mit
$A_k = 2{,}2$ cm²
b) ☐ 55 × 5

855. a) $d = 20$ mm
b) $l = 24$ mm
c) $D \approx 27$ mm
d) $\sigma_b = 172{,}5$ kp/cm²

856. a) $e_1 = 188$ mm,
$e_2 = 112$ mm
b) $I_x = 10\,740$ cm⁴
c) $W_{x1} = 572$ cm³,
$W_{x2} = 958$ cm³
d) 11 980 kp
e) $\sigma_d = 838$ kp/cm²,
$\sigma_z = 500$ kp/cm²

857. a) siehe Lehrbuch
b) $d = 16$ mm
c) $h = 30$ mm,
b = 5 mm

858. a) $d = 20$ mm,
$l = 26$ mm
b) $D = 25$ mm
c) 206 kp/cm²

859. a) 840 kpm
b) 700 cm³
c) $b = 13{,}5$ cm,
$h = 18$ cm

860. gewählt:
I 120 DIN 1025 mit
$W_x = 54{,}7$ cm³ und
$\sigma_b = 966$ kp/cm²

861. a) I 160 DIN 1025 mit
$W_x = 117$ cm³
b) I 120 DIN 1025 mit
$W_x = 54{,}7$ cm³
c) $\sigma_{b\,a} = 1120$ kp/cm²,
$\sigma_{b\,b} = 1210$ kp/cm²;
das Gewicht er-
höht die Spannung
nur geringfügig

862. a) $d = 167$ mm
b) 540 kpm
c) 116 kp/cm²

863. a) $\sigma_{\text{schw b}} = 392$ kp/cm²
b) $\tau_{\text{schw s}} = 58{,}5$ kp/cm²

864. a) $F_A = 1170$ kp,
$F_B = 2830$ kp
b) 2830 kpm

865. a) $F_A = -176$ kp,
$F_B = 476$ kp
b) $M_{b\,I} = 1760$ kpcm,
$M_{b\,II} = 1710$ kpcm,
$M_{b\,B} = 1600$ kpcm,
$M_{b\,III} = 0$

866. 2 I 180 DIN 1025 mit
$W_x = 2 \cdot 161$ cm³
$= 322$ cm³

867. a) $F_A = 2{,}15$ Mp,
$F_B = 2{,}85$ Mp
b) 2000 kpm

868. a) $F_A = 562$ kp,
$F_B = -62$ kp
b) 720 kpm
c) I 140 DIN 1025 mit
$W_x = 81{,}9$ cm³

869. $h \approx 230$ mm,
$b \approx 90$ mm

870. a) $d_1 = 100$ mm,
$D_2 = 120$ mm,
$d_2 = 67$ mm
b) $W_1 = 98$ cm³,
$W_2 = 155$ cm³
c) $F_1 = 3920$ kp,
$F_2 = 6200$ kp

871. a) $F_A = 2425$ kp
$F_B = 2875$ kp
b) 5025 kpm
c) I 260 DIN 1025 mit
$W_x = 442$ cm³

Ergebnisse

872. 2 U 140 DIN 1026 mit
$W_x = 2 \cdot 86,4\ \text{cm}^3$
$= 172,8\ \text{cm}^3$

873. a) $l_1 = 34,25\ \text{cm}$
b) $M_{b\,\text{max}}$
$= 8560\ \text{kpcm}$
c) genügt kleinstes
Profil:
I 80 DIN 1025
mit $W_x = 19,5\ \text{cm}^3$

874. $h \approx 58\ \text{mm}$,
$b = 580\ \text{mm}$

875. a) $F_A = 1140\ \text{kp}$,
$F_B = 860\ \text{kp}$
b) $10\,720\ \text{kpcm}$
c) $d = 60\ \text{mm}$
d) $d_1 = 36\ \text{mm}$,
$d_2 = 33\ \text{mm}$
e) $p_A = 79,3\ \text{kp/cm}^2$,
$p_B = 65\ \text{kp/cm}^2$

876. a) $1630\ \text{kp/cm}^2$
b) $212\ \text{kp/cm}^2$
c) $286\ \text{kp/cm}^2$
d) ja

877. a) $530\ \text{kpcm}$
b) $658\ \text{kp/cm}^2$
c) $980\ \text{kp/cm}^2$
d) $512\ \text{kp/cm}^2$

878. a) $F_r = 1385\ \text{kp}$
b) $17\,500\ \text{kpcm}$
c) $19,5\ \text{cm}^3$
d) $d = 58\ \text{mm}$
e) $810\ \text{kp/cm}^2$

879. a) I 320 DIN 1025 mit
$\sigma_b = 720\ \text{kp/cm}^2$
b) I 300 DIN 1025 mit
$\sigma_b = 810\ \text{kp/cm}^2$

880. a) $e_1 = 80,5\ \text{mm}$,
$e_2 = 79,5\ \text{mm}$
b) $I = 2580\ \text{cm}^4$
c) $W_1 = 321\ \text{cm}^3$,
$W_2 = 325\ \text{cm}^3$
d) $112\ \text{kp/cm}^2$

881. a) $F_A = F_B = 600\ \text{kp}$
b) $900\ \text{kpm}$

882. $b = 49\ \text{mm}$,
$h = 147\ \text{mm}$

883. a) $F_A \approx 685\ \text{kp}$,
$F_B \approx 1270\ \text{kp}$
b) $\approx 1160\ \text{kpm}$
c) I 160 DIN 1025 mit
$W_x = 117\ \text{cm}^3$

884. $128\ \text{kp/cm}^2$

885. a) $F_A = 50\ \text{kp}$,
$F_B = 30\ \text{kp}$
b) $l = 325\ \text{mm}$
c) $1313\ \text{kpcm}$
d) $d = 26\ \text{mm}$

886. a) $F_A = 700\ \text{kp}$,
$F_B = 500\ \text{kp}$
b) $1125\ \text{kpm}$

887. a) $F_A = 740\ \text{kp}$,
$F_B = 610\ \text{kp}$
b) $300\ \text{kpm}$
c) I 100 DIN 1025 mit
$W_x = 34,2\ \text{cm}^3$

888. a) $4200\ \text{kpm}$
b) $129\ \text{mm}$
c) $22\,300\ \text{cm}^4$
d) $W_1 = 1725\ \text{cm}^3$,
$W_2 = 1840\ \text{cm}^3$
e) $244\ \text{kp/cm}^2$
f) an der Träger-
unterkante als
Druckspannung

889. a) $F_A = 52,5\ \text{kp}$,
$F_B = 107,5\ \text{kp}$
b) $131\ \text{kpm}$

890. a) $F_A = 3130\ \text{kp}$,
$F_B = 3470\ \text{kp}$
b) $1080\ \text{kpm}$
c) $52\ \text{kp/cm}^2$

891. 2 U 100 DIN 1026 mit
$W_x = 2 \cdot 41,2\ \text{cm}^3$
$= 82,4\ \text{cm}^3$

892. a) $F_A = 4200\ \text{kp}$,
$F_B = 6200\ \text{kp}$
b) $4425\ \text{kpm}$
c) I 240 DIN 1025 mit
$W_x = 354\ \text{cm}^3$

893. a) $F_A = F_B = 15\ \text{Mp}$
b) $750\ \text{kpm}$
c) $d = 82\ \text{mm}$
d) $283\ \text{kp/cm}^2$

894. a) $d = 28\ \text{mm}$
b) $9750\ \text{kp/cm}^2$
c) $d = 53,5\ \text{mm}$
d) $323\ \text{kp/cm}^2$
e) $437\ \text{kp/cm}^2$

895. $d = 53,3\ \text{mm}$; ausgeführt $55\ \text{mm}$

896. a) $\sigma_{\text{schw}\,b} = 148\ \text{kp/cm}^2$
b) $\tau_{\text{schw}\,s} \approx 60\ \text{kp/cm}^2$

897. a) $\sigma_{\text{schw}\,b} = 442\ \text{kp/cm}^2$
b) $\sigma_{\text{schw}\,z} = 43,7\ \text{kp/cm}^2$
c) $\tau_{\text{schw}\,s} = 43,7\ \text{kp/cm}^2$
d) $\sigma_{\text{schw}\,\text{res}}$
$\approx 486\ \text{kp/cm}^2$

898. $67,5\ \text{kp}$

899. a) $d_1 = 22\ \text{mm}$
b) $S = 113$

900. a) $80\ \text{cm}^2$
b) Tr 120×14 DIN 103
c) $m = 175\ \text{mm}$
d) $\lambda = 61$
e) $\sigma_K = 2970\ \text{kp/cm}^2$
f) $\sigma_d = 923\ \text{kp/cm}^2$
g) $S = 3,22$

901. $d = 21\ \text{mm}$

902. a) $F = 1285\ \text{kp}$
b) $583\ \text{kp/cm}^2$
c) $m = 28,5\ \text{mm}$
d) $S = 4,87$

903. a) $d_1 = 13\ \text{mm}$,
$d_2 = 15\ \text{mm}$
b) $\sigma_{z\,1} = 220\ \text{kp/cm}^2$,
$\sigma_{z\,2} = 535\ \text{kp/cm}^2$
c) $\sigma_d = 153\ \text{kp/cm}^2$
d) $S \approx 9$

904. a) $I_N = 0,0736\ \text{mm}^4$
b) $I_y \approx 0,1\ \text{mm}^4$
c) $i_N = 0,27\ \text{mm}$
d) $\lambda = 208$
e) $F_k = 4,93\ \text{kp}$

905. a) I 140 DIN 1025 mit
$W_x = 81,9\ \text{cm}^3$
b) $d = 87\ \text{mm}$

906. $d = 44\ \text{mm}$

907. $d = 28\ \text{mm}$

908. $S = 11,7$

909. $d \approx 21$ mm

910. a) 35×10 mm mit
$S = 3,36$

b) 19×19 mm mit
$S = 5,43$

911. a) 571 kp
b) 1713 kp
c) $I_{\text{erf}} = 0,077$ cm^4
d) $D = 13$ mm,
$d = 10$ mm
e) $i = 0,41$ cm
f) $\lambda = 74,3$ $(> \lambda_0)$

912. a) 111 kp/cm^2
b) 19,8 kp/cm^2
c) $\lambda = 185$
d) $S = 5,55$
e) 578 kp
f) 67 kp/cm^2
g) 41
h) 39,3
i) $F_h \approx 8$ kp
k) $F_h \approx 17$ kp

913. a) $d \approx 50$ mm
b) im Schnitt $A—B$;
$h \approx 170$ mm,
$s = 17$ mm

914. a) 6,7 cm^2
b) Tr 36×6 DIN 103
mit $A_k = 6,83$ cm^2
c) $\lambda = 108$
d) 3fach
e) $m = 93$ mm
f) $D \approx 700$ mm

915. a) 8,33 cm^2
b) Tr 40×7 DIN 103
mit $A_k = 8,3$ cm^2
c) $\lambda = 172$
d) 1,2fach
e) $m = 127$ mm
f) $l \approx 680$ mm
g) $d_1 \approx 33$ mm

916. 3420 kp

917. 300 Mp

918. $\delta = 12,5$ mm

919. I 200 DIN 1025 mit $\sigma_\omega = 1082$ kp/cm^2

920. a) Seitenlänge $= 265$ mm
b) 530 mm

921. Belastung aus Rohr 220/200 mm ϕ + Wasserfüllung ca. 80 kp/m.
Freie Knicklänge der L-Stähle ca. 2800 mm,
$i = 1,12$ cm bei $\lambda_{\text{max}} = 250$
L 60×6 mit $i_\eta = 1,17$ cm, $F = 6,91$ cm^2
$\sigma_{\omega\,\text{vorh}} = 650$ kp/cm^2

922. $F = 10\,200$ kp in beiden Fällen. Der Stab liegt im elastischen Bereich, hochwertiger Werkstoff unnötig.

923. a) Stab 1: aus Druck und Biegung wird Zug und Biegung,
Stab 2: aus Zug wird Druck,
Stab 3: Druck und Biegung bleibt.
b) $s = 3202$ mm
c) 2 L 60×8 DIN 1028 mit
$\sigma_{\omega\,\text{vorh}} = 1150$ kp/cm^2 für die y-Achse und
$\sigma_{\omega\,\text{vorh}} = 736$ kp/cm^2 für die x-Achse oder
2 L 65×7 DIN 1028 mit
$\sigma_{\omega\,\text{vorh}} = 1060$ kp/cm^2 für die y-Achse und
$\sigma_{\omega\,\text{vorh}} = 720$ kp/cm^2 für die x-Achse.

924. $s_k = 245$ cm,
$F = 728$ kp bei
$\sigma_{\text{zul}} = 1600$ kp/cm^2

925. U 80 DIN 1026 mit
$\sigma\omega_{\text{vorh}} = 950$ kp/cm^2
U 65 mit
$\sigma_{\omega\,\text{vorh}} = 1385$ kp/cm^2
nicht zulässig wegen unzulässiger Walzhöhe)

926. a) 38,75 Mp
b) $2 \square 155 \times 8$
c) je ca. 60 Mp

927. ohne Berücksichtigung des Mutter-Anzugsmomentes wird
a) 93 kp/cm^2
b) 256 kp/cm^2
c) 2620 kp/cm^2
d) 2876 kp/cm^2

928. a) $F_n = 643$ kp,
$F_q = 766$ kp,
$M_{b\,1} = 612,8$ kpm
(linksdrehend),
$M_{b\,2} = 128,6$ kpm
(rechtsdrehend)
b) 34,8 kp/cm^2
c) 29,2 kp/cm^2
d) 912 kp/cm^2
e) 941,2 kp/cm^2

929. $b = 220$ mm

930. a) $F_s = 2660$ kp
b) $F_B = 3140$ kp
c) 51
d) 216×12 DIN 2448
e) < 1000 kp/cm^2

931. ① : $F_{\text{max}} = 146$ kp,
② : $F_{\text{max}} \approx 150$ kp

Ergebnisse

932. a) U 100 DIN 1026
   b) 1330, 2240,
   4980, 3650 kp/cm²
   c) 1060, 1600,
   3910, 2850 kp/cm²
   d) in beiden Fällen
   überschritten!

933. a) 12 800 kp
   b) 53 750 kp
   c) 320 %
   d) 6 Schrauben
   M 24

934. a) $F_2 = 364$ kp
   b) 54 × 13,5 mm
   c) wie unter b)
   d) 1210 kp/cm²

935. a) Zugkraft F,
   Biegemoment
   $M_b = F \cdot l$
   b) 7250 kp
   c) 510 kp/cm²
   d) 890 kp/cm²
   e) $\sigma_{res\,D}$
   $= 380$ kp/cm²,
   $\sigma_{res\,Z}$
   $= 1400$ kp/cm²
   f) 34,4 mm

936. a) 200 kp/cm²
   b) 360 kp/cm²
   c) 560 kp/cm²
   d) 160 kp/cm²

937. ohne Berücksichtigung der Formände-
   rung wird im Schnitt
   A—B:
   $\sigma_z = 22,5$ kp/cm²
   C—D:
   $\sigma_z = 22,5$ kp/cm²
   $\sigma_b = 540$ kp/cm²
   $\sigma_{max} = 562,5$ kp/cm²
   E—F: wie C—D
   G—H:
   $\tau_a = 22,5$ kp/cm²
   $\sigma_b = 472,5$ kp/cm²

938. a) $F_{max} = 160$ kp
   b) $M_t \approx 22$ kpcm
   c) $F_h = 3,7$ kp
   d) $m \approx 30$ mm
   e) ≈ 10fach

939. a) 10 × 50 mm
   b) 20 kp/cm²
   c) 3000 kpcm
   d) $d \approx 43$ mm
   e) ≈ 155 kp/cm²
   f) 280 kp/cm²

940. a) 1200 kpcm
   b) 2360 kpcm
   c) 2450 kpcm
   d) ≈ 35 mm

941. a) 4420 kpcm
   b) 5400 kpcm
   c) 32 kp/cm²
   d) 19,5 kp/qm²
   e) ≈ 40 kp/cm²

942. a) 600 kpcm
   b) 225 kpcm
   c) ≈ 535 kpcm
   d) ≈ 20 mm

943. a) 9600 kpcm
   b) 8000 kpcm
   c) 10 720 kpcm
   d) 51 mm

944. a) 720 kp/cm²
   b) 132 kpcm
   c) ≈ 13 mm
   d) $l = 35$ mm ausgef
   e) 132 kp/cm²

945. a) $F_A = 40$ kp,
   $F_B = 1960$ kp
   b) $d_2 = 56$ mm,
   $d_a = 10$ mm,
   $d_b = 58$ mm
   c) $p_a = 14$ kp/cm²
   $p_b = 84$ kp/cm²

946. a) 2930 kp/cm²
   b) 2,1
   c) 975 kp/cm²
   d) 3365 kp/cm²
   e) 1,8

   f) 3080 kp/cm²
   g) 2010 kp/cm²
   h) 3680 kp/cm²

947. a) $F_A = 584$ kp,
   $F_B = 416$ kp
   b) 4160 kpcm
   c) 4280 kpcm
   d) $d \approx 42$ mm

948. a) $h = 35$ mm,
   $b = 8$ mm gewählt
   b) 830 kp/cm²
   c) 296 kp/cm²
   d) $\sigma_v = 910$ kp/cm²

949. a) $M_{t\,I} = 407$ kpcm
   b) $d_{01} = 114$ mm
   c) $z_2 = 61$
   d) $F_{u\,1} \approx 72$ kp
   e) $F_{n\,1} \approx 76$ kp
   f) $F_A \approx 51$ kp,
   $F_B \approx 25$ kp
   g) $M_{b\,max} = 510$ kpcm
   h) $M_v \approx 570$ kpcm
   i) $d_I \approx 23$ mm
   k) $M_{t\,II} = 1310$ kpcm
   l) $d_{02} = 366$ mm,
   $d_{03} = 200$ mm
   m) $z_4 = 70$,
   $d_{04} = 560$ mm
   n) $F_{u\,3} = 131$ kp
   o) $F_C \approx 96$ kp;
   $F_D \approx 112$ kp
   p) $M_{b\,max}$
   $= 1120$ kpcm
   q) $M_v \approx 1380$ kpcm
   r) $d_{II} \approx 30$ mm

950. a) $d \approx 8$ mm
   b) 910 kp/cm²
   c) $b = 52$ mm

951. a) $d = 23$ mm
   b) $D = 63$ mm
   c) $h \approx 10$ mm

952. M 14 DIN 13

953. a) 320 kp
   b) $d = 8,25$ mm

954. a) 810 kp/cm²
b) 490 kp/cm²
c) 100 kp/cm²
d) 147 und 294 kp
e) 2940 kpcm
f) 890 kp/cm²
g) 146 kp/cm²
h) ≈ 80
i) 7,5 mm

955. a) 2120 kp
b) 2120 kp
c) 75 kp/cm²
d) 785 kp/cm²
e) 75 kp/cm²
f) $D = 62$ mm
g) $\approx 1,9$ mm

956. a) 12,1 Mp
b) 10,35 Mp
c) 154 kpm
d) 220 kpm
e) 3620 kp

957. a) $F_s = 615$ kp
b) $F_1 = 245$ kp
c) $F_D = 420$ kp
d) 17 mm
e) 4020 kpcm
f) 42×14 mm

958. $F = 13\,400$ kp

959. $S \approx 21$ mm

960. a) Der Querschnitt A—B wird belastet durch:
eine senkrecht zum Schnitt wirkende Normalkraft
$F_n = F \cdot \cos \beta$, sie erzeugt Druckspannungen σ_d;
eine im Schnitt wirkende Querkraft
$F_q = F \cdot \sin \beta$, sie erzeugt Abscherspannungen τ_a;
ein senkrecht zur Schnittfläche stehendes Biege-
moment $M_b = F \cdot \sin \beta \cdot l$, es erzeugt Biegespannungen σ_b.

b) $\sigma_{res} = \sigma_d + \sigma_b = \dfrac{F}{b}\left(\dfrac{\cos \beta}{e} + \dfrac{\sin \beta \cdot 6 \cdot l}{e^2}\right)$

961. a) 500 kpcm
b) $F_1 = 1900$ kp
c) $F = 1570$ kp
d) ≈ 700 kp/cm²
e) ≈ 105 kp/cm²
f) ≈ 583 kp/cm²
g) 2970 und 1070 kp
h) 2 Schrauben M 16
(bzw. M 18)
i) 2750 kp
je Schraube
k) ≈ 345 kp/cm²
l) $\sigma_{schw\,b} \approx 845$ kp/cm²,
$\tau_{schw\,s} \approx 220$ kp/cm²

Teil VI. Hydraulik

1001. 80 mm

1002. 8 kp

1003. 2650 kp

1004. $F_1 = 19$ kp;
$F_2 = 300$ kp

1005. a) 750 kp/cm²
b) 1065 kp/cm²
c) Schnitt C—D
d) 228 at

1006. 6,15 mm

1007. a) 150 at Überdruck
b) 96,6 l/min

1008. $D = 178$ mm
$d = 21,85$ mm

1009. $p_2 = 84,5$ at
Überdruck

1010. $d_2 = 142$ mm

1011. a) 23 kp/cm²
b) 21,6 kp/cm²

1012. a) $p = 53,4$ kp/cm²
b) $P_2 = 31,8$ Mp
c) $s_2 = 0,153$ mm
d) $A_a = 600$ kpcm
e) 0,81
f) $A_n = 487$ kpcm
g) 183 Hübe

1013. a) 2450 kp
b) 1,17 m
c) 2870 kpm

1014. 22,6 kp

1015. 618 at Überdruck

1016. 48,2 kp

1017. 0,553 kp/cm²
$= 5530$ kp/m²

1018. 0,03 kp/cm²

1019. a) 736 mm
b) 760 mm

1020. 43 000 Mp

1021. a) 0,91 kp/dm³
b) 14,5 cm

1022. 33 kp

1023. 3000 kp

1024. ≈ 206 kp

1025. a) 4,24 m/s
b) 73,7 m³

1026. 2ʰ 50min

1027. 12,4 mm

1028. 0,963

1029. a) 11 m/s
b) ≈ 125 m³/h
c) ≈ 100 m³/h

Ergebnisse

1030. 34,6 m/s

1031. a) 6,78 m/s
b) 34 l/s
c) 13,32 min
d) 49,42 min

1032. a) 74,8 m/s
b) 1,29 m³/s
c) 3095 PS
= 2275 kW

1033. a) 0,6 m/s
b) 1,48 m

1034. a) 6,33 m/s
b) 8,55 at Überdruck

1035. a) 36 mm
b) 1,96 m/s
c) 40 m
d) 0,2 m
e) 6,02 at Überdruck
f) 1,6 PS

1036. a) 7,2 m
b) 22,2 m
c) 2,22 kp/cm²

1037. a) 9 m/s
b) 0,225 kp/cm²
Unterdruck

1038. 49,5 mm

Erläuterungen zu den Aufgaben:

316: Diese Aufgabe sollte logarithmisch gelöst werden, weil sonst die Ergebnisse wegen des kleinen Winkels zu ungenau werden!

324: Aus den Gleichgewichtsbedingungen für den freigemachten Stahlblock ergibt sich, daß die Reibkraft an jeder Klemmfläche gleich dem halben Blockgewicht ist, also nicht etwa gleich der aus Normalkraft und Haftreibzahl zu berechnenden Haftreibkraft. Diese ist vielmehr die *größte* an den Klemmflächen überhaupt *übertragbare* Reibkraft!

457: Wie bei allen Aufgaben der gleichmäßig beschleunigten oder verzögerten Bewegung ist auch hier zunächst das v, t-Diagramm zu skizzieren und dieses dann geometrisch auszuwerten (siehe Lehrbuch und Techniker-Handbuch Band 1). Bei der Auswertung des Diagrammes ist es bei manchen Aufgaben (wie bei dieser) zweckmäßig, den Fahrweg als Flächen*differenz* anzusetzen, hier in der Form:

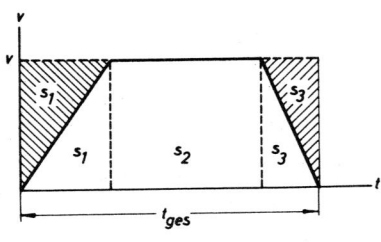

Trapezfläche = große Rechteckfläche — zwei schraffierte Dreieckflächen

Mit den eingezeichneten Größen des v, t-Diagrammes wird also:

$$s_{ges} = v\, t_{ges} - s_1 - s_3,\ \text{oder}$$

$$s_{ges} = v\, t_{ges} - \frac{v^2}{2\,a} - s_3$$

In dieser Gleichung ist die Geschwindigkeit v die einzige Unbekannte!

712: Es liegt ein statisch unbestimmtes System vor, weil drei Unbekannten (Stabkräfte F_1, F_2, F_3 bzw. Spannungen) nur zwei Gleichungen gegenüberstehen:

$\Sigma F_x = 0 = + F_2 \sin\alpha - F_2 \sin\alpha$
$\Sigma F_y = 0 = + F_1 + 2 F_2 \cos\alpha - F$, also $F = F_1 + 2 F_2 \cos\alpha$.

Wegen Symmetrie ist $F_2 = F_3$.

Fehlende dritte Gleichung ist das Hookesche Gesetz für Zugbeanspruchung: $\sigma = \varepsilon\, E = F/A$.

Für Stab 1 ist $\varepsilon_1 = \Delta l / l_0$, für Stab 2 ist $\varepsilon_2 = \Delta l \cos\alpha \cos\alpha / l_0$.

Damit wird:

$$F = F_1 + 2 F_2 \cos\alpha = \varepsilon_1 E A + 2 \varepsilon_2 E A \cos\alpha = \frac{\Delta l}{l_0} E A (1 + 2 \cos^3\alpha)$$

und daraus $\dfrac{\Delta l}{l_0} = \dfrac{F}{E A (1 + 2 \cos^3\alpha)}$ bzw.

$$\sigma_1 = \frac{F_1}{A} = \frac{\Delta l}{l_0} E \quad \text{und} \quad \sigma_2 = \sigma_3 = \frac{F_2}{A} = \frac{\Delta l}{l_0} E \cos^2\alpha.$$

758: zu d) 4 Niete 17 ⌀ würden eine größere Breite b erfordern (Nietabstände nach DIN 1050). Einfacher wäre es, die Niete je Seite zweireihig anzuordnen.

zu e) Die vorhandene Zugspannung ist größer als die zulässige. Bei der unter d) vorgeschlagenen Ausführung (zweireihige Nietung) ist der Lochabzug geringer und damit die vorhandene Zugspannung kleiner als die zulässige.

826. Die Entwicklung führt auf eine Gleichung vierten Grades, die graphisch gelöst werden kann.

837: Die maximale Flächenpressung p_{max} setzt sich zusammen aus den Anteilen p_1 und p_2. Darin ist p_1 die aus der Kraft F herrührende gleichmäßig über der Klemmlänge verteilte Pressung, während p_2 aus dem Biegemoment $M_b = F(h + s/2)$ resultiert und daher linear über der Klemmlänge verteilt ist (entsprechend einer Biegespannung). Der Lösungsgang enthält also folgende Gleichungen:

a) $\sigma_b = \dfrac{M_b}{W} = \dfrac{F\,h}{0,1\,d^3}$

b) $p_1 = \dfrac{F}{d\,s}$

c) $p_2 = \dfrac{M_b}{W} = \dfrac{F\,(h + s/2)\,6}{d\,s^2}$

d) $p_{max} = p_1 + p_2$

Beachte: M_b ist einmal $F\,h$, das anderemal $F(h + s/2)$!